普通高等教育电子信息类系列教材

U0175185

数字图像处理——基于 Python

主 编 蔡体健 刘 伟

参 编 王 杉 刘志伟 刘遵雄 邓芳芳

机械工业出版社

本书较全面地介绍了数字图像处理的基础理论、经典算法及典型应用。本书内容包括数字图像处理基础知识、图像增强、图像复原、图像的几何变换与几何校正、形态学图像处理、图像分割、图像描述与特征提取等，并通过一个较完整的车牌识别系统向读者详细介绍了数字图像处理系统的基本设计思想与设计方法。本书实践部分介绍了 OpenCV、NumPy、Matplotlib、Scikit-learn 等图像处理相关工具包的常用方法，其中的代码汇集生成了"基于 Python 的图像处理算法演示系统 v1.0"，以辅助读者理解算法。为适应人工智能等新技术的发展，本书简单介绍了卷积神经网络的平移、旋转、尺度缩放、形变等不变性，让读者理解卷积神经网络在图像处理方面的优势。

本书编者在编写过程中，收集整理了大量经典的图像处理算法，引入了新的图像处理技术，全书的例题在 Python 环境下均通过了调试。本书可作为普通高校电子信息、人工智能、计算机等专业的教材，也适合各类培训班作为教材使用。

本书配有以下教学资源：电子课件，习题答案，示例代码和对应的素材，图像处理算法演示系统。欢迎选用本书作教材的教师登录 www.cmpedu.com 注册后下载，或联系微信 13910750469 索取。

图书在版编目（CIP）数据

数字图像处理：基于 Python/蔡体健，刘伟主编. —北京：机械工业出版社，2022.6（2025.2 重印）
普通高等教育电子信息类系列教材
ISBN 978-7-111-70741-7

Ⅰ.①数…　Ⅱ.①蔡…②刘…　Ⅲ.①数字图像处理-高等学校-教材　Ⅳ.①TN911.73

中国版本图书馆 CIP 数据核字（2022）第 078344 号

机械工业出版社（北京市百万庄大街 22 号　邮政编码 100037）
策划编辑：吉　玲　　　　责任编辑：吉　玲
责任校对：樊钟英　张　薇　封面设计：张　静
责任印制：邓　博
北京盛通数码印刷有限公司印刷
2025 年 2 月第 1 版第 9 次印刷
184mm×260mm · 15.5 印张 · 390 千字
标准书号：ISBN 978-7-111-70741-7
定价：49.80 元

电话服务　　　　　　　　网络服务
客服电话：010-88361066　　机 工 官 网：www.cmpbook.com
　　　　　010-88379833　　机 工 官 博：weibo.com/cmp1952
　　　　　010-68326294　　金 书 网：www.golden-book.com
封底无防伪标均为盗版　机工教育服务网：www.cmpedu.com

前　言

俗话说"眼见为实""百闻不如一见"，图像已成为人类获取和交换信息的主要来源。数字图像具有信息量大、占用的频带较宽且像素间的相关性强等特点，数字图像处理需要综合应用信息处理、计算机、机器学习、统计分析等各方面的知识和技术，对已有的图像进行变换、处理、重构，从而改进图像质量或从图像中提取有用的信息。

目前普通高等院校人工智能、计算机、电子信息等相关专业都开设了数字图像处理这门课程，对数字图像处理教材的需求和要求也在不断增加。在组织编写教材过程中，课题组遵循工程教育认证的成果导向理念来构建图像处理的课程体系；利用图像信息直观的特点，传播主流意识形态的道德价值观和思想政治理念，在潜移默化中展现课程思政；跟随人工智能、计算机等新技术的发展步伐，更新图像处理的教学内容和开发工具，努力推出实用性强、针对性强的数字图像处理教材。编者多年从事数字图像处理课程教学，收集、整理了大量的经典算法和应用，在此将多年来对数字图像处理技术的探索心得与大家共享。

本书主要内容

总体上，数字图像处理分三个层次：低级图像处理、中级图像处理和高级图像处理。本书主要介绍低级图像处理和中级图像处理，也就是对图像进行各种加工以改善图像的视觉效果或突出有用信息，进一步对图像中感兴趣的目标进行检测（或分割）和测量，以获得它们的客观信息，从而建立对图像的描述。本书没有介绍高级图像处理中的图像理解及场景解释等内容。

1. 低级图像处理部分

本书的第1章是数字图像处理概述，主要介绍了数字图像的概念和相关术语、数字图像处理的特点、数字图像处理的主要研究内容以及数字图像处理的一些经典应用。

第2章介绍数字图像处理的一些基础知识，包括图像的数字化、数字图像的表示与坐标约定、图像模式及彩色模型、灰度统计特征、像素点之间的基本关系、图像质量评价以及Python图像处理编程基础等。

第3章介绍空域图像增强技术，主要介绍了线性灰度变换、非线性灰度变换和直方图处理等点处理技术，以及空域平滑、空域锐化等邻域处理技术，分析了点处理和邻域处理的特点和各种处理技术的功能效果。

第4章介绍频域图像增强技术，主要介绍了通过傅里叶变换实现图像增强的原理和步骤，分析了傅里叶变换的性质，学习了利用频域信息的特点对图像进行低通滤波、高通滤波

Ⅳ

的方法。

第 5 章介绍图像复原技术，主要介绍了线性移不变图像退化模型及非盲去卷积的图像复原原理，对无约束图像复原(逆滤波)和有约束图像复原(维纳滤波、约束最小二乘滤波等)等算法进行了公式推导，并对各算法进行了分析比较。

第 6 章介绍图像的几何变换与几何校正技术，主要介绍了图像常用的坐标变换和常用的灰度插值方法，进一步学习了刚体变换、仿射变换、投影变换和非线性变换等几何变换，简单介绍了几何校正的基本原理。

第 7 章介绍形态学图像处理技术，主要介绍了基本的形态学运算，包括腐蚀、膨胀、开运算、闭运算，分析了利用这些基本运算推导和组合成的各种数学形态学实用算法，并用这些算法对图像形状和结构进行了分析与处理。

2. 中级图像处理部分

第 8 章介绍图像分割技术，阐述了图像分割的意义，介绍了图像分割的一些常用方法，包括阈值分割、边缘检测、区域分割等，着重介绍了一些图像分割的经典算法，包括阈值分割法、区域生长法、水域分割法等。

第 9 章介绍图像描述和特征提取技术，阐述了图像描述和特征提取的必要性，介绍了图像的灰度描述、边界描述、区域描述、纹理描述方法，着重介绍了图像的直方图特征、链码描述和傅里叶描述、几何特征和不变矩、矩分析法和灰度共生矩阵法等，较详细地介绍了 HOG 特征，分析了一般图像识别系统的工作流程。

第 10 章介绍一个较为完整的车牌识别系统。本章教学内容与配套的算法演示系统相结合，让读者对图像处理系统有一个较为全面的认识。

本书特点

（1）内容新颖、实用性强。随着人工智能的发展，越来越多的工程应用和教学研究都使用 Python 语言，本教材的例题都是使用 Python 语言实现的，符合实际应用的需要。本教材紧跟新技术发展前沿，收集了一些人工智能、计算机等方面的新技术应用。

（2）示例典型丰富、内容完整。在多年的数字图像处理教学过程中，笔者收集、整理了大量经典例题，并在编书过程中有所选择，以方便读者较全面地了解图像增强、图像变换、图像复原、几何变换、形态学处理、图像分割、图像描述、特征提取等经典图像处理技术。

（3）教学资料丰富。笔者汲取了国内外图像处理的教学经验，整理了一套较为完整和实用的教学资料，包括 PPT 课件、练习习题、图像处理实验指导书以及"基于 Python 的图像处理算法演示系统 v1.0"等。

教学安排

本书介绍了数字图像处理的基础知识和数字图像处理编程技术，学习本书需要数字信号处理的基础知识以及 Python 程序设计知识。

作为教材，笔者推荐的总课时是 48 课时。建议在上完本课程后，再开设一到两周的数字图像处理的课程设计，以巩固数字图像处理的知识，并加强同学们的数字图像处理程序设计能力。推荐的课时分配见下表。

课时分配表

序　号	课　时	教 学 内 容	实 验 内 容
1	2	第1章　图像处理概述	
2	6	第2章　图像处理基础知识	
3	10	第3章　空域图像增强	空域图像增强实验
4	8	第4章　频域图像增强	频域图像增强实验
5	6	第5章　图像复原	图像复原实验
6	2	第6章　图像的几何变换与几何校正	
7	2	第7章　形态学图像处理	
8	6	第8章　图像分割	图像分割实验
9	4	第9章　图像描述与特征提取	
10	2	自主安排相关教学	

致谢

　　本书由蔡体健和刘伟主编，参编人员包括王杉、刘志伟、刘遵雄、邓芳芳。编写分工如下：蔡体健编写了第2、3、4、6、9章，刘伟编写了第5、7、8章，王杉编写了第1章，刘遵雄编写了第10章，邓芳芳编写了附录。本书由蔡体健和刘志伟负责统稿。

　　编者在教材编写过程中参考了都柏林理工学院 Brian Mac Namee 教授、巴塞尔大学 Philippe Cattin 教授、斯坦福大学 Gordon Wetzstein 教授、休斯顿大学 Shishir K. Shah 博士、山东大学陈辉教授等的数字图像处理课件；此外，还得到了华东交通大学人工智能系的支持，在此表示感谢。由于编者水平有限，时间也比较仓促，书中的错误和不妥之处在所难免，敬请读者批评指正。

编者

目　　录

第 1 章

图像处理概述

俗话说"百闻不如一见"，视觉是人类最重要的感知并获取信息的手段之一，而图像是人类视觉的基础，是人们日常生活、生产中接触较多的信息种类。人类可以通过各种感觉器官来感知外界，如视觉、听觉、嗅觉、味觉、触觉等，研究表明，人类通过感觉器官从外界获取的信息中，大约有75%来自视觉，图像信息的采集和处理已成为人类信息获取和交流的主要方式。

近年来，随着图像处理应用领域不断扩大，对图像处理的要求不断提高，图像处理的理论、方法等也在不断提高、补充和发展。图像处理已经从可见光谱扩展到光谱中的各个波段，从静止图像发展到运动图像，从物体的外部延伸到物体的内部，并实现了智能化的图像处理。本章主要介绍数字图像的概念和相关术语、数字图像处理的特点、数字图像处理的主要研究内容以及数字图像处理的一些经典应用。

1.1 数字图像

广义地讲，凡是记录在纸介质上的，拍摄在底片和照片上的，以及显示在电视、投影仪和计算机屏幕上的所有具有视觉效果的画面都可以称为图像。根据图像记录方式的不同，图像可分为两大类：一类是模拟图像（Analog Image），另一类是数字图像（Digital Image）。

模拟图像是通过某种物理量（光、电等）的强弱变化来记录图像上各点的亮度信息，如模拟电视图像。自然图像是连续的，或者说，在采用数字化表示和数字计算机存储处理之前，图像是连续的，这时的图像称为模拟图像或连续图像。

数字图像则完全是用数字（即计算机存储的数据）来记录图像各点的亮度信息。数字图像是由模拟图像经过数字化或离散化得到的，组成数字图像的基本单位是像素（Pixel），数字图像是像素的集合。如图1-1所示，常见的二维静止数字图像在计算机中是一个数值矩阵，矩阵中的每个元素是一个像素值，通常每个像素值代表该像素的亮度，称为像素的灰度值。数字图像像素具有整数坐标值和整数灰度值。

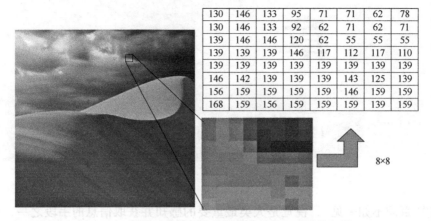

图 1-1　二维静止数字图像在计算机中是一个数值矩阵

1.2　数字图像处理

1.2.1　什么是数字图像处理

所谓数字图像处理（Digital Image Processing），就是指用数字计算机及其他相关的数字技术，对数字图像施加某种或某些运算和处理，从而达到某种预期的处理目的。

数字图像处理的目的可以从人和机器两个角度来分析。从人的角度来看，数字图像处理可以提高图像的视感质量，如进行图像的亮度、彩色变换，增强、抑制某些成分，对图像进行几何变换等，改善图像的质量，以方便人类阅读、使用图像；从机器的角度来看，数字图像处理可以提取图像中所包含的某些特征或特殊信息，如频域特征、灰度或颜色特征、边界特征、区域特征、纹理特征、形状特征、拓扑特征和关系结构等，这些被提取的特征或信息往往为机器分析图像、理解图像提供便利。此外，数字图像处理可以对图像数据进行变换、编码和压缩，便于机器对图像的存储和传输。

1.2.2　数字图像处理的基本特点

随着计算机技术和图像处理技术的发展，用计算机或数字电路进行数字图像处理已经越来越显示出它的优越性。数字图像处理无论在灵活性，还是在精度和再现能力等方面都有着模拟图像处理无法比拟的优点。在模拟处理中，要提高一个数量级的精度，必须对模拟处理装置进行大幅度改进；而数字处理能利用程序自由地进行各种处理，并且能达到较高的精度。特别是，随着半导体技术的不断进步，以微处理器为基础的图像处理专用高速处理器（Graphic Processing Unit，GPU）的应用越加广泛。GPU 是专门在个人计算机、工作站、游戏机和一些移动设备（如平板电脑、智能手机等）上做图像和图形相关运算工作的微处理器，它可以完成部分原本 CPU 的工作，减少显卡对 CPU 的依赖，从而提高图像处理的效率。此外，以集成电路存储器为基础的图像存储和显示设备的成功开发，也进一步加快了数字图像处理技术的发展和实用化。

数字图像处理的特点表现在以下几个方面：

1. 处理信息量大

由于数字图像信息量大，导致图像处理工作量巨大，处理时间长，并占用大量存储空间。以 1000 万像素数码相机图像为例，一幅彩色图像取 3648 列（宽）和 2736 行（高），像素数为 3648×2736，其颜色值为红绿蓝（RGB）三基色，用 24bit 的二进制来表示，那么该图像的信息量即为 3648×2736×24bit＝239542272bit＝29241KB＝28.556MB。处理这样大信息量的图像，必然导致计算机内存和外存的大量占用，以及处理运算量增大和处理时间延长。所以现代数字图像处理对计算机的配置和规格提出了较高要求，只有大容量和高速计算机才能胜任。而计算机本身又在飞速发展，更新换代极快，计算机硬件的发展反过来刺激和推动了数字图像处理技术的发展和应用。

2. 占用频带较宽

数字图像处理占用的频带较宽。与语音信息相比，图像占用的频带要大几个数量级，如电视图像的带宽约 5.6MHz，而语音带宽仅为 4kHz 左右。所以在成像、传输、存储、处理、显示等各个环节的实现上，图像处理技术难度较大，成本也高，这对频带压缩技术提出了更高的要求。

注意：通常频率是单位时间内完成周期性变化的次数，是描述周期运动频繁程度的量，单位为赫兹（Hz）。而在图像处理中，频率是指单位空间内完成周期性变化的次数，即空间频率。

图 1-2 是灰度变化频率不同的两幅图像以及对应直线上的灰度变化曲线。上图灰度变化比较平缓，而下图灰度变化比较剧烈，通过对应右边的灰度变化曲线可知：灰度变化平缓的图像，其灰度波动振荡较少，空间频率较低；而灰度变化剧烈的图像，其灰度波动振荡频繁，空间频率较高。通过波形曲线图，也可以知道空间频率与时间频率在本质上是相似的，都是用来描述信号振荡的频繁程度，区别在于时间频率描述的是信号随着时间变化的情况，而空间频率描述的是信号随着空间位置变化的情况。

灰度变化平缓图像　　　　　　　　左图直线上的灰度变化曲线

 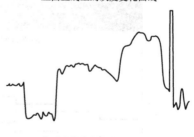

灰度变化剧烈图像　　　　　　　　左图直线上的灰度变化曲线

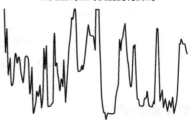

图 1-2　不同空间频率的两幅图像

3. 像素之间的相关性大

数字图像中各个像素是不独立的，其相关性较大。在图像画面上，经常有很多像素有相同或接近的灰度。就电视画面而言，同一行中相邻两个像素或相邻两行间的像素，其相关系数可达 0.9 以上，而相邻两帧之间的相关性比帧内相关性还要大些。因此，图像处理中信息压缩的潜力很大，使图像修补成为可能。

4. 无法复现全部信息

由于图像是三维景物的二维投影，一幅图像本身不具备复现三维景物全部几何信息的能力，很显然三维景物背后部分信息在二维图像画面上是反映不出来的。因此，要分析和理解三维景物必须做合适的假定或附加新的测量，如双目图像或多视点图像。在理解三维景物时需要知识导引，这也是人工智能中正在致力解决的知识工程问题。

5. 受人的因素影响较大

数字图像处理后的图像一般是给人观察和评价的，因此受人的因素影响较大。由于人的视觉系统很复杂，受环境条件、视觉性能、人的情绪、人的爱好以及知识状况影响很大，人们感知的亮度与真实的光强度之间并不是简单的函数关系。例如，在图 1-3 中，图 1-3b 是图 1-3a 灰度图在一条水平线上的灰度变化曲线。图 1-3a 中几个灰度块实际的灰度变化是阶梯上升的，真实亮度表现为图 1-3b 中的上面那条曲线，但由于人眼的欠调或过调现象，给人的感觉在灰度变化的边界，好像更暗或更亮，也就是视觉亮度表现为图 1-3b 中的下面那条曲线，视觉亮度并不是真实的亮度，这个现象称为"马赫带效应"。除此以外，还存在许多视错觉现象。由于人类视觉系统的复杂性，使得图像质量的评价等问题都有待进一步深入的研究。另一方面，计算机视觉是模仿人的视觉，人的感知机理必然影响着计算机视觉的研究，例如，什么是感知的初始基元，基元是如何组成的，局部与全局感知的关系，优先敏感的结构、属性和时间特征等，这些都是心理学和神经心理学正在着力研究的课题。

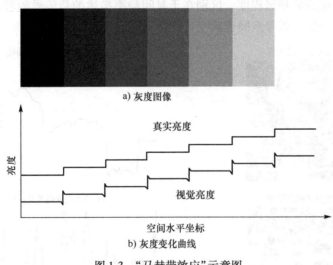

a) 灰度图像

b) 灰度变化曲线

图 1-3 "马赫带效应"示意图

1.2.3 相关学科与领域

数字图像处理与数字信号处理、计算机图形学和计算机视觉等课程是彼此紧密关联的，它们在技术和应用领域上都有着相当大部分的重叠，然而它们的研究领域、研究关注点等都有差别。

1. 数字信号处理

数字信号处理（Digital Signal Processing）是指用数字电路和数字计算机对信号进行数字化、滤波等处理，最典型的信号如电压、电流等是随时间变化的一维物理量。数字信号处理的研究内容包括数字化原理和采样定理、数字滤波器、数字正交变换、数字信号编码压缩与传输等，其中重要的概念包括傅里叶变换、频率、频谱、滤波器等。

数字图像处理是指用数字电路和数字计算机对图像进行处理，所处理的是二维的数字信号，是随空间坐标变化的灰度值或颜色值。数字图像处理包括数字化和采样定理、图像滤波器、图像正交变换、图像编码压缩与传输等内容。

表 1-1 是数字信号处理与数字图像处理的区别与联系。数字信号处理与数字图像处理是紧密相关的学科，数字图像处理是数字信号处理理论的二维扩展，数字信号处理理论中的进展会导致数字图像处理的新理论和方法，而数字图像处理的进度和应用又反过来会对数字信号处理提出更高的理论研究需求。

表 1-1 数字信号处理与数字图像处理的区别与联系

项 目	数字信号处理	数字图像处理
研究对象	一维数字信号	二维数字信号
坐标轴	时间轴	空间轴
研究内容	数字化原理和采样定理、数字滤波器、数字正交变换、数字编码等	数字化和采样定理、图像滤波器、图像正交变换、图像编码等

2. 计算机图形学

计算机图形学（Computer Graphics）是指用计算机来实现图形的生成、表示、处理和显示，通常是由数学公式经过计算，最终生成物体或模型的二维或三维仿真图形（逼真的图形可与实际图像媲美）；而数字图像处理则通常是对数字图像数据进行处理，最终识别出图像中的景物，甚至得到景物的统计参数和数学模型。因此，图形学和图像学是互逆的处理过程，数字图像处理是由原始图像处理出分析结果，而计算机图形学是由数学公式生成仿真图形或图像，二者有本质区别。表 1-2 是计算机图形学与数字图像处理的区别与联系。

表 1-2 计算机图形学与数字图像处理的区别与联系

项 目	计算机图形学	数字图像处理
研究对象	矢量图形	点阵图像
研究内容	物体或模型的数字模型、图形生成、几何透视变换、消隐（消去隐藏面）、覆盖表面纹理、光照模型和光线跟踪	图像增强、图像复原、图像分割、图像表示与描述、图像压缩等
过程	由数学公式生成仿真图形或图像	由原始图像处理出分析结果

特别需要注意的是，数字图像处理研究的对像是点阵图像，又称为位图图像，它由多个像素排列组成，每个像素点用若干位二进制数来表示其灰度值，图像文件中存放的是各像素点的灰度值，当放大位图至一定倍数后，会出现马赛克效应，即可以看见构成整个图像的许多单个方块，如图 1-4a 所示。

计算机图形学研究的对象是矢量图形，亦称作面向对象的图像或绘制图像，简称图形，它用一组指令集合来描述图形的内容，包括图形的形状、位置、大小、色彩等属性，在矢量图形文件中，只记录生成图形的算法和图上的某些特征点参数，因此矢量图形必须用特定的软件运算后才能得到相应的图形。矢量图形的尺寸可以任意变化而不会损失图形的质量，也就是不会产生锯齿效果，如图 1-4b 所示。早期的图形通常是指由点、线、面等元素来表达的三维物体，现代计算机图形学则可以生成完全逼真的图像，再加上计算机图形学的设备也是采用几乎相同的图像输入、输出和显示设备，导致人们把图形和图像的称谓混淆了。

在图形学中主要研究的是矢量图形，而在数字图像处理中主要研究的是位图图像，如果没有特别说明，本书的研究对象是图像，而不是图形。

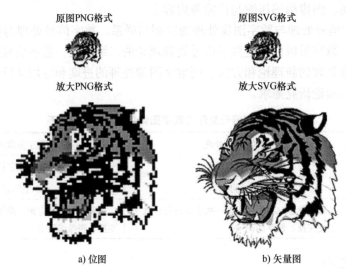

图 1-4　位图和矢量图

3. 计算机视觉

计算机视觉(Computer Vision)是研究计算机感受和理解自然景物的理论和技术，也可以是研究机器人感受和理解自然景物的理论和技术，所以也称为机器视觉(Machine Vision)。计算机视觉的研究和设计目的是仿照人类或动物的视觉系统，开发出能够感觉和理解自然景物的计算机和机器人视觉系统。计算机视觉是指用计算机实现人的视觉功能，对客观世界的三维场景进行感知、识别和理解。

计算机视觉与数字图像处理是紧密相关的学科领域，二者相互促进、相互依赖和相互补充。计算机视觉也研究数字图像和数字图像处理，但其研究重点在于视觉的立体成像原理、图像处理方法及实现，或视觉图像的成像原理、处理方法及实现；数字图像处理主要是针对图像的基本处理，如图像检索、识别、压缩、复原等操作。计算机视觉不仅有图像处理的知识，还涵盖了人工智能、机器学习等领域的知识，目的是从图像中提取抽象的语义信息；而数字图像处理探索的是一幅图像或者一组图像之间的互相转化和关系，基本上与语义信息无关。

1.3　数字图像处理的研究内容

1.3.1　数字图像处理的三个层次

数字图像处理研究的内容非常广泛，从简单的图像处理技术到较高级的机器视觉技术，人们将图像处理技术分为三个层次：低级图像处理、中级图像处理和高级图像处理（狭义图像处理、图像分析和图像理解），如图 1-5 所示。

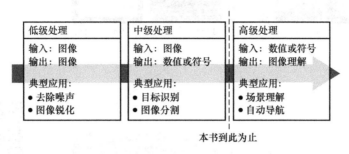

图 1-5 图像处理技术的三个层次

1. 低级图像处理（狭义图像处理）

狭义图像处理指的是低级图像处理，其研究的内容主要是对图像进行各种加工以改善图像的视觉效果或突出有用信息，并为自动识别打基础，或通过编码以减少对其所需存储空间、传输时间或传输带宽的要求。其特点是：输入是图像，输出也是图像，即低级图像处理是在图像之间进行变换。

2. 中级图像处理（图像分析）

图像分析属于中级图像处理，其研究的主要内容是对图像中感兴趣的目标进行检测（或分割）和测量，以获得它们的客观信息，从而建立对图像中目标的描述，是一个从图像到数值或符号的过程。其特点是：输入是图像，输出是表示图像特征的数值或符号。

3. 高级图像处理（图像理解）

图像理解属于高级图像处理，其研究的主要内容是在中级图像处理的基础上，进一步研究图像中各目标的性质和它们之间相互的联系，并得出对图像内容的理解（对象识别）及对原来客观场景的解释（计算机视觉），从而指导和规划行动。其特点是：输入是数值或符号，输出是对图像的理解结果，它以客观世界为中心，借助知识、经验等来把握整个客观世界。

各层次图像处理的区别和联系：狭义图像处理是低层操作，它主要在图像像素级上进行处理，处理的数据量非常大；图像分析则进入了中级图像处理，经分割和特征提取，把原来以像素构成的图像转变成比较简洁的、非图像形式的描述；图像理解是高级图像操作，它是对描述中抽象出来的符号进行推理，其处理过程和方法与人类的思维推理有许多类似之处。

本书的内容仅涉及低级图像处理和中级图像处理，没有包括高级图像处理。

1.3.2 数字图像处理课程的主要研究内容

图像可分为可见图像和不可见图像。如图 1-6 所示，可见图像是自然界中立体的自然景象的映射，这些图像由可见光形成，能被人的视觉系统所感受。不可见图像是利用 X 射线、红外线、微波、超声波等电磁波通过特定的成像设备所形成的图像，实质上这些图像是某种物理量的平面或空间分布图，它们不能为人眼直接感受。

这种数字化的能量分布图是数字图像处理的研究对象。数字图像处理需要利用数学理论以及计算机方法对这些能量分布图进行处理，从中提取人们感兴趣的信息。

数字图像处理的主要研究内容和用途包括以下几个方面：

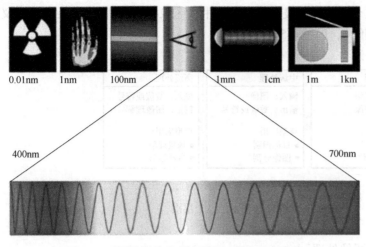

图 1-6　不同波段的电磁波可通过特定设备成像

图 1-6　彩图

1. 图像增强

图像增强的目的是增强图像中的有用信息，削弱干扰和噪声，以便观察、识别和进一步分析处理图像，增强后的图像未必与原图一致。图 1-7 是图像增强示例，该示例是将图 1-7a 所示图像进行灰度拉伸，提高了图像的对比度，使图像中的细节和层次更加清晰，灰度拉伸处理后的效果如图 1-7b 所示。

a) 原始图像

b) 灰度拉伸处理图像

图 1-7　图像增强示例

2. 图像几何变换

对图像进行几何变换，可使其几何坐标、几何位置和几何形状发生改变。几何处理用来实现图像的几何变形，产生各种变形效果；也可以用来实现几何校正，纠正图像因各种原因产生的畸变。图像的几何变换包括坐标变换和灰度插值两种运算。按照几何变形程度的不同，几何变换分为刚体变换、仿射变换、透视变换和非线性变换。图 1-8 是图像的仿射变换示例。

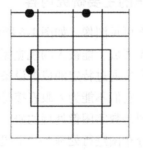
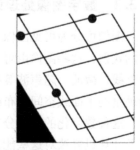

图 1-8　图像的仿射变换示例

3. 图像复原

在成像时由于相机的相对运动、聚焦和噪声等原因，使得数字图像会产生退化。图像复原是分析图像退化机理，将退化的图像尽量恢复原样，复原的图像要尽可能地与原图像保持一致。图1-9是图像复原示例，图1-9a 为一幅由于摄像机与被摄物体之间存在相对运动而造成运动模糊的图像，经过消除运动造成的模糊后，图像得到了恢复，如图1-9b 所示。

a) 运动模糊图像　　　　　　　　　　b) 复原处理结果图像

图1-9　图像复原示例

4. 图像形态学处理

图像形态学处理是指将数学形态学作为工具从图像中提取对于表达和描绘区域形状有用处的图像分量，比如边界、骨架以及凸壳，还包括用于预处理或后处理的形态学过滤、细化和修剪等。形态学的基本操作包括膨胀、腐蚀、开运算、闭运算等。图1-10是一个较典型的形态学处理示例，此示例利用开运算、闭运算对指纹图像进行形态学滤波去噪，得到更清晰的指纹图像。

图1-10　图像形态学处理示例

5. 图像分割

图像分割通常是对图像进行分析和理解的第一步，它从图像中提取对象或对象组成部分的图像特征，如提取对象组成部分的边界，或划分对象各组成部分的所在区域。图像分割的目的是对图像中的不同对象和对象的不同部分进行分割和划分，以便对对象进行后续的分类、识别和解释。图 1-11 是一个细胞图像分割示例。

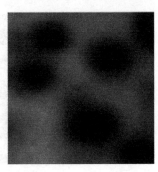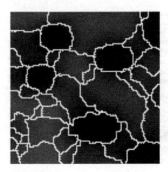

图 1-11　图像分割示例

6. 图像表示与描述

图像分割可以得到图像中人们所关注的目标成分，如边界或区域等，然后人们需要对目标进行表示与描述，以方便后期的图像识别和理解。

图像的表示与描述是用数字或者符号表示图像或景物中各个目标的相关特征，甚至目标之间的关系，最终得到的是目标特征以及它们之间关系的抽象表达。图像描述分为颜色描述、纹理描述、边界描述和区域描述等。好的描述应在尽可能区别不同目标的基础上对目标的尺度缩放、平移、旋转等不敏感，这样的描述具有较强的鲁棒性。图 1-12 是采用链码表示图像轮廓的示例，其中图 1-12a 是图像轮廓，图 1-12b 是对应的轮廓采样，图 1-12c 是此轮廓的 4 链码，而图 1-12d 是此轮廓的 8 链码。

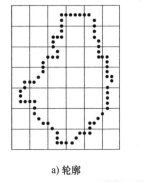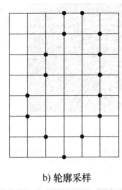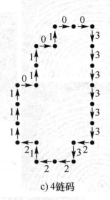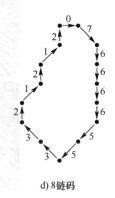

a) 轮廓　　　　　　b) 轮廓采样　　　　　　c) 4链码　　　　　　d) 8链码

图 1-12　图像表示与描述示例

7. 图像目标识别

图像目标识别是将图像处理得到的目标图像进行特征提取和分类识别，以确定被识别目标是什么物体，或者给出目标所处的位置和姿态等。图像目标识别常用的方法有统计法（或决策理论法）、句法（或结构）方法、神经网络法、模板匹配法和几何变换法等。特别是随着技术的发展，出现了基于机器视觉的目标识别、基于深度学习的目标识别等，大大提高了图像识别的准确度和识别效率。图 1-13 显示的车牌识别是一个较典型的图像目标识别示例。

8. 图像编码压缩

图像压缩是在满足图像质量基本不损失的前提要求下，对图像进行编码，从而有效地压缩数字图像的数据量，以便存储和传输。例如，JPEG 图像文件格式是国际静止图像压缩专家组织提出的图像压缩存储文件格式，JPEG 压缩标准将常规图像数据压缩到其大约 1/10，而视觉上基本感觉不到图像质量的损失，因此，JPEG 成为数码照片存储和互联网图像传输的主要图像压缩文件形式。图像相邻像素的相关性很大，使得图像压缩成为可能。

图 1-13　图像目标识别示例

1.3.3　数字图像处理中的几种运算处理

数字图像处理的目的和用途是多种多样的，但所有这些处理在实现时的具体软硬件算法大体可分为以下 5 种：

1. 点处理

处理图像时，每个输出图像像素灰度值仅由其在输入图像中对应的那个像素的灰度值计算而得，且每个输出像素所用的计算公式相同，这种图像处理称为点处理，对应的处理算法称为点处理算法。点处理算法主要用于图像灰度变换等增强处理。

2. 几何处理

图像几何处理是使图像几何坐标、几何位置或几何形状发生改变的处理。进行几何处理的操作称为几何变换，相应的算法称为几何变换算法。

3. 局域处理

处理图像时，每个输出图像像素灰度值由其在输入图像中对应像素及邻近像素（称之为邻域）的灰度值按不同的系数或权重综合计算而得，且每个输出像素所用的计算公式相同，这种图像处理称为局域处理，对应的处理算法称为局域处理算法。

4. 帧间处理

如果对多帧图像进行代数运算生成某一输出图像，即每个输出图像像素灰度值由多帧输入图像中对应像素的灰度值经过加减乘除等代数运算而得，且每个输出像素所用的计算公式相同，这种图像处理称为帧间代数处理，简称帧间处理或代数处理，对应的处理算法称为帧间处理算法。帧间处理常用来对运动序列图像进行噪声抑制或运动检测等操作。

5. 全局处理

对于局域处理来说，如果将邻域扩大到整个图像，就是全局处理。换言之，处理图像时，每个输出图像像素灰度值由其在输入图像中所有像素的灰度值综合计算而得，这种图像处理称为全局处理，对应的处理算法称为全局处理算法。全局处理算法主要是指图像正交变换的各种算法。

1.4 数字图像处理的经典应用

图像是人类获取和交换信息的主要来源，因此，图像处理的应用领域必然涉及人类生活和工作的方方面面。随着人类活动范围的不断扩大，图像处理的应用领域也将随之不断扩大。图像处理技术已广泛应用于科学研究、工农业生产、生物医学工程、航空航天、军事、机器人、政府职能机关、文化文艺等多领域，并在其中发挥着越来越大的作用，成为一门引人注目、前景广阔的新型学科。

1.4.1 天文方面的应用

数字图像处理作为一门学科大约形成于20世纪60年代初期。早期图像处理的目的是改善图像的质量，它以人为对象，用以改善人的视觉效果。

首次获得实际成功应用的是美国喷气推进实验室，实验室研究人员对航天探测器徘徊者7号在1964年发回的几千张月球照片使用了图像处理技术，如利用几何校正、灰度变换、去除噪声等方法进行处理，并考虑了太阳位置和月球环境的影响，由计算机成功地绘制出月球表面地图，获得了巨大的成功。随后又对探测飞船发回的近十万张照片进行更为复杂的图像处理，生成了月球的地形图、彩色图及全景镶嵌图，取得了非凡的成果，为人类登月奠定了坚实的基础，也推动了数字图像处理这门学科的诞生。图1-14是图像处理前后的由哈勃望远镜拍摄的星系图。

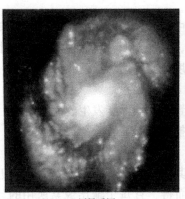 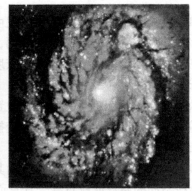

a) 原星系图　　　　　　　　　b) 图像处理后星系图

图1-14　哈勃望远镜拍摄的星系图

在以后的宇航空间研究，如对火星、土星等星球的探测中，数字图像处理技术都发挥了巨大的作用。图1-15是经过图像处理的我国首次月球探测工程全月球影像图。

1.4.2 遥感图像应用

遥感分为航空遥感和航天遥感，航空遥感和航天遥感的主要目的是成像以及遥感图像的处理和应用。遥感技术的传感器包括了对可见光、红外、微波等不同波段的射线的成像，由于采用了不同的遥感平台、不同的波段、不同的时间对地面进行远距离观测，可以获得各种分辨率的地面遥感图像，其数据极其庞大，习惯上称为海量数据。

遥感图像处理包括遥感图像的几何校正与几何配准、遥感图像的辐射校正、多光谱和多

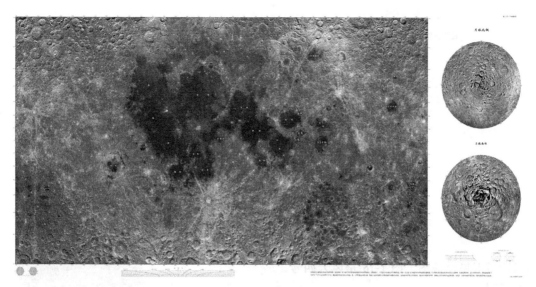

图 1-15　我国首次月球探测工程全月球影像图

传感器遥感图像的数据融合、遥感图像的地物分类和目标识别及快速算法等。其中，对图像的地物分类和目标识别称为图像判读，早期的图像判读和分析工作多由大量专业判读人员来完成，由于人的视觉系统对图像的判读存在不同程度的主观因素影响，视觉疲劳和视觉局限还经常导致漏判和错判，所以自动判读成为主要趋势。现在，拥有高档计算机的数字图像处理系统可以实现自动分类和识别，以协助判读人员完成图像判读分析，这样既节省人力，又提高速度，说明了数字图像处理技术在遥感图像应用中的重要地位。遥感图像可以广泛地应用在资源调查（地质构造、探矿等）、灾害监测（森林火灾、水灾等）、农林业规划（农作物估产、防护林建设等）、城市规划（道路建设、违章建筑管理等）、环境保护（石油或有毒物质泄漏等）、军事侦察（目标定位、核设施检测、军队部署等）等各个领域。

　　1972 年美国开始陆续发射地球资源卫星（Landset），其空间分辨率为 80m 左右，目前的空间分辨率已达到 15m。其他的美国民用遥感卫星图像，包括 1m 分辨率的全色图像和 20m 分辨率的多光谱图像。我国从 1985 年以来陆续研制发射了国土资源普查卫星，卫星图像数据因此得到了广泛的应用。随着我国卫星遥感技术的飞速发展，国产卫星遥感影像的几何分辨率不断提高，如高分一号（GF-1 号）卫星遥感影像的几何分辨率可达 2.0m、高分二号（GF-2 号）卫星遥感影像的几何分辨率可达 0.8m、资源三号（ZY-3 号）卫星遥感影像的几何分辨率可达 2.0m、北京二号（BJ-2 号）卫星遥感影像的几何分辨率可达 0.8m，实现了高分辨率对地观测数据的自主获取能力，国产卫星遥感技术已成为自然资源管理的重要手段。图 1-16 是长江（枝城—岳阳）洪涝灾害遥感监测图，利用此监测图，可以很方便地了解灾害情况。

　　气象卫星是从太空对地球及其大气层进行气象观测的人造地球卫星。1969 年以来，中国成功发射了 4 颗风云一号、7 颗风云二号、3 颗风云三号卫星，而 2016 年发射的风云四号卫星是我国静止轨道气象卫星从第一代（风云二号）向第二代跨越的首发星，它能每 3min 对台风区域进行一次观测，提高了预测的时间分辨率、空间分辨率、探测谱段和探测要素等。目前超过 2500 个国内用户及多达 70 多个国家和地区，接收与利用风云卫星资料。风云系列卫星更被世界气象组织列入国际气象业务卫星序列，是东半球气象预报的主力。图 1-17 是

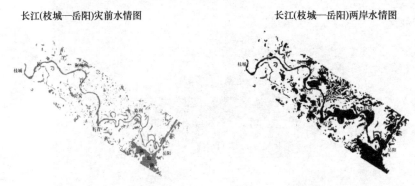

长江(枝城—岳阳)灾前水情图　　　　　　　　长江(枝城—岳阳)两岸水情图

图 1-16　长江(枝城—岳阳)洪涝灾害遥感监测图

风云四号卫星设备图，图 1-18 是风云四号卫星云图。

1.4.3　医学图像应用

医学图像处理的对象是各种成像机理的医学影像，临床广泛使用的医学成像种类主要有 X 射线成像、核磁共振成像、核医学成像和超声波成像四类。在目前的影像医疗诊断中，主要是通过观察一组二维切片图像发现病变体，这往往需要借助医

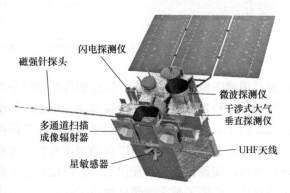

图 1-17　风云四号卫星设备图

生的经验来判定。利用计算机图像处理技术对二维切片图像进行分析和处理，实现对人体器官、软组织和病变体的分割提取、三维重建和三维显示，可以辅助医生对病变体及其他感兴趣的区域进行定性甚至定量的分析，从而大大提高医疗诊断的准确性和可靠性，而且在医疗教学、手术规划、手术仿真及各种医学研究中也能起重要的辅助作用。目前，医学图像处理

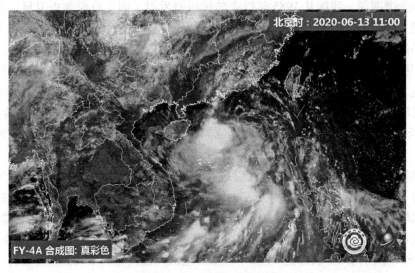

图 1-18　风云四号卫星云图

主要集中表现在病变检测、图像分割、图像配准及图像融合四个方面。图 1-19 是一些医学图像处理示例。

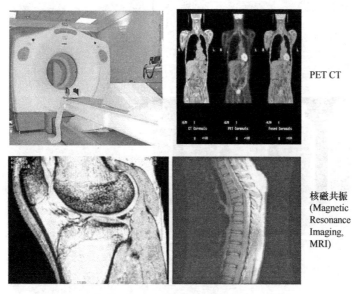

PET CT

核磁共振
(Magnetic
Resonance
Imaging,
MRI)

图 1-19 医学图像处理示例

1.4.4 工业检测方面的应用

随着工业生产企业的生产规模越来越大，大规模现代自动化生产流水线投入使用，单一性的人工检测已经远远不能满足工业生产的在线实时检测需求，且人工检测存在成本高、速度慢、不可靠等问题。随机工业高速化生产需要的快速增长，基于图像处理技术的机器检测技术越来越显现出其重要性，且机器检测具有成本低、速度快、非接触等优点。随着计算机技术、图像处理技术的发展，机器检测已经从实验室研究走向了实际应用，是当代计算机技术研究的热点。目前，工业视觉系统广泛应用于各种工业和实验领域，如产品和大型部件的无损探伤、产品质量的自动检测与控制、自动化装配线和生产线、流体力学实验图像处理(喷气发动机尾焰图像分析、流场定量测量图像测速等)，以及机器人和机器车的视觉系统等。图 1-20 是一些图像处理技术在工业检测中的应用，分别是集成芯片、胶囊、饮料、塑料产品、针织产品等表面缺陷检测。

1.4.5 公安执法方面的应用

数字图像处理技术可运用到公安领域，为公安人员扩展思维空间、保障执法公正提供帮助。图像处理技术在公安执法方面的应用包括指纹识别、人脸识别、虹膜识别、手形识别、掌纹识别、印章鉴定、笔迹鉴定、枪弹痕迹鉴定等。图 1-21 是一些基于图像处理的生物识别示例。其他的应用还有摄像测速、机动车号牌自动识别(用于自动门卫和高速路收费站)、银行和居民小区治安监控、视频监控等。

1.4.6 智能监控方面的应用

随着监控摄像头在日常生活中的普及，监控视频数据呈爆炸式增长态势。传统的人工视

图 1-20　工业检测方面的一些应用示例

频监控不仅耗费大量人力资源，而且由于疲劳工作或侥幸心理，人工监控往往容易漏检关键信息。

　　近些年，深度学习在图像处理领域快速发展，使智能视频监控系统在各个领域得以落地。例如，自动监测报警、人员跟踪、异常行为分析、无人看守行李检测、个人身份认证等。

　　图 1-22 是在街道上的异常行为分析示例，图 1-23 是在银行场景下的异常行为分析示例，图 1-24 是溺水事件图像监控系统示例。

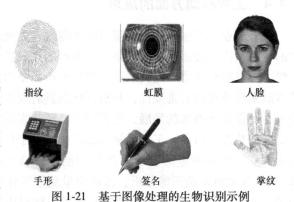

指纹　　　　　　虹膜　　　　　　人脸

手形　　　　　　签名　　　　　　掌纹

图 1-21　基于图像处理的生物识别示例

图 1-22　在街道上的异常行为分析示例

图 1-23　在银行场景下的异常行为分析示例

图 1-24　溺水事件图像监控系统示例

1.4.7　文体艺术图像应用

数字图像处理在影视制作、文化艺术方面的应用很多，典型的例子包括电视画面的数字编辑、动画片的制作、电影特技镜头制作、平面广告制作、家装方案效果图设计、服装效果图设计、发型效果图设计、文物资料照片复制和修复等，数字图像处理给图像添加特殊效果或者合成图像，使图像更具视觉吸引力。图 1-25 是给图像添加特殊效果的合成图像。在体育运动领域，数字图像处理与识别可用来进行运动员动作自动分析评价和比赛自动记分等。

1.4.8　图像检索

近年来，深度学习的发展使得神经网络可以更好地提取图像高层次特征，基于内容的图像检索（Content Based Image Retrieval，CBIR）技术有了显著的突破。百度公司为提升图像检索的精度，研发了百度识图引擎，这是一种利用深度学习进行图像检索的方法，通过卷积神经网络学习到高层的图像特征，进而实现图像检索的功能。图 1-26 是一个图像检索示例。

1.4.9　办公室自动化图像应用

数字图像处理在办公自动化方面的应用包括邮政编码图像识别、OCR（字符识别系统）、自动判卷系统、各类图样自动识别与录入系统等。这些应用有效地减少了人类的烦琐劳动，提高了生产率。图 1-27 是利用图像处理技术进行答题卡的自动评阅示例。

合成

合成图1   合成图2

图 1-25   特殊效果的合成图像

图 1-25   彩图

查询图像

图 1-26   图像检索示例

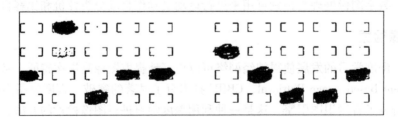

图 1-27   答题卡的自动评阅示例

1.5   数字图像处理的发展趋势

图像是人类感官系统的重要信息来源。随着数字电路技术、计算机技术、传感器技术的飞速发展，近几十年来利用数字电路和计算机实现的数字图像处理，不仅从理论上而且从技术上得到了全面的发展，已经成为一门独立而具有强大生命力的学科。数字图像处理具有以下发展趋势：

1. 从低分辨率向高分辨率发展

随着图像传感器分辨率和计算机运算速度的不断提高，图像存储器内存、计算机内存及外设存储容量的不断增大，数字图像由低分辨率向高分辨率不断发展，数字图像处理的运算量也越来越大，对处理和显示设备的要求也越来越高。

例如，数码相机的分辨率由最早的640×480像素（30万像素，20世纪90年代初）发展到现在的2000~3000万像素，已经完全达到普通135胶片相机的出图质量，成为家用相机的首选。

2. 从二维（2D）向三维（3D）发展

三维图像获取及处理技术主要通过全息摄影实现，或通过断层扫描与图像重建实现。随着图像技术和计算机技术的发展，三维图像不再只是科幻电影中的某个镜头，而已经在军事上得到广泛应用，并已逐步进入人们的日常生活。例如，现代医院的CT、MR等设备都是三维成像与重建设备，高档的超声设备也出现了三维成像与重建功能，这些设备对于人身体的健康检查和治疗正发挥着日益重要的作用。

3. 从静止图像向动态图像发展

同样，随着传感器分辨率和主机运算速度的提高，计算机内存及外存容量的增大，数字图像由静止图像和静止图像处理为主，发展到静止图像和动态图像并存并相互补充相互促进的局面。例如，VCD、DVD、数码摄像机、数字电视和MP4等影视设备，以及数字电影的制作和发行，都是动态图像技术推广应用的最好体现。

4. 从单态图像向多态图像发展

多态图像是指对于同一目标、景物或场景，采用不同的图像传感器或在不同条件下获取图像，然后对这些图像进行综合处理和应用。例如，军事上为了满足目标侦察的需要，可以用可见光、红外、SAR（合成孔径雷达）遥感对同一可疑地点进行扫描成像，并在不同时间段跟踪扫描，形成多态图像。又如，医院为了有效检查某种疑难病症，可以将病灶位置的CT、MR、超声图像进行综合对比和分析。多态图像对成像设备、计算机软硬件以及操作人员提出了更高的要求。

5. 从图像处理向图像理解发展

图像处理技术发展至今，人们已经不再满足于通过图像分割、图像增强等技术所提供的直观视觉信息，而是希望通过更深层次的图像处理、应用技术去替代人眼的功能，弥补人眼视觉的某些缺陷，通过图像算法对深层信息的利用，达到理解图像、分析图像的目的。

练　习

1-1　什么是数字图像处理？数字图像处理技术有哪些特点？

1-2　从数字图像处理的特点分析一下其技术难度及潜力。

1-3　数字图像处理主要包括哪些研究内容？

1-4　数字图像处理技术分哪三个层次？是如何划分的？

1-5　有哪些课程与数字图像处理紧密相关？它们有什么区别与联系？

1-6　请列举一些数字图像处理技术的最新应用。

第 2 章

图像处理基础知识

本章介绍数字图像处理的一些基础知识，包括图像的数字化、数字图像的表示与坐标约定、图像模式、彩色模型、灰度统计特征、像素点之间的基本关系、图像质量评价以及 Python 图像处理编程基础等。本章是后续教学内容的基础。

2.1 图像的数字化

图像通常是自然界景物的客观反映，并以照片形式或视频记录的形式在介质上连续存放。这种空间分布和亮度取值均连续的模拟图像，计算机无法直接接收和处理。模拟图像需要经过离散化过程，转换为数字图像，才能被计算机接收和处理。这个离散化过程称为数字化(Digitizing)。图像数字化包括两个步骤——采样和量化。

2.1.1 图像采样

图像采样(Image Sampling)是将一幅连续图像在空间上分割成 $M \times N$ 个网格，每个网格用一个亮度值或灰度值来表示，一个网格称为一个像素。图像采样示意图如图 2-1 所示。

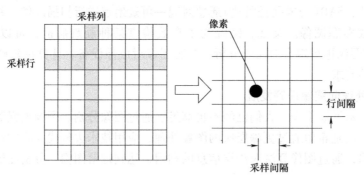

图 2-1 图像采样示意图

$M \times N$ 的取值要满足香农采样定理，否则会出现失真现象。也就是说，图像采样的间隔越大，所得图像像素数越少，空间分辨率越低，图像质量越差，甚至出现马赛克效应；相反，图像采样的间隔越小，所得像素数越多，空间分辨率越高，图像质量越好，但数据量会相应的增大。

图像空间分辨率可用来表征图像采样精度。空间分辨率是对图像中可辨别的最小细节的度量，表示每英寸图像上有多少个像素点，分辨率的常用单位是 PPI(Pixels Per Inch)，称为像素/英寸。采样频率越高(即间隔越小),空间分辨率越高。以下 Python 程序可以按指定的比例对图像进行下采样,其中参数 scale 是下采样比例。

```python
def downSample(img,scale):
    num=int(1//scale)                              #获得下采样间隔像素个数
    m,n=img.shape
    mm=int(m*scale)                                #[mm,nn]是下采样后图像大小
    nn=int(n*scale)
    img1 = np.zeros((mm,nn),np.uint8)
    j=0
    for i in range(0,m,num):
        img1[j,...]=img[i,range(0,n,num)]          #进行下采样
        j+=1
    return img1.copy()
```

图 2-2 是下采样示例,每次下采样比例为 1/2,图中展示了 7 次下采样的效果。可以看到,当空间分辨率较低,如分辨率在 64×64 以下时,图像会出现马赛克效应,图像质量下降。

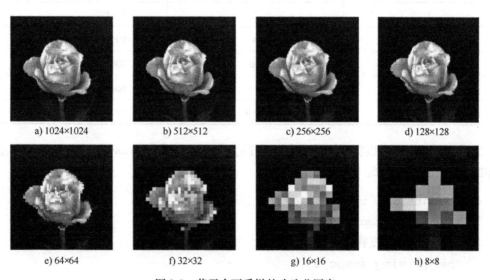

图 2-2　若干次下采样的玫瑰花图案

2.1.2　图像量化

所谓量化(Quantization),就是将图像像素点对应亮度的连续变化区间转换为单个特定值的过程,即将原始灰度图像的幅度值离散化。图 2-3 中的曲线是左上模似图像从 A 点到 B 点的灰变度化曲线,图中纵向网格线表示采样,横向网络线表示量化,可以看到采样是将图像空间坐标取整,而量化是将像素点的灰度值取整。

灰度分辨率可以用来表征图像量化精度。灰度分辨率是图像可辨别的最小灰度变化,量化等级越多,灰度层次越丰富,灰度分辨率越高,图像的质量也越好;量化等级越少,灰度

层次欠丰富，灰度分辨率越低，图像会出现伪轮廓分层的现象，降低了图像的质量。灰度分辨率通常根据用于存储每个像素点所需要的二进制位数来确定，因此灰度分辨率通常是1bit、2bit、4bit、8bit、16bit 等。表 2-1 是灰度分辨率（二进制位数）与灰度级的关系。

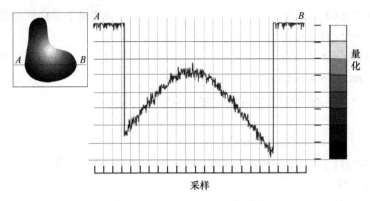

图 2-3　采样与量化示意图

表 2-1　灰度分辨率与灰度级的关系

二进制位数/bit	灰度级	举　例
1	2	0, 1
2	4	00, 01, 10, 11
4	16	0000, 0101, …, 1111
8	256	00110101, 01011111
16	65536	1010101111101010111101

以下 Python 程序可以实现图像不同级别的量化，其中参数 scale 是设定的量化灰度级，本例中最高灰度级为 256。

```python
def quantilize(img0,scale):
    img=img0.copy()
    #获取图像高度和宽度
    height=img.shape[0]
    width=img.shape[1]
    #创建一幅图像
    new_img=np.zeros((height,width),np.uint8)
    gap=256//scale      #根据给定的灰度级,确定每级跨越的灰度值
    for i in range(height):
        for j in range(width):
            num=0
            while num<scale:
                if num*gap<=img[i,j]<(num+1)*gap:
                    gray=num*gap
```

```
                    break
                num+=1
            new_img[i,j]=np.uint8(gray)
    return new_img
```

图 2-4 是在图像空间分辨率不变，对图像进行不同灰度级量化后的效果图。可以看到，当灰度级降到一定程度，如本例中灰度级低于 16（灰度分辨率为 4bit）时，图像质量下降，图像会出现伪轮廓。

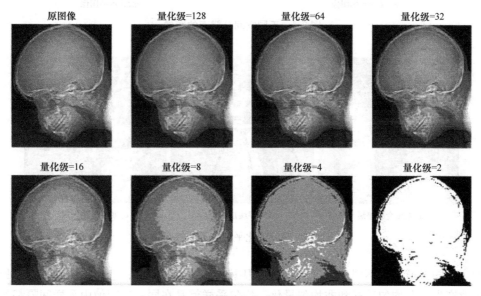

图 2-4 不同量化灰度级的图像

2.1.3 非均匀采样与量化

空间分辨率和灰度分辨率越高，数字化阵列越逼近原始图像，但是存储空间和处理图像的时间也会迅速增加，因此分辨率并不是越高越好。在图像处理中需要根据图像处理的任务要求以及不同图像的情况，来选择合适的分辨率。

例如，在图 2-5 中是两幅内容相同，但分辨率不同的汽车图像，图 2-5a 图像空间分辨率较高，可以清晰地读取车牌号，进行车牌识别；而图 2-5b 图像空间分辨率较低，读取车牌号较为困难，但该图适合用来统计大街上的汽车数量。可见，在做一些较宏观的粗特征任务处理时，低分辨率图像可能更具有优势，而高分辨率图像更适用于细节图像处理。

再如，在图 2-6 中，图 2-6a 图像的灰度变化平缓，图 2-6b 图像的灰度变化平缓度居中，图 2-6c 图像的灰度变化剧烈。在进行采样时，灰度变化剧烈的图像，细节较多，需要较精细采样，也就是要求较高的空间分辨率；而对于灰度变化平缓的图像，可以进行粗糙采样，空间分辨率可以低一点。反之，在进行量化时，灰度变化平缓的图像，灰度值差别较细微，需要较多的灰度级来描述，也就是要求较高的灰度分辨率；而对于灰度变化较大的图像，可以进行粗糙量化，灰度分辨率可以低一点。

前面介绍的都是均匀采样和量化，也就是整幅图像采用相同的采样和量化策略，然而一

a) 高分辨率图像　　　　　　　　　　　　　　b) 低分辨率图像

图 2-5　不同空间分辨率的图像

a) 灰度变化平缓　　　　　　　b) 平缓度居中　　　　　　　c) 灰度变化剧烈

图 2-6　灰度变化平缓度不同的图像

幅图像中不同区域具有不同的灰度内容，应根据区域的实际情况，选择不同的采样和量化策略，由此产生了非均匀采样和非均匀量化。均匀采样就是在同一幅图像中采样间隔都是相同的，如图 2-7a 是正方形均匀采样，图 2-7b 是六角形均匀采样；非均匀采样就是在一幅图像的不同区域采用不同的采样间隔，如图 2-7c 所示。均匀量化就是将灰度值进行平等划分，各灰度级所代表的灰度间隔是相同的；而非均匀量化中各灰度级所代表的灰度间隔可能是不同的。

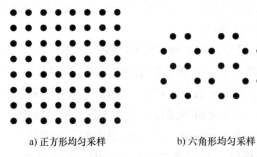 

a) 正方形均匀采样　　　　　　b) 六角形均匀采样　　　　　　c) 非均匀采样

图 2-7　不同的采样方式

显然，均匀采样和量化没有考虑图像内不同区域的差别，会造成一些资源浪费。非均匀采样和量化可以根据图像内容自适应地调整采样间隔和量化等级，可以更好地表示图像。例如，在灰度变化显著、有很多细节的区域应当采用较密的采样；反之，在灰度变化平缓的区域，可以降低采样要求。这里需要注意非均匀采样所存在的问题，即非均匀采样时，每个像素所代表的面积不相等，这将造成图像处理的困难。非均匀量化通常是计算所有灰度值出现的频率，若某范围的灰度值出现频繁，而在其他范围的灰度值出现较稀疏，则在该范围内量化灰度就要较密集，在其他范围内较稀疏。

2.2 数字图像的表示

2.2.1 图像的数学表示

一幅图像，根据它的光强度(亮度、密度或灰度)的空间分布，均可以用下面的函数形式来表达：

$$I=f(x,y,z,\lambda,t) \tag{2-1}$$

式中，I 是空间上某点在某时刻的光强度；(x,y,z) 是空间上某点的坐标；λ 是电磁波波长；t 是某时间点。若是单色(固定电磁波波长)、平面(无 z 轴)、静止的图像(无时间参数)，则图像可表示为

$$I=f(x,y) \tag{2-2}$$

单色、平面、静止的图像即二维灰度图像，如果无额外说明，本教材研究的对象是二维灰度图像。

实质上图像是某种物理量的平面或空间分布图，通常是一个能量分布图，其本身可以是一个发光物体辐射源，也可以是物体受光辐射源照射后反射或透射的能量。对于非发光物体，影响其成像的因素有许多，其中入射光的光强度和物体表面的反射率是两个主要因素。因此，非发光物体的光强度也可以用以下函数式来表示：

$$f(x,y)=i(x,y)r(x,y) \tag{2-3}$$

式中，$i(x,y)$ 是在点 (x,y) 处的入射光的光强度，$0<i(x,y)<\infty$；$r(x,y)$ 是在点 (x,y) 处的物体反射率，$0<r(x,y)<1$。通常，入射光的光强度用光通量来表示。光通量是指人眼所能感觉到的辐射功率，其单位是流明(lm)。光源照射在被照物体单位面积上的光通量称为光照度，其单位是流明/平方米(lm/m^2)。例如：

① 晴天时，室外的光照度有 $90000lm/m^2$；
② 阴天时，室外的光照度有 $10000lm/m^2$；
③ 室内的光照度有 $1000lm/m^2$；
④ 傍晚时的光照度有 $0.1lm/m^2$。

不同物体的反射率各不相同，一些典型的物体反射率有：
① 黑色天鹅绒是 0.01；
② 不锈钢是 0.65；
③ 白色墙面漆是 0.80；
④ 镀银金属是 0.90；
⑤ 雪是 0.93。

2.2.2 在计算机中的矩阵表示

数字图像最基本的表示和存储方式是二维灰度矩阵。假设经过采样和量化后，得到的数字图像有 M 行和 N 列，每个像素点允许的灰度级为 G，那么数字图像可用以下公式中的矩

阵形式紧凑表示：

$$f(x,y)=\begin{bmatrix} f(0,0) & f(0,1) & \cdots & f(0,N-1) \\ f(1,0) & f(1,1) & \cdots & f(1,N-1) \\ \vdots & \vdots & & \vdots \\ f(M-1,0) & f(M-1,1) & \cdots & f(M-1,N-1) \end{bmatrix} \tag{2-4}$$

式中，矩阵定义了一幅数字图像，矩阵中每个元素称作像元、像素、图像单元或图像元素，元素的值对应像素的亮度值或灰度值。在数字图像处理中，一些量值通常是 2 的幂次方，如 $M=2^m$，$N=2^n$，$G=2^k$。

2.2.3 坐标约定

图像都是由像素组成的，像素坐标是像素在图像中的位置，要准确描述图像，需要对像素坐标做一个约定。本教材的示例都是使用 Python 代码实现的，程序中调用了 OpenCV、NumPy 等工具包。为此，先了解一下 OpenCV、NumPy 的坐标约定。

在 OpenCV 工具包中，各像素坐标是以图像左上角为原点，原点以右方向为 x 轴正方向，原点以下方向为 y 轴正方向，如图 2-8 所示。如无特别说明，本书后面都约定采用此坐标表示方法。

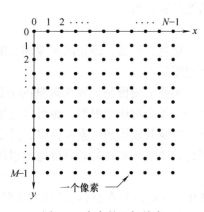

在 OpenCV 中任何像素的坐标位置是相对于原点而言的，使用（width，height，depth）表示像素坐标，即像素坐标按宽度、高度、深度进行索引，相对位置都是以 0 为索引开始计算。按图 2-8 所示的坐标约定，OpenCV 的像素坐标应该为 (x,y,z)。

在 NumPy 工具包中，当使用 NumPy 数组表示图像像素时，NumPy 像素坐标为（height，width，depth），即 NumPy 是按高度、宽度、深度进行索引的。按图 2-8 所

图 2-8　本书的坐标约定

示的坐标约定，NumPy 的像素坐标应该为 (y,x,z)。当进行图像编程时，特别需要注意它们之间的区别，在例 2-2 中演示了 OpenCV 坐标与 NumPy 坐标的不同。

2.3 图像模式及彩色模型

2.3.1 图像模式

图像处理中常见的图像模式主要包括二值图像、灰度图像和彩色图像，如图 2-9 所示。

1. 二值图像

二值图像（Binary Image）又称为黑白图像，是指图像上的每一个像素只有两种可能的取值或灰度等级状态，即二值图像的灰度级为 2，图像中任何像素的值只能取 0 或 1，再无其他过渡的灰度值，如图 2-9a 所示。图 2-10 是二值图像的矩阵表示，各像素的值为 0 或 1。二值图像的优点是占用空间小；缺点是，当表示人物和风景等场景较为复杂时，二值图像只能描述其轮廓，无法描述场景的细节，这时候需要用更高的灰度级。

2. 灰度图像

灰度图像是每个像素只有一个采样颜色的图像，即单通道图像，如图 2-9b 所示。这类

图像通常显示为从最暗的黑色到最亮的白色，理论上这个采样可以是任何颜色的不同深浅，可以是不同亮度上的不同颜色。灰度图像与黑白图像不同，在计算机图像领域中黑白图像只有黑白两种颜色，灰度图像在黑色与白色之间还有许多级的颜色深度，灰度值可以分为多个级别。例如，若用一个字节（8 位二进制）来存储像素点的灰度值，则像素灰度级为 256，其灰度值范围为 0~255，图 2-11 是 8 位灰度图像的矩阵表示。

a) 二值图像　　　　　　　　b) 灰度图像　　　　　　　　c) 彩色图像

图 2-9　彩图

图 2-9　三种常见的图像模式

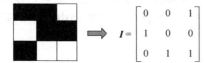 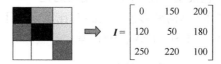

图 2-10　二值图像的矩阵表示　　　　　　　　图 2-11　灰度图像的矩阵表示

3. 彩色图像

人眼能分辨出成千上万种颜色的深浅和强度，而只能分辨 20 多种灰度级。因此，颜色是一种强大的图像描述方式，通常可以简化对象识别和提取难度，所以彩色图像对图像处理非常重要。

最常用的彩色图像是 RGB 图像，如图 2-9c 所示。RGB 图像中每个像素包括红绿蓝三种基本颜色的数据，它是三通道图像。RGB 图像中每种颜色用 1 个字节表示，每个基色分量的强度等级为 $2^8 = 256$ 种，则存储每个像素的颜色需要 3 个字节，RGB 图像可容纳 $2^{24} \approx 16M$ 种色彩（24 位色）。24 位色称为真彩色，它可以达到人眼分辨的极限，但其实自然界的色彩是不能用任何数字来归纳的，这些只是相对于人眼的识别能力，这样得到的色彩可以相对人眼基本反映图像的真实色彩，故称真彩色。图 2-12 是 RGB 彩色图像的矩阵表示，彩色图像中每个像素有三个采样颜色的数据，需要占用更多的存储空间。

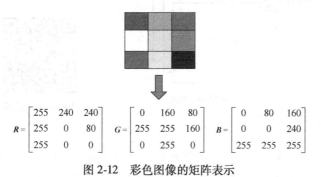

图 2-12　彩色图像的矩阵表示

图 2-12　彩图

二值图像和灰度图像都是单通道图像，只表达图像的亮度信息而没有颜色信息，如图 2-13a 所示，单通道灰度图像可以由彩色图像进行去色处理得到；RGB 彩色图像是三通道图像，分别由红、绿和蓝三个单通道组合而成，效果如图 2-13b 所示；如果在红、绿和蓝三个单通道的基础上再增加透明度信息，则可得到四通道图像，效果如图 2-13c 所示。

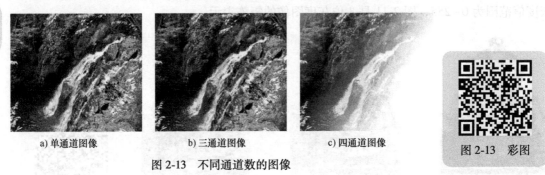

a) 单通道图像   b) 三通道图像   c) 四通道图像

图 2-13   不同通道数的图像

图 2-13   彩图

除了常用的 RGB 彩色图像，在计算机中还有用其他彩色模型表示的彩色图像。彩色模型（颜色空间）就是用一组数值来描述颜色的数学模型。需要注意的是，Matplotlib 使用的是 RGB 彩色模型，而 OpenCV 使用的是 BGR 彩色模型，在显示图像时，应注意彩色模型的匹配，例 2-3 是两种彩色模型的对比示例。下面进一步介绍在数字图像处理中常用的彩色模型：RGB、HSI、HSV、HSL 等。

2.3.2   RGB 彩色模型

在人类的视觉系统中存在杆状细胞和锥状细胞两种感光细胞。杆状细胞为暗视器官，锥状细胞为明视器官，在照度足够高时起作用，并且能够分辨颜色。锥状细胞将电磁光谱的可见部分分为三个波段：红、绿、蓝，这三种颜色称为三基色。根据人眼的结构，所有颜色都可视为三种基本颜色红（Red，R）、绿（Green，G）、蓝（Blue，B）按照不同的比例组合而成，这就是典型的三基色模型，即 RGB 模型。

电视、摄像机和彩色扫描仪都是根据 RGB 模型工作的。RGB 模型建立在笛卡儿坐标系统里，其中三个坐标轴分别代表 R、G、B，如图 2-14a 所示，RGB 模型是一个立方体，原点对应黑色，离原点最远的顶点对应白色。RGB 是加色，是基于光的叠加的，红光加绿光加蓝光等于白光。

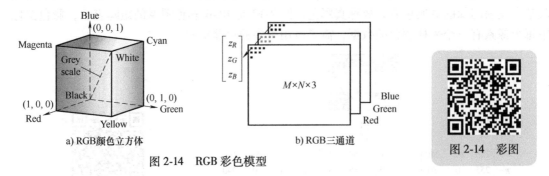

a) RGB颜色立方体   b) RGB三通道

图 2-14   RGB 彩色模型

图 2-14   彩图

RGB 图像的数字矩阵维度是 $M \times N \times 3$，每个像素的值都是一个三元组 $[z_R, z_G, z_B]^T$，分别对应着 R、G、B 三个分量，如图 2-14b 所示。将 RGB 彩色图像的三个分量（三个通道）分别抽取出来，可以分别得到三个灰度图像，如图 2-15 所示，其中图 2-15a 是 RGB 彩色视网膜图像，而图 2-15b 是其红色通道，图 2-15c 是其绿色通道，图 2-15d 是其蓝色通道。

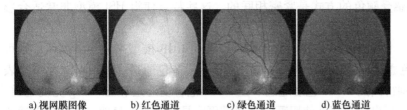

a) 视网膜图像　　　b) 红色通道　　　c) 绿色通道　　　d) 蓝色通道

图 2-15　RGB 彩色图像和三通道拆分的灰度图像

图 2-15　彩图

2.3.3　HSI 彩色模型

RGB 彩色模型与人的视觉感知有一定的差距，例如，给定一幅彩色图像，人眼很难判定其中的 RGB 分量。实际上，颜色分为两大类：非彩色和彩色。非彩色是指黑色、白色和介于这两者之间的深浅不同的灰色，也称无色系列；彩色是指除了非彩色以外的各种颜色，颜色有三个基本属性，分别是色调、饱合度和亮度。从人的视觉系统出发，HSI 彩色模型是用色调(Hue)、饱和度(Saturation 或 Chroma)和亮度(Intensity 或 Brightness)来描述色彩。与 HSI 相似的彩色模型还有 HSB(Hue，Saturation，Brightness)、HSL(Hue，Saturation，Lightness)、HSV(Hue，Saturation，Value)。HSI 彩色模型可以用一个圆锥空间模型来描述，如图 2-16 所示。

1) 色调 H(Hue)：与光波的波长有关，它表示人的感官对不同颜色的感受，如红色、绿色、蓝色等；它也可表示一定范围的颜色，如暖色、冷色等。H 的值对应指向该点矢量的旋转角，取值范围为 $[0°，360°]$。

2) 饱和度 S(Saturation)：表示颜色的纯度，纯光谱色是完全饱和的，加入白光会稀释饱和度。饱和度越大，颜色看起来就会越鲜艳，反之亦然。六角形中心的饱和度最小，越靠外饱和度越大，取值范围为 $[0，100\%]$。

3) 亮度 I(Intensity)：对应成像亮度和图像灰度，是颜色的明亮程度。在模型中向上为白(亮)色，向下为黑(暗)色，取值范围为 $[0，1]$。

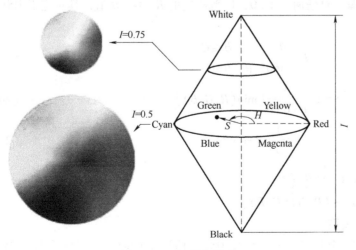

图 2-16　彩图

图 2-16　HSI 彩色模型

HSI 模型的建立基于两个重要的事实：

① I 分量与图像的彩色信息无关；

② H 和 S 分量与人感受颜色的方式是紧密相联的。这些特点使得 HSI 模型非常适合彩色图像的检测与分析。

例如，在图 2-17 中，图 2-17a 是待处理彩色图像，若用 RGB 模型来表示该图像，则可以分别得到图 2-17b 红色通道、图 2-17c 绿色通道和图 2-17d 蓝色通道；若用 HSI 模型来表示彩色图像，则可以分别得到图 2-17e 色度通道、图 2-17f 饱合度通道和图 2-17g 亮度通道。若需要将花朵从背景中分割出来，那么使用哪一个通道更容易分割呢？显然，使用色度通道是最简单的。可见，在彩色图像处理中，选择合适的彩色模型是非常重要的。

a) 待处理彩色图像　　b) 红色通道　　c) 绿色通道　　d) 蓝色通道

e) 色度通道　　f) 饱合度通道　　g) 亮度通道

图 2-17　彩图

图 2-17　采用 RGB 模型和 HSI 模型所表示的彩色图像

此外，彩色图像实际上可以由若干个单通道的灰度图像组合而成，本书主要研究的是单通道灰度图像的处理，通过对多个单通道图像的处理，可以实现对彩色图像的处理。

2.3.4　彩色模型之间的相互转换

1. RGB 模型转换到 HSI 模型

给定一幅 RGB 模型的图像，对任何 3 个 [0，1] 范围内的 R、G、B 值，其对应于 HSI 模型中的 H、S、I 分量分别为

$$H=\begin{cases}\theta & B\leqslant G \\ 360°-\theta & B>G\end{cases} \tag{2-5}$$

$$S=1-\frac{3}{R+G+B}[\min(R,G,B)] \tag{2-6}$$

$$I=\frac{1}{3}(R+G+B) \tag{2-7}$$

其中，$\theta=\arccos\left\{\dfrac{(R-G)+(R-B)}{2\sqrt{(R-G)^2+(R-B)(G-B)}}\right\}$。

2. HSI 模型转换到 RGB 模型

给定一幅 HSI 模型的图像，其中 $0°\leqslant H<360°$，$0\leqslant S<100\%$，$0\leqslant I<1$，对应于 RGB 模型中的 R、G、B 分量分别为

若 $0° \leqslant H < 120°$，则

$$B = I(1-S)，R = I\left[1+\frac{S\cos H}{\cos(60°-H)}\right]，G = 3I-(R+B)$$

若 $120° \leqslant H < 240°$，则

$$H = H-120°$$

$$R = I(1-S)，G = I\left[1+\frac{S\cos H}{\cos(60°-H)}\right]，B = 3I-(R+G)$$

若 $240° \leqslant H \leqslant 360°$，则

$$H = H-240°$$

$$G = I(1-S)，B = I\left[1+\frac{S\cos H}{\cos(60°-H)}\right]，R = 3I-(G+B)$$

2.4 图像的灰度分布——直方图

直方图是一个二维统计图，对于图像中的每个灰度值，统计在图像中具有该灰度值的像素个数，并绘制成图形，图形中横坐标是图像的灰度值，纵坐标是像素个数。灰度直方图(简称直方图)可用以下公式表示：

$$h(k) = n_k \tag{2-8}$$

式中，k 是 $[0，L-1]$ 区间中的某个灰度值；L 是图像的灰度级数；n_k 是灰度值为 k 的像素个数。例如，图 2-18a 是一个灰度图像示意图，已标注了每个像素的灰度值，图 2-18b 是对应的直方图。因为图 2-18a 中灰度值为 0 的像素有 48 个，灰度值为 10 的像素有 16 个，因此，在图 2-18b 直方图中只有两根条柱，其条柱高度分别对应着灰度值为 0 和 10 的像素个数。

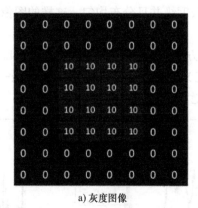

a) 灰度图像

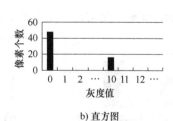

b) 直方图

图 2-18　灰度图像及其直方图

此外，人们也常会使用归一化直方图，即将原直方图中各灰度值的像素个数除以图像中的像素总数 n 得到各灰度值出现的概率：

$$p(k) = h(k)/n = n_k/n \tag{2-9}$$

式中，$p(k)$ 表示灰度值为 k 的像素出现的频数，$k = 0,1,2,\cdots,L-1$。

直方图表示的是图像的统计特征，是图像灰度分布的图形表示，是一种非常有用的直观了解图像灰度分布的方法，是图像处理中常用的技术。人们可以先统计图像中各灰度值的像

素个数,再利用统计数据绘制直方图。

统计图像中各灰度值的像素个数可以通过 OpenCV 工具包中的 calcHist( ) 函数,也可以自编代码来统计各灰度值的像素个数。例如,以下 Python 代码可以统计图像中各灰度值的像素个数。

```python
def histogram(image):
    (row,col)= image. shape
    #创建长度为 256 的 list
    hist =[0] * 256
    for i in range(row):
        for j in range(col):
        hist[image[i,j]]+=1
    return hist
```

统计了图像中各灰度值的像素个数后,就可以利用 matplotlib. pyplot 中的 plot 命令或 bar 命令绘制直方图,显示图像的灰度分布,运行效果如图 2-19 所示,其中图 2-19a 是灰度图像,图 2-19b 是使用 plot 命令绘制的曲线直方图,而图 2-19c 是使用 bar 命令绘制的柱形直方图。

直方图描述了图像中各灰度值的像素数量的统计分布。它主要有以下几点性质:

① 直方图中不包含位置信息。直方图只是反映了图像灰度分布的特性,和灰度所在的位置没有关系,不同的图像可能具有相近或者完全相同的直方图。

② 直方图反映了图像的整体灰度分布情况。对于暗色图像,直方图的组成集中在灰度级低(暗)的一侧;相反,明亮图像的直方图则倾向于灰度级高的一侧。直观上讲,可以得出结论:若一幅图像其像素占有全部可能的灰度级并且分布均匀,这样的图像有高对比度和多变的灰度色调。

③ 直方图具有可叠加性。一幅图像的直方图等于它各个部分直方图的和。

④ 直方图具有统计特性。从直方图的定义可知,连续图像的直方图是一维连续函数,它具有统计特征,如矩、绝对矩、中心矩、绝对中心矩、熵等。

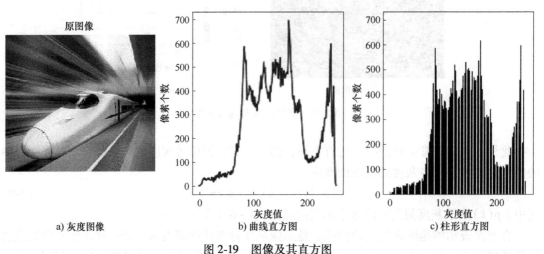

图 2-19 图像及其直方图

2.5　像素点之间的基本关系

直方图反映了图像的灰度分布，但并未反映图像的空间结构。单独的像素点灰度值更无法反映图像的空间结构，因此常常需要分析邻域像素点之间的关系，以了解图像的局部结构。

2.5.1　像素与邻域

在许多算法中，当对某个像素进行运算时，不仅要用到该像素的值，也要用到它邻近像素的值。对于像素点 $p(x,y)$，其常见的邻域有 4 邻域（4-neighbor）、对角邻域（diagonal-neighbor）和 8 邻域（8-neighbor）。图 2-20 是像素 $p(x,y)$ 的邻域示意图。

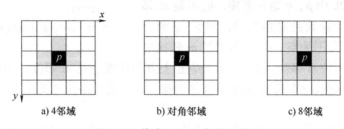

a) 4邻域　　　　　b) 对角邻域　　　　　c) 8邻域

图 2-20　像素 $p(x,y)$ 邻域示意图

由图 2-20a 可知，像素 $p(x,y)$ 的 4 邻域是与其水平和垂直相邻的像素，它们的坐标为

$$(x+1,y),(x-1,y),(x,y+1),(x,y-1)$$

这组像素集合称为 $p(x,y)$ 的 4 邻域，简写为 $N_4(p)$。$N_4(p)$ 中的每个像素距 $p(x,y)$ 一个单位距离，如果 $p(x,y)$ 位于图像的边界上，则 $N_4(p)$ 中的某些像素位于数字图像的外部。

由图 2-20b 可知，像素 $p(x,y)$ 的 4 个对角相邻像素的坐标为

$$(x+1,y+1),(x+1,y-1),(x-1,y+1),(x-1,y-1)$$

对角邻域用 $N_D(p)$ 表示。$N_D(p)$ 和 $N_4(p)$ 一起构成 $p(x,y)$ 的 8 邻域，可用 $N_8(p)$ 表示，即 $N_8(p)=\{N_4(p),N_D(p)\}$，如图 2-20c 所示。同样，如果 $p(x,y)$ 位于图像的边界上，则 $N_D(p)$ 和 $N_8(p)$ 中的某些像素会落到图像的外边。

2.5.2　邻接性、连通性、区域和边界

利用像素之间的邻接性、连通性，可以简化图像区域和边界的确定。

1. 邻接性

为了确定两个像素是否连通，必须确定相邻的两个像素是否是邻接的。如果两个像素点 p、q 满足以下两个准则，则称它是邻接的。

1）相邻准则：像素点 p、q 是互为邻域的。例如，$q \in N_D(p)$ or $q \in N_8(p)$。

2）灰度值相似准则：像素点 p、q 的灰度值是相似的。例如，对于二值图像，当灰度值相同时，才满足灰度值相似准则。

在图 2-21 所示的二值图像中，p、q 是 8 邻域，所以 p、q 是 8 邻接的，但它们不是 4 邻接。

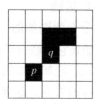

图 2-21　邻接性示例

对于灰度图像，需要设置一个相似灰度值集合 V，如 $V=\{16,17,\cdots,32\}$，若相邻像素点 p、q 的灰度值都在集合 V 中，则这两个像素满足灰度值相似准则。若像素点 p、q 的灰度值都在集合 V 中，并且 $q\in N_4(p)$，则 p、q 是 4 邻接的；若像素点 p、q 的灰度值都在集合 V 中，并且 $q\in N_8(p)$，则 p、q 是 8 邻接的。

8 邻接的二义性问题：在图 2-22a 中的三个非 0 像素存在多重 8 邻接，造成连通的通路存在二义性，这种二义性可以通过 m 邻接来消除。m 邻接也称混合邻接，如果两个像素点 p、q 的灰度值满足相似性准则，并且又满足以下条件之一，则它们是 m 邻接的。

① q 在 p 的 4 邻域中，即 $q\in N_4(p)$；

② q 在 p 的对角邻域中，并且 p 的 4 邻域和 q 的 4 邻域的交集中的灰度值没有来自集合 V 中的数值，即 $(q\in N_D(p))\cap(N_4(p)\cap N_4(q)=\varnothing)$。

例如，图 2-22b 中 p、q 是 8 邻接，但不是 m 邻接。因为 p、q 两个像素是对角邻域，但 p、q 两个像素的 4 邻域的交集不为空，p、q 不满足 m 邻接的

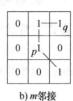

a) 8邻接   b) m邻接

图 2-22 m 邻接可消除 8 邻接的二义性

条件，因此 p、q 不是 m 邻接。但是，p 与它正上方的像素点是 m 邻接，而 q 与它左边的像素点是 m 邻接。由图 2-22b 可以发现 m 邻接消除了 8 邻接通路的二义性。

2. 连通性

连通性反映两个像素的空间关系。从像素 $p(x,y)$ 到像素 $q(s,t)$ 的通路（或曲线）是特定的像素序列，其坐标为 $(x_0,y_0),(x_1,y_1),\cdots,(x_n,y_n)$，其中 $(x_0,y_0)=(x,y)$，$(x_n,y_n)=(s,t)$，对于长度为 n 的通路，如果 $(x_0,y_0)=(x_n,y_n)$，则通路是闭合通路。

在这个通路中，若任意两个相邻像素 (x_i,y_i) 和 $(x_{i-1},y_{i-1})\ \forall 1\leqslant i\leqslant n$ 是邻接的，则这个通路是连通的。可以依据特定的邻接类型定义 4 连通、8 连通和 m 连通。在通路中若任意两个相邻像素是 4 邻接的，所形成的通路是 4 连通；若任意两个相邻像素是 8 邻接的，所形成的通路是 8 连通；若任意两个相邻像素是 m 邻接的，所形成的通路是 m 连通。在图 2-23 所示的二值图像中，p 和 q 两个像素点所形成的通路是 8 连通或者 m 连通，但不是 4 连通。显然，连通性是邻接性的传递扩展。

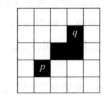

图 2-23   连通性示例

三种连通之间的关系为：

① 4 连通必 8 连通，反之不然；

② m 连通必 8 连通，反之不然；

③ m 连通是 8 连通的改进，介于 4 连通和 8 连通之间，以消除 8 连通产生的歧义性。

令 S 是图像中的一个像素子集。如果 S 的全部像素之间存在一个通路，则可以说两个像素 p 和 q 在 S 中是连通的。对于 S 中的任何像素 p，S 中能连通到 p 的元素的集合叫作 S 的连通分量。若 S 仅有一个连通分量，则集合 S 称为连通集。

3. 区域

令 R 为图像的一个像素子集。如果 R 是连通集，则称 R 为一个区域。两个区域 R_i 和 R_j，如果它们联合形成一个连通集，则区域 R_i 和 R_j 称为邻接区域。不邻接的区域称为不连接区域。假如一幅图像包含 K 个不连接的区域，即 R_k，$k=1$，2，3，$\cdots$，K，且它们都不接触图像的边界，令 R_U 代表所有 K 个区域的并集，并且 $(R_U)^c$ 代表其补集，则称 R_U 中的所有点为图像的前景，而称 $(R_U)^c$ 中的所有点为图像的背景。

4. 边界

区域 R 的边界(也称为边缘或轮廓)是与 R 的补集中的点邻近的点集。也就是说,区域 R 的轮廓点 P,具有以下两个特点,如图 2-24 所示。

① P 本身属于 R;

② P 的邻域中有像素点不属于 R。

一个区域的边界是该区域中至少有一个背景邻点的像素点集。这里要强调一下,必须指定用于定义邻接的连通性,区域的边界点和内部点要采用不同的连通性来定义:

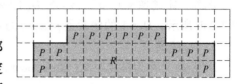

图 2-24 边界点 P 的示意图

① 内部点用 8 连通来判定,轮廓点是 4 连通的,如图 2-25a 所示,4 连通的轮廓集为

$$B_4 = \{(x,y) \in R \mid N_8(x,y) - R \neq \varnothing\} \tag{2-10}$$

② 内部点用 4 连通来判定,轮廓点是 8 连通的,如图 2-25b 所示,8 连通的轮廓集为

$$B_8 = \{(x,y) \in R \mid N_4(x,y) - R \neq \varnothing\} \tag{2-11}$$

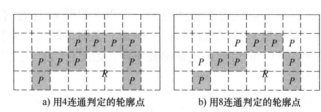

a) 用4连通判定的轮廓点   b) 用8连通判定的轮廓点

图 2-25 判定轮廓点的不同连通方式

2.5.3 距离度量

像素在空间的接近程度可以用像素之间的距离来度量,测量距离的函数需要满足一定的要求。若有像素点 $p(x,y)$、$q(s,t)$、$z(u,v)$,函数 D 若满足以下条件,则 D 成为一种距离度量函数:

① $D(p,q) \geqslant 0, D(p,q) = 0$ 当且仅当 $p = q$;

② $D(p,q) = D(q,p)$;

③ $D(p,z) \leqslant D(p,q) + D(q,z)$。

常用的像素点距离度量方法有欧几里得距离、D_4 距离、D_8 距离和 D_m 距离。

1. 欧几里得距离

欧几里得距离简称欧氏距离(Euclidean Distance),$p(x,y)$ 和 $q(s,t)$ 像素点间的欧氏距离定义为

$$D_e(p,q) = \sqrt{(x-s)^2 + (y-t)^2} \tag{2-12}$$

距离像素点 $p(x,y)$ 的欧氏距离小于或等于某一值 r 的像素是中心在 $p(x,y)$ 且半径为 r 的圆平面,如图 2-26a 所示。

2. D_4 距离

D_4 距离又称为城市街区距离(City Block Distance),$p(x,y)$ 和 $q(s,t)$ 像素点间的 D_4

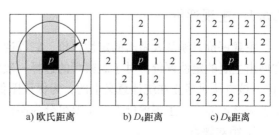

a) 欧氏距离   b) D_4 距离   c) D_8 距离

图 2-26 等距离轮廓

距离定义为

$$D_4(p,q) = |x-s| + |y-t| \tag{2-13}$$

距离像素点 $p(x,y)$ 的 D_4 距离小于或等于某一值 r 的像素形成一个中心在 $p(x,y)$ 的菱形，例如，距离像素点 $p(x,y)$ 的 D_4 距离小于或等于 2 的像素形成固定距离的菱形，如图 2-26b 所示，$D_4 = 1$ 的像素是 $p(x,y)$ 的 4 邻域。

3. D_8 距离

D_8 距离又称为棋盘距离（Chess Board Distance），$p(x,y)$ 和 $q(s,t)$ 像素点间的 D_8 距离定义为

$$D_8(p,q) = \max(|x-s|, |y-t|) \tag{2-14}$$

距离像素点 $p(x,y)$ 的 D_8 距离小于或等于某一值 r 的像素形成一个中心在 $p(x,y)$ 的方形，如图 2-26c 所示，$D_8 = 1$ 的像素是 $p(x,y)$ 的 8 邻域。

4. D_m 距离

D_e、D_4、D_8 距离仅与像素点的坐标有关，而与图像内容没有关系。而混合距离 D_m 不仅与像素点的坐标有关，还与像素点的连通性有关，它要求按照 m 连通的路径来计算距离。D_m 距离是在像素点之间最短的 m 连通通路长度。例如，在图 2-27 中，p 和 q 两个像素点的 D_e、D_4、D_8 距离都是相同的，但由于 m 连通路径不同，因此它们的 D_m 距离各不相同，具体的 D_m 距离如图 2-27 所示。

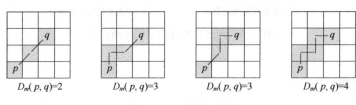

图 2-27 D_m 距离示例

2.6   图像质量评价

图像质量评价（Image Quality Assessment，IQA）是图像信息工程的基本技术之一，主要通过对图像进行特性分析研究，然后评估出图像优劣（图像失真程度）。图像质量评价在图像处理系统中，对于算法分析比较、系统性能评估等方面有着重要的作用。近年来，随着对数字图像领域的广泛研究，图像质量评价的研究也越来越受到研究者的关注，提出并完善了许多图像质量评价的指标和方法。图像质量评价方法可分为主观评价和客观定量指标评价两种。

2.6.1   主观评价

主观评价只涉及人做出的定性评价，它以通过观察者目测观测和主观感觉，对图像的优劣做出主观的定性评价。对于观察者的选择一般考虑未受训练的"外行"或者训练有素的"内行"。该方法是建立在统计意义上的，为保证图像主观评价在统计上有意义，参加评价的观察者应该足够多。主观评价方法主要可分为两种：绝对评价和相对评价。

1. 绝对评价

绝对评价是由观察者根据自己的知识和理解，按照某些特定评价性能对图像的绝对好坏

进行评价。

通常，图像质量的绝对评价都是观察者参照原始图像，对待定图像采用双刺激连续质量分级法（Double Stimulus Continuous Quality Scale，DSCQS），给出一个直接的质量评价值。具体做法是，将待评价图像和原始图像按一定规则交替播放持续一定时间给观察者，然后在播放后留出一定的时间间隔供观察者打分，最后将所有给出的分数取平均作为该序列的评价值，即该待评图像的评价值。国际上也对评价尺度做出了规定，对图像质量进行等级划分并用数字表示，也称为图像评价的 5 分制"全优度尺度"，具体评价分数如表 2-2 所示。

表 2-2　主观绝对评价全优度尺度

分　数	质　量尺度	妨碍尺度
5 分	优	丝毫看不出图像质量变坏
4 分	良	能看出图像质量变坏，但并不妨碍观看
3 分	中	清楚地看出图像质量变坏，对观看稍有妨碍
2 分	差	对观看有妨碍
1 分	劣	非常严重地妨碍观看

2. 相对评价

相对评价中没有原始图像作为参考，是由观察者对一批待评价图像进行相互比较，从而判断出每个图像的优劣顺序，并给出相应的评价值。通常，相对评价采用单刺激连续质量评价法（Single Stimulus Continuous Quality Evaluation，SSCQE）。具体做法是，将一批待评价图像按照一定的序列播放，观察者在观看图像的同时，给出待评图像相应的评价分值。相对于主观绝对评价，主观相对评价也规定了相应的评分制度，称为"群优度尺度"，具体分数如表 2-3 所示。

表 2-3　主观相对评价群优度尺度

分　数	质　量尺度	尺度描述
5 分	优	群中最好的
4 分	良	群中中上水平，比群中平均水平稍好
3 分	中	群中平均，中等水平
2 分	差	群中差水平，比群中平均水平差
1 分	劣	群中最差的

主观评价可根据图像逼真度和图像可懂度衡量。图像逼真度（Fidelity）描述被评价图像与标准图像的偏离程度，图像可懂度（Intelligibility）表示图像向人或机器提供信息的能力。图像主观评价的特点是主观性和定性评价，评价结果受人为影响和干扰过多。但由于目前的图像客观评价指标和参数尚不能完全反映主观视觉对图像质量的评价，所以图像主观评价还是最重要的评价方法之一。

2.6.2　客观评价

图像质量的客观评价是根据人眼的主观视觉系统，用某些定量参数和指标建立数学模型，计算图像质量。图像质量客观评价分为全参考、部分参考和无参考三种类型。

全参考图像质量评价是指在选择理想图像作为参考图像的情况下，比较待评图像与参考图像之间的差异，分析待评图像的失真程度，从而得到待评图像的质量评估。

部分参考也称为半参考，它是以理想图像的部分特征信息作为参考，对待评图像进行比较分析，从而得到图像质量评价结果。由于所参考的信息是从图像中提取出来的特征，所以它必须要先提取待评图像和理想图像的部分特征信息，通过比较提取出的部分信息对待评图像进行质量评估。部分参考方法可分为基于原始图像特征方法、基于数字水印方法和基于Wavelet域统计模型的方法等。因为部分参考质量评价依赖于图像的部分特征，与图像整体相比而言，数据量下降了很多，目前应用比较集中在图像传输系统中。

无参考方法也称为首评价方法，因为一般的理想图像很难获得，所以这种完全脱离了对理想参考图像依赖的质量评价方法应用较为广泛。无参考方法一般都是基于图像统计特性，常用的统计量包括均值、标准差和平均梯度等。

2.6.3　常用的评价指标

全参考图像质量评价是比较基础，也比较常用的图像质量评价方法。全参考图像质量客观评价主要以像素统计、信息论、结构信息三方面为基础，常用的全参考图像质量客观评价指标有均方误差、峰值信噪比、结构相似度等。

1. 均方误差

均方误差（Mean Square Error，MSE）是比较常见的基于图像像素统计特征的图像质量评价方法。它通过计算待评价图像和参考图像对应像素点灰度值之间平均的差异平方和，从统计角度来衡量待评图像的质量优劣。设待评价图像为 F，参考图像为 R，它们大小为 $M\times N$，则 MSE 的计算方法为

$$\text{MSE} = \frac{1}{MN}\sum_{i=1}^{M}\sum_{j=1}^{N}\left| R(i,j) - F(i,j) \right|^2 \tag{2-15}$$

理论上来说，MSE 越小，待评价图像越接近参考图像。

2. 峰值信噪比

峰值信噪比（Peak Signal to Noise Ratio，PSNR）也是基于图像像素统计特征的图像质量评价方法，通过计算待评价图像和参考图像对应像素点之间的差异来衡量待评图像的质量优劣。PSNR 的计算方法为

$$\text{PSNR} = 10\times\lg\frac{(f_{max}-f_{min})^2}{\text{MSE}} \tag{2-16}$$

式中，f_{max} 和 f_{min} 分别对应图像灰度的最大值（255）和最小值（0）。PSNR 与 MSE 成反比关系，理论上，图像的 PSNR 越大越好。

3. 结构相似度

以上基于图像像素统计特征的图像质量评价方法在一定程度上度量了信息的保真度，但是这类方法对于图像的结构信息没有反映。结构相似度（Structural Similarity，SSIM）根据图像像素间的相关性构造出参考图像与待评图像之间的结构相似性，可以进一步度量图像的结构失真度。

若参考图像为 x，待评图像为 y，SSIM 包含三个方面的比较数据：$L(x,y)$ 是亮度比较，$C(x,y)$ 是对比度比较，$S(x,y)$ 是结构比较。SSIM 指标是这三方面比较的综合，具体的计算

公式为

$$SSIM(x,y) = L(x,y)^{\alpha} \times C(x,y)^{\beta} \times S(x,y)^{\gamma} \tag{2-17}$$

式中，$\alpha>0$，$\beta>0$，$\gamma>0$，通常 $\alpha=\beta=\gamma=1$。三个分量的定义如下：

$$L(x,y) = \frac{2\mu_x\mu_y + C_1}{\mu_x^2 + \mu_y^2 + C_1} \tag{2-18}$$

$$C(x,y) = \frac{2\sigma_x\sigma_y + C_2}{\sigma_x^2 + \sigma_y^2 + C_2} \tag{2-19}$$

$$S(x,y) = \frac{\sigma_{xy} + C_3}{\sigma_x\sigma_y + C_3} \tag{2-20}$$

式中，μ_x 和 μ_y 分别是 x、y 的平均值；σ_x 和 σ_y 分别是 x、y 的标准差；σ_{xy} 是 x 和 y 的协方差；C_1、C_2、C_3 分别是常数，以避免分母为 0 带来的系统错误，通常取 $C_1=(K_1L)^2$，$C_2=(K_2L)^2$，$C_3=C_2/2$，一般地 $K_1=0.01$，$K_2=0.03$，$L=255$(L 是图像动态范围，一般取 255)。当 $\alpha=\beta=\gamma=1$，以及 $C_3=C_2/2$ 时，可以将 SSIM 简化为

$$SSIM(x,y) = \frac{(2\mu_x\mu_y + C_1)(2\sigma_{xy} + C_2)}{(\mu_x^2 + \mu_y^2 + C_1)(\sigma_x^2 + \sigma_y^2 + C_2)} \tag{2-21}$$

结构相似度指标从图像组成的角度将结构信息定义为独立于亮度、对比度的反映场景中物体结构的属性，并将失真建模为亮度、对比度和结构三个不同因素的组合，用均值作为亮度的估计，标准差作为对比度的估计，协方差作为结构相似程度的度量。

SSIM 具有以下性质：

① 对称性，即 $SSIM(x,y) = SSIM(y,x)$；

② 有界性，即 $0 \le SSIM(x,y) \le 1$，SSIM() 函数值是一个 0 到 1 之间的数，值越大表示输出图像和无失真图像的差距越小，即图像质量越好。

③ 有唯一最大值，即 $SSIM(x,y) \le 1$，这里当且仅当 $x=y$ 时，即当两幅图像一模一样时，$SSIM=1$。

利用 skimage.metrics 包中的 mean_squared_error 函数、peak_signal_noise_ratio 函数和 structural_similarity 函数可以分别计算均方误差、峰值信噪比和结构相似度指标。

2.7 Python 的图像处理编程

2.7.1 Python 图像处理工具包

图像编程中最基本的操作包括读入、显示、保存图像，读入图像后，再进行各种图像处理任务，如裁剪图像、几何变换、图像增强、图像恢复、图像分割、特征提取、图像分类和识别等。Python 语言具有强大的运算能力和图形展示功能，并且还提供了许多先进的、免费的图像处理相关工具包。因此，Python 语言成为图像处理任务的合适选择。Python 常用的图像处理工具包有：

1. NumPy

NumPy(Numerical Python)是 Python 编程的核心库之一，是 Python 语言的一个扩展程序库，支持大量的数组与矩阵运算，以及针对数组运算提供大量的数学函数库。图像本质上是

包含像素点灰度值的标准 NumPy 数组，因此，通过使用基本的 NumPy 操作，如切片、屏蔽和各类索引，可以对图像进行各种操作。

2. OpenCV

OpenCV(Open Source Computer Vision Library)是计算机视觉领域应用广泛的开源工具包。OpenCV 于 1999 年由 Intel 建立，现在由 Willow Garage 提供支持。OpenCV 是一个开源的跨平台计算机视觉库，可以运行在 Linux、Windows 和 MacOS 操作系统上。它轻量级而且高效——由一系列 C 函数和少量 C++类构成，包含了超过 500 个函数的跨平台的高层 API，不依赖于其他的外部库(尽管也可以使用某些外部库)。OpenCV 同时提供了 Python、Ruby、MATLAB 等语言的接口，实现了图像处理和计算机视觉方面的很多通用算法，主要倾向于实时视觉应用。当前的 OpenCV 也有四个大版本：OpenCV1.x、OpenCV2.x、OpenCV3.x 和 OpenCV4.x。OpenCV-Python 是 OpenCV 的 Python API。

3. PIL/Pillow

PIL(Python Image Library)是 Python 的图像处理标准库，它提供图像存储、图像显示、格式转换等功能。然而，它的发展停滞不前，最后一次发布是在 2009 年。幸运的是，Pillow 是一个积极开发的 PIL 分支，更易于安装，在所有主要操作系统上运行并支持 Python3。该库包含基本的图像处理功能，可以使用一组内置卷积内核进行过滤以及颜色空间转换。

4. SciPy

在不同的应用领域中，已经扩展出为数众多的基于 SciPy 的工具包，它们统称为 Scikits。SciPy 是基于 Python 的科学计算工具包。SciPy 包含的模块有最优化、线性代数、积分、插值、特殊函数、快速傅里叶变换、信号处理和图像处理、常微分方程求解和其他科学与工程中常用的计算。

5. Scikit-image

Scikit-image 简称 Skimage，是 SciPy 中基于 Python 脚本语言开发的开源数字图像处理工具包，是对 scipy.ndimage 的扩展，提供了更多的图像处理功能。Skimage 将图像作为 NumPy 数组进行处理，它包含很多的子模块，实现了用于研究、教育和行业应用的算法和实用程序。

6. Scikit-learn

Scikit-learn 简称 Sklearn，是一个建立在 SciPy 基础上的用于机器学习的 Python 模块。在 SciPy 中，Sklearn 是最有名的，它是开源的，任何人都可以免费地使用这个库或者进行二次开发。

Sklearn 包含众多顶级机器学习算法，主要有六大基本功能，分别是分类、回归、聚类、数据降维、模型选择和数据预处理。Sklearn 拥有非常详尽的文档供用户查阅。

图像处理工具包应用示例：

【例 2-1】 用 OpenCV 函数读入一个灰度图，并显示图片，按下〈s〉键保存图像后再退出，按下〈ESC〉键则不保存图像退出。

```python
#用 OpenCV 打开、显示和保存图像
import cv2
img=cv2.imread(r'../img/iris.jpg',0)      #参数 0 说明读入灰度图像
cv2.namedWindow("image",cv2.WINDOW_AUTOSIZE)   #创建可调大小的窗口
cv2.imshow('image',img)                #在窗口中显示图像
```

```
k=cv2.waitKey(0)                          #等待键盘输入
if k==27:                                 #如果用户按了〈ESC〉键,则直接关闭窗口
    cv2.destroyAllWindows()
elif k==ord('s'):                         #如果用户按了〈s〉键,则将图片保存后,
                                          #再关闭窗口
    cv2.imwrite('iris.png',img)           #保存图像
    cv2.destroyAllWindows()
```

说明:

1) 使用函数 cv2.imread()读入图像。函数的第一个参数是读取图像的存取路径;第二个参数是读取图片的方式,有以下几种读取方式:

① cv2.IMREAD_COLOR:读入一幅彩色图像。图像的透明度会被忽略,这是默认参数。

② cv2.IMREAD_GRAYSCALE:以灰度模式读入图像,此常量对应整数值为0。

③ cv2.IMREAD_UNCHANGED:读入的图像包括 Alpha 通道。

2) cv2.namedWindow()函数可创建一个窗口,cv2.destroyAllWindows()函数可删除所有已建立的窗口,cv2.destroyWindow()函数可删除特定的窗口。

3) 函数 cv2.imshow()可以在 cv2.namedWindow()函数创建的窗口中显示图像,函数的第一个参数是窗口的名字,第二个参数是需要显示的图像。

4) cv2.waitKey(n)是一个键盘绑定函数。函数功能是让系统暂停下来,等待 n 毫秒,看用户是否从键盘输入数据。在等待的时间段内,如果用户按下任意键,这个函数会返回按键的 ASCII 码值,并且程序将会结束暂停继续运行。如果用户一直没有按键,则函数返回值为-1。如果参数 n 设置为 0,那么系统将会无限期地等待键盘输入。它常用来检测特定键是否被按下,例如,本例中的按键〈ESC〉和〈s〉是否被按下。

【例 2-2】 提取图像中的感兴趣区域(Region Of Interest,ROI),可以使用 NumPy 切片索引功能来实现。

```
#提取图像 ROI 的 Python 代码
import numpy as np
import cv2
img_color=cv2.imread(r'..\img\alphabet.jpg')
print(type(img_color))      #打印输出所读入图像数据的类型,是 NumPy 数组
img_gray=cv2.cvtColor(img_color,cv2.COLOR_BGR2GRAY)
cv2.rectangle(img_color,(160,140),(190,170),(0,0,255),3)
                            #OpenCV 数组下标是(width,height,depth)
img_ROI=img_gray[140:170,160:190]
                            #NumPy 数组的下标是(height,width,depth)
cv2.imshow("color image",img_color)
cv2.waitKey(0)
cv2.imshow("ROI image",img_ROI)
cv2.waitKey(0)
cv2.destroyAllWindows()
```

程序运行结果如图 2-28 所示。

说明：

1）当执行 print(type(img_color))（打印输出所读入图像数据的类型）时，结果显示为 <class'numpy. ndarray'>，可见所读取的图像在内存中是一个 NumPy 数组，因此可以使用 NumPy 提供的切片、屏蔽或索引等函数处理图像。本例使用 NumPy 切片的方式提取图像 ROI，代码为 img_ROI = img_gray[140∶170, 160∶190]。

a) 给ROI加了框的图像　　　　b) 提取的ROI

图 2-28　提取图像的 ROI

2）cv2. rectangle()可在图像的指定位置画一个矩形，其函数原型为：

```
cv2.rectangle(src,pt1,pt2,color[,thickness[,lineType[,shift]]])
```

函数功能：在输入图像上画一个矩形。

参数说明：

① src：需要添加矩形的图像；

② pt1：矩形的左上顶点坐标；

③ pt2：矩形的右下顶点坐标；

④ color：颜色值，注意 OpenCV 是 BGR 彩色模型，因此(0，0，255)代表红色。

3）需要注意的是，OpenCV 像素点坐标是(x,y)，而 NumPy 数组的下标是(y,x)，OpenCV 的坐标与 NumPy 数组下标顺序不同。在图像上绘制矩形框时，使用的是 OpenCV 的函数，因此使用 OpenCV 坐标，矩形框左上、右下角坐标分别是(160，140)和(190，170)；而图像在内存中是一个 NumPy 数组，需要使用的是 NumPy 数组下标，所以矩形框左上、右下角坐标分别是(140，160)和(170，190)，截取矩形块的代码为 img_ROI = img_gray[140∶170, 160∶190]。

2.7.2　可视化工具包

Matplotlib 是约翰·亨特(John Hunter，1968—2012)及许多贡献者一起开发制作的一款软件。Matplotlib 中有一个 Python2D 绘图库和一些基本的 3D 图表，可以生成各种格式的图片。通过 Matplotlib 的简单代码，便可以生成图表、直方图、功率谱、条形图、错误图、散点图等。Matplotlib 可用于 Python 脚本、Pythonshell、Jupyter 笔记本、Web 应用程序服务器等。

Matplotlib 附带了几个附加工具包，包括 3D 绘图工具包 mplot3d 和轴辅助工具 axes_grid1 等。在 Matplotlib 功能的基础上，还扩展并建立了大量的第三方软件包，包括几个更高级别的绘图界面(seaborn、holoviews、ggplot 等)以及两个投影和制图工具包(basemap 和 cartopy)。为了简化绘图，Matplotlib 的 pyplot 模块提供了类似于 MATLAB 的界面，用户可以通过面向对象的界面或 MATLAB 用户熟悉的一组功能来完全控制线型、字体属性、轴属性等。

【例 2-3】　由 OpenCV 打开图片，然后由 Matplotlib 显示并保存图片，注意 OpenCV 的彩色模型与 Matplotlib 彩色模型的区别。

```
#使用 OpenCV 打开图像,用 Matplotlib 显示、保存图像
import cv2
import matplotlib.pyplot as plt
```

```
%matplotlib inline
%config InlinBackend.figure_format="retina"
plt.rcParams['font.family']=['SimHei']   #用来正常显示中文
plt.rcParams['axes.unicode_minus']=False  #用来正常显示负号
img_BGR=cv2.imread(r'..\img\iris.jpg')   #OpenCV默认是BGR模式
img_RGB=cv2.cvtColor(img_BGR,cv2.COLOR_BGR2RGB)  #转换为RGB模式
plt.figure()
plt.subplot(121)
plt.axis("off")
# plt.title('BGR模式的彩色图像')
plt.imshow(img_BGR)
plt.subplot(122)
plt.axis("off")
# plt.title('RGB模式的彩色图像')
plt.imshow(img_RGB)
plt.savefig("BGR2RGB.jpg")
plt.show()
```

程序运算结果如图 2-29 所示。

a) BGR彩色模式   b) RGB彩色模式

图 2-29 使用 Matplotlib 显示的彩色图片

图 2-29 彩图

说明：

1）Matplotlib 默认情况不支持中文，一个简单的中文解决方案是添加语句：plt. rcParams ['font. family'] = ['SimHei']，所设置的参数是本机中安装了的字体名。

2）需要注意：使用 OpenCV 加载的彩色图像是 BGR 模型，而 Matplotlib 显示的图像是 RGB 模型。因此，OpenCV 读取的彩色图像，直接用 Matplotlib 显示时，实际上是将蓝色通道当作红色通道、红色通道当作蓝色通道来显示，效果如图 2-29a 所示；用 OpenCV 读取的图像，可以先由 BGR 模式转换为 RGB 模式，再用 Matplotlib 显示的色彩才是正常的，效果如图 2-29b 所示。

练　习

2-1 当对模拟图像采样时，若不满足采样定律将出现什么现象？

2-2 某个图像如图 2-30 所示，若图像的灰度级为 8（灰度分辨率为 3bit），请绘制该图像的灰度直方图。

1	3	2	6
1	2	3	4
2	4	0	2
4	2	2	3

图 2-30　图像矩阵

2-3 颜色的三个属性是什么？基于这三个基本属性所提出的彩色模型适用于哪些应用场合？

2-4 若图 2-31 的灰度级 $L=4$，求估计图像 $\hat{f}$ 与原图像 f 的相似度指标：MSE、PSNR、SSIM。

$$f(i,j) = \begin{bmatrix} 1 & 1 & 1 & 1 \\ 1 & 1 & 1 & 1 \\ 1 & 1 & 1 & 1 \\ 1 & 1 & 1 & 1 \end{bmatrix} \qquad \hat{f}(i,j) = \begin{bmatrix} 1 & 1 & 1 & 1 \\ 1 & 0 & 2 & 1 \\ 1 & 2 & 0 & 1 \\ 1 & 1 & 1 & 1 \end{bmatrix}$$

图 2-31　原图像与估计图像

2-5 编写 Python 代码，用 OpenCV 工具包的函数读取、显示并保存一幅彩色图片。

2-6 编写 Python 代码，用 OpenCV 工具包的函数读取图片后，用 Matplotlib 中的函数显示并保存一幅灰度图片。

2-7 请计算图 2-32 图像的平均灰度值，并写出计算图像平均灰度值的 Python 程序。

$$\begin{bmatrix} 2 & 4 & 5 & 6 \\ 3 & 1 & 5 & 3 \\ 6 & 2 & 2 & 2 \end{bmatrix}$$

图 2-32　图像矩阵

2-8 编写 Python 程序，生成大小为 512×512 的黑底（灰度值为 0），中央有 200×200 大小白色（灰度值为 255）正方形的图像，如图 2-33 所示。

2-9 编写 Python 代码，生成图 2-33 的直方图。

图 2-33　待生成图像

第 ③ 章

空域图像增强

图像在获取和传输的过程往往会受到外界噪声的影响而发生图像失真，所得图像和原始图像有某种程度的差别。这种差别如果太大，就会影响图像的视觉效果或机器对于图像的理解。为了改善图像质量，以便于人和机器对图像的理解和分析，人们根据图像的特点或存在的问题所采取的改善方法或者加强特征的措施称为图像增强。在许多情况下，人们不清楚引起图像降质的具体物理过程及其数学模型，但却能根据经验估计出使图像降质的一些可能原因，针对这些原因采取有效的方法，可改善图像质量。图像增强就是让图像变得更有用的过程。

图像增强并不能增加原始图像的信息，它通过突出人们感兴趣的部分细节，并压制不感兴趣的细节，来增强对某种信息的辨别分析能力；图像增强是图像预处理中的重要一环，用于改善图像质量，但处理后的图像不一定逼近原始图像(图像复原的目的是让复原后的图像尽可能地逼近原始图像，这一点是图像增强与图像复原最重要的区别)。对于人而言，图像增强是为了改善图像的视觉效果，使其更适合于人眼观察；对机器而言，图像增强可将图像转换成更适合于机器分析识别的形式，因此图像增强后的图像可能是强化图像中的一些特定信息，以便机器从图像中获取更有用的信息。

图像增强采用经验和试探方式进行图像处理。图像增强有选择地突出图像中令人感兴趣的特征或者抑制(掩盖)图像中某些不需要的特征，但图像增强并不能增加原始图像的信息，只能增强对某种信息的辨别分析能力。在图像增强时，需要考虑人眼的视觉特性和硬件的表现能力，需要根据增强目的，选用合适的方法，因此对于不同的退化图像，并没有一种通用的图像增强方法。

3.1 图像增强方法

图像增强方法总体上可分成两大类：空域图像增强和频域图像增强。"空域"指的是图像平面本身，灰度图像处于二维空间中，而彩色图像处于三维空间中。空域图像增强是直接对多维空间图像中的像素进行处理，并没有对图像进行正交变换。"频域"图像增强是先对图像进行某种正交变换，然后在变换域内对图像的变换系数值进行某种修正，是一种间接增强的方法。空域图像增强和频域图像增强是在两个不同的"域"对图像进行处理，图 3-1 对两大类图像增强方法进行了汇总。

空域图像增强是直接对图像灰度值做运算，其增强方法又分为点处理和邻域处理。点处理作用于单个像素，是对单像素的灰度值进行处理的空域处理方法，包括线性灰度变换、非线性灰度变换、直方图修正等技术。点处理可用于调节图像的明暗对比度、扩大图像动态范围、促使图像成像均匀等方面。邻域处理是根据某像素若干个邻域像素的灰度值进行运算来调整像素点灰度值的方法，包括空域平滑、空域锐化等技术。空域平滑可用于消除图像高频噪声，突出图像的宏观特征；而空域锐化可突出物体的边缘轮廓，便于目标识别。

频域图像增强首先需要对图像进行正交变换，然后在变换域对图像进行处理，处理后还需要经过反变换返回空间域。在变换域，可以对图像进行低通滤波、高通滤波、带通滤波和带阻滤波等。低通滤波，顾明思义是只让低频信号通过，可去掉图像中的高频噪声，其功能相当于空域平滑；高通滤波能截除部分低频信号，可增强图像边缘等高频信号，使模糊的图片变得清晰；带通滤波能保留特定频率的信息，而带阻滤波能去除特定频率的信息，因此带通滤波和带阻滤波通常用于提取特定频率信号，或者去除周期噪声。频域图像增强将在下一章介绍，本章介绍空域图像增强。

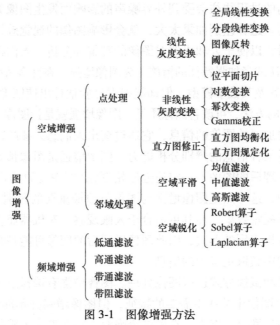

图 3-1　图像增强方法

3.2　灰度变换

灰度变换是空域图像增强中的一种点处理技术，是对像素点的灰度值进行运算，得到像素点的新灰度值。其操作是点对点的，仅修改当前像素点的灰度值，并不影响其他像素点。因此，灰度变换可表示为

$$s = T(r) \tag{3-1}$$

式中，r 是像素点输入的灰度值；s 是像素点输出的灰度值；T 是变换函数，是对输入灰度值所进行的变换操作。灰度变换仅改变像素点的灰度值，并不改变像素点的空间坐标，其运算结果与图像像素位置及被处理像素邻域灰度值无关。

根据变换函数 T 的性质不同，可以将灰度变换分为线性灰度变换和非线性灰度变换。

3.2.1　线性灰度变换

线性灰度变换其变换函数 T 为线性的，常用的线性变换有调节亮度、全局线性变换、

分段线性变换、图像反转、图像阈值化、位平面切片等。

1. 全局线性变换

当图像整体偏亮或偏暗时，一种简单处理图像的方法是对图像中所有像素点的灰度值增加或减少一个常数值，其表达式为 $s=r\pm a$。但是若图像的对比度偏低，即图像的灰度范围较小时，则无法简单地采用增加或减小灰度值的方法来改善图像质量。通常在图像处理中所处理的是8位灰度图像，其灰度范围为$[0, 255]$，当图像的对比度偏低时，其灰度范围可能会缩小到一个较小的区间，如$[100, 150]$，这时图像给人一种灰蒙蒙的视觉效果；与此相反，有时人们获得的图像灰度值范围远超过计算机能处理的灰度范围，例如，傅里叶变换幅值谱的灰度范围通常都远超过$[0, 255]$，这时若仍按8位灰度图像的方法来处理图像，会使得幅值谱中的许多细节被忽略。为此通常需要扩展或者压缩图像的灰度值范围，以改善图像质量。比较常用的方法是通过全局线性变换来调整图像灰度值动态范围。全局线性变换的输入图像与输出图像的灰度值呈现如图3-2所示的线性关系。

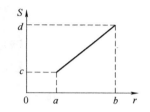

图3-2　全局线性变换示意图

其中，横轴是原图像的输入灰度值，其灰度值动态范围为$[a, b]$；纵轴是变换后图像的输出灰度值，其灰度值动态范围为$[c, d]$。经过简单的数学推导，可以得到全局线性变换中，输入图像与输出图像灰度值之间的关系式：

$$s=\frac{d-c}{b-a}(r-a)+c \tag{3-2}$$

式中，r是输入灰度值；s是输出灰度值。进一步，若希望将灰度值的动态范围扩展为$[0, 255]$，则全局线性变换的公式可简化为

$$s=\frac{255}{b-a}(r-a) \tag{3-3}$$

在图3-2中，若线性变换的斜率等于1，则经过全局线性变换后，灰度值动态范围没有变化；若线性变换的斜率大于1，则变换后，灰度值动态范围将会扩展；若线性变换的斜率小于1，则变换后，灰度值动态范围将会压缩。

以下是实现全局线性变换的Python代码：

```python
#全局线性灰度变换
def global_linear_transmation(im,c=0,d=255):
    img=im.copy()
    maxV=img.max()
    minV=img.min()
    if maxV==minV:
        return np.uint8(img)
    for i in range(img.shape[0]):
        for j in range(img.shape[1]):
            img[i,j]=((d-c)/(maxV-minV))*(img[i,j]-minV)+c
    return np.uint8(img)
```

以上 Python 函数是利用全局线性变换，将图像的灰度值范围从$[a, b]$变换为$[c, d]$。图 3-3 是调用此函数实现了图像灰度范围拉伸前后的效果对比，通过原始图像的直方图，可知原始图像的灰度值范围集中在$[80, 200]$之间，图像对比度较低，图像不清晰；而通过全局线性变换，图像灰度值范围扩展到$[0, 255]$，图像对比度增强，图像明显变得清晰了。

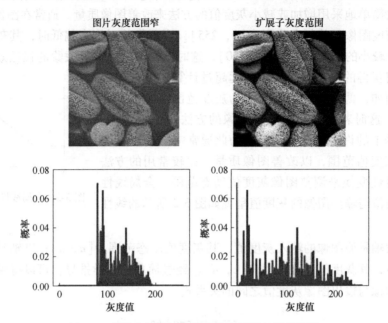

图 3-3 利用全局线性灰度变换来扩展灰度值范围

2. 分段线性变换

在一幅图像中，可以对灰度值进行分段线性变换，将需要强调的那段灰度值动态范围拉伸，而将需要弱化的灰度值动态范围压缩。例如，可以将图像的灰度值分成三段，如图 3-4 所示，各段采用不同的线性变换。其中，M_f和M_g是输入图像和输出图像的灰度最大值。此变换将灰度值$[0, a]$变换为$[0, c]$，将灰度值$(a, b]$变换为$(c, d]$，将灰度值$(b, M_f]$变换为$(d, M_g]$。其数学表达式为

$$s = \begin{cases} (c/a)r & 0 \le r \le a \\ \dfrac{d-c}{b-a} \cdot (r-a)+c & a < r \le b \\ \dfrac{M_g-d}{M_f-b} \cdot (r-b)+d & b < r \le M_f \end{cases} \tag{3-4}$$

当线性变换方程的斜率大于 1 时，会产生灰度拉伸的效果；当线性变换方程的斜率小于 1 时，会产生灰度压缩的效果。图 3-5 所示是不同斜率的分段线性变换，根据线性变换的斜率可知，图 3-5a 可扩展暗区，图 3-5b 可扩展亮区，而图 3-5c 可扩展中部灰度。

分段线性变换可用于突出受关注目标所在的灰度区间，相对抑制那些不受关注的灰度区间。例如，在车牌识别中，人们通常关注的是车牌所在的灰度区间，即中部灰度区间，因此可以对中部灰度区间进行扩展，灰度变换后的效果如

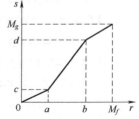

图 3-4 分段线性变换示意图

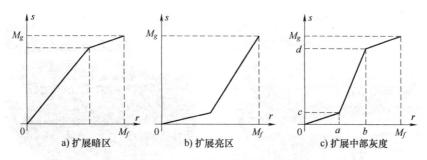

图 3-5　不同斜率的分段线性变换

图 3-6 所示。

原图像　　　　　　　　　　　扩展了中间灰度区的图像

图 3-6　分段线性变换图像

3. 图像反转

图像反转适用于增强嵌入图像暗色区域的白色或灰色细节，尤其适用于黑色较多的图像增强。图像反转变换的表达式为

$$s = (L-1) - r \tag{3-5}$$

式中，L 是图像的灰度级。图像反转的效果如图 3-7 所示。

原始图像　　　　　　　　　　反转后图像

图 3-7　图像反转效果图

4. 灰度图像阈值化

灰度图像阈值化就是将在 $[0, 255]$ 之间的灰度值变换为两个灰度值：0 或 255，其数学表达式为

$$s = \begin{cases} 0 & r < T \\ 255 & r \geq T \end{cases} \tag{3-6}$$

式中，T 是分割的阈值，图像阈值化最重要的是找到合适的阈值。在 8.2 节阈值图像分割部分会介绍几种寻找分割阈值的算法。OpenCV 中的 threshold 函数可以使用多种方法实现灰度图像阈值化。图 3-8 是图像阈值化的示例。

原图像  阈值化图像

图 3-8 图像阈值化示例

5. 位平面切片

在数字图像处理中所处理的图像通常是 8 位的灰度图像，也就是每个像素点有 8 个二进制位，如果将所有像素点在同一个二进制位上的值组合起来，就可以得到位平面，如图 3-9 所示。一个 8 位的灰度图像相当于 8 个位平面图像的叠加，显然，每个位平面图像都是二值图像。

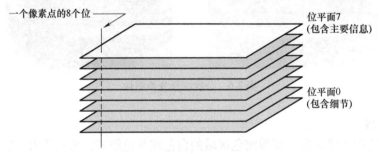

图 3-9 8 位灰度图像的位平面

通常，高阶位包含大部分重要的视觉信息，低阶位包含一些细节信息。如图 3-10 所示，每个位平面图像都是二值图像，高阶位平面图像包含了原灰度图像的主要信息。

实现 8 位灰度图像位平面切片的代码如下：

```python
#位平面分割
def Bit_Plane_Slicing(im):
    img=im.copy()
    BP=np.zeros([8,img.shape[0],img.shape[1]])
    for n in range(8):
        for i in range(img.shape[0]):
            for j in range(img.shape[1]):
                if(img[i,j]>=2**(7-n)):
                    BP[n][i,j]=2**(7-n)
                    img[i,j]=img[i,j]-2**(7-n)
                else:
                    BP[n][i,j]=0
    return BP
```

此函数输出的数组维度为$(8, W, H)$，W、H分别是原图像的宽度和高度，存放的是8张位平面的二值图像。

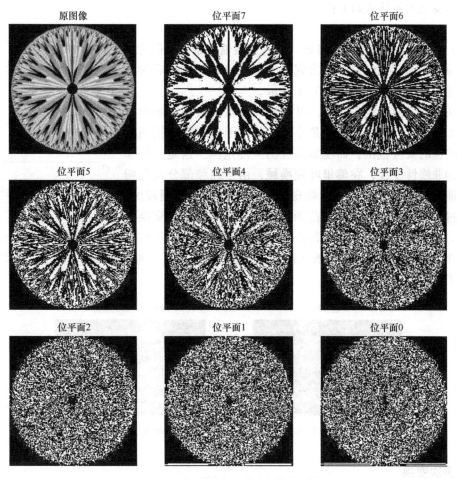

图 3-10 灰度图像及其8个位平面图

人们可以通过分离图像中像素值的特定位，来提取该图像中人们感兴趣的部分。位平面切片技术常用于图像压缩，由于高阶位平面图包含了图像的主要信息，低阶位平面图包含了图像的细节信息，因此可以利用若干个高阶位平面图来重构灰度图像，而忽略细节。重构公式如下：

$$I(i,j) = \sum_{n=8}^{N} 2^{n-1} I_n(i,j) \tag{3-7}$$

式中，N 是介于 $[1, 8]$ 之间的一个整数。当 $N=1$ 时，8 个位平面全部选取，相当于图像没有压缩；随着 N 的增大，丢失的位平面增加，信息细节丢失越多，图像压缩比越大。

3.2.2 非线性灰度变换

在进行灰度动态范围调整时，线性变换在降低（或提高）亮度的同时，会将许多本身灰度值较低（高）的细节信息丢失。为此考虑非线性变换，对不同的灰度值，采用不同的变换斜率。实际上分段线性变换是一种特殊的非线性变换，但分段线性变换不够平滑，而更多采用对数变换、幂次变换或者 Gamma 校正等非线性变换方法。

1. 对数变换

对数变换的表达式如下：

$$s=a+c\times\lg(r+1) \tag{3-8}$$

式中，a 和 c 是调节灰度值的参数。输入灰度值 r 加 1 的目的是避免 lg 函数的参数为 0，进而出现负无穷值。对数变换后输入图像与输出图像之间关系如图 3-11 所示。

分析对数变换曲线的斜率，可以发现通常暗区曲线的斜率是大于 1 的，而亮区曲线斜率是小于 1 的，因此对数变换通常可扩展暗区的灰度范围，而压缩亮区的灰度范围。这是一种非常有用的非线性变换，在傅里叶变换域，由于高频部分与低频部分的能量相差较大，傅里叶频谱图的灰度值动态范围较大，往往超过 8 位灰度图像的表示范围，因此需要对傅里叶变换频

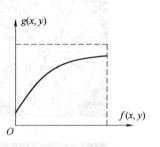

图 3-11 对数变换曲线

谱采用对数变换，在缩小灰度值动态范围的同时，保留暗区的细节。如图 3-12 所示，原始傅里叶频谱有许多暗区的细节被压制了，经过对数变换后，傅里叶频谱暗区的许多细节都显示出来了。

图 3-12 对数变换后的傅里叶频谱

2. 幂次变换

幂次变换的表达式如下：

$$s=c\times r^{\gamma} \tag{3-9}$$

式中，c、γ 是可调的参数。幂次变换随着 γ 值的不同，可以得到不同的增强效果。当 $\gamma<1$ 时，幂次变换相当于对数变换，此非线性变换可以扩展图像中的暗区，压缩亮区，并且图像整体变亮；当 $\gamma>1$ 时，幂次变换的效果与对数变换的效果相反，此非线性变换可以扩展图像中的亮区，压缩暗区，并且图像整体变暗。幂次变换后输入图像与输出图像之间关系如图 3-13 所示。

幂次变换的实现代码如下：

```
#幂次(伽马)变换
def power_law_transformations(im,gamma=1,c=1):
    img=np.zeros([im.shape[0],im.shape[1]])
    for i in range(im.shape[0]):
        for j in range(im.shape[1]):
            img[i,j]=c*255.0*(im[i,j]/255.0)**gamma
    return np.uint8(img)
```

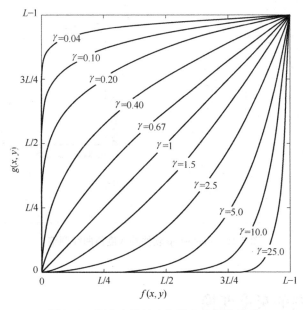

图 3-13　幂次变换输入与输出之间的关系

此函数中的参数 gamma（即幂次变换中的 γ）确定了变换曲线的形状，gamma 值为 1 时相当于线性映射。幂次变换常用于处理曝光不足或曝光过度的图像，图 3-14 是对曝光不足图像的幂次变换，随着 γ 值的减小，图像整体变亮，并且暗区的动态范围扩展更明显。

图 3-14　曝光不足图像的幂次变换

　　幂次变换在工业领域的一个经典应用是 Gamma 校正。由于显示器对不同光强度的响应是一种非线性的关系，如图 3-15 所示，未校正的显示器输出与输入图像之间并不是线性关系，通常存在非线性失真。因此，显示设备通常需要通过 Gamma 校正使用相反的非线性变换把该变换反转过来，如图 3-15 所示，校正后的输出与输入图像基本相同。

　　思考题：分析在 Photoshop 软件中，图 3-16 所示灰度变换对图像灰度值的影响？

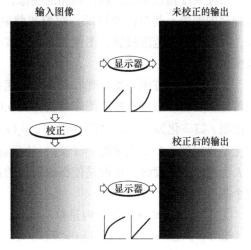

图 3-15　Gamma 校正

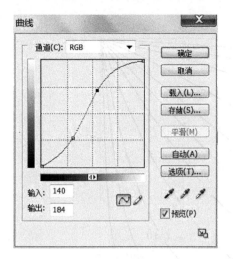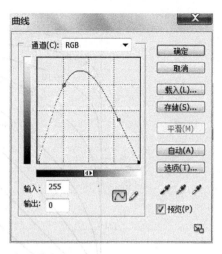

图 3-16　Photoshop 软件的灰度值曲线调整

3.3　基于直方图的灰度变换

直方图是图像的灰度值统计图，即对于每个灰度值，统计在图像中具有该灰度值的像素个数或灰度值出现的概率，并绘制而成的图形称为灰度直方图（简称直方图）。直方图反映了图像的灰度分布范围等特征，在很多场合下，往往包含了图像的重要信息。基于直方图的灰度变换，可调整图像直方图到一个预定的形状，从而改善图像视觉效果。基于直方图的灰度变换通常有直方图均衡化和直方图规定化两大类。

3.3.1　直方图均衡化

直方图均衡化是一种常用的灰度增强算法，也称为直方图均匀化。直方图均衡化的目的是促使图像的灰度分布趋向均匀。

灰度分布趋向均匀有什么用途？先来看看图 3-17 中的四幅图像：偏暗的图像，其直方图分布在灰度值较小的区域；偏亮的图像，其直方图分布在灰度值较大的区域；灰度动态范围较窄的图像，其对比度较低，图像灰蒙蒙的，视觉效果较差；而灰度分布相对均匀的图像，其灰度动态范围较宽，图像的对比度较高，视觉效果较好。可见，直方图均衡化可以提高图像的对比度。

如何实现直方图均衡化呢？直方图均衡化是一种点运算，通过变换函数将原灰度值映射为目标灰度值。假如已知原图像的直方图 $p_r(r)$（即图像灰度级的概率密度函数），原始图像灰度级 r 归一化为 $[0,1]$，即 $0 \leqslant r < 1$，$p_s(s)$ 是目标图像的灰度级概率密度函数。直方图均衡化是要找到一个变换函数 $s=T(r)$，让目标图像的直方图趋向于一个常量 $p_s(s)=1/L$，其中 L 为图像的灰度级，也就是使得映射后的灰度分布趋向均匀。灰度映射函数必须满足下列两个基本条件：

① $T(r)$ 在 $0 \leqslant r \leqslant 1$ 区间内是单值函数，且是单调增加；

② $T(r)$ 在 $0 \leqslant r \leqslant 1$ 内满足 $0 \leqslant T(r) \leqslant 1$。

条件①保证了灰度级从黑到白的次序，而条件②确保映射后的像素灰度级仍在允许的灰

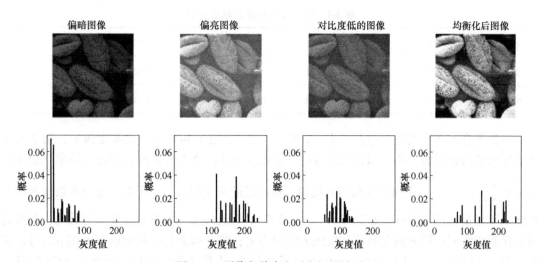

图 3-17　图像与其直方图之间的关系

度级范围内，避免整个图像明显变亮或者变暗。

根据概率论的知识，假设对输入灰度级 r 执行积分变换，得到输出灰度级 s：

$$s = T(r) = \int_0^r p_r(w)\,\mathrm{d}w \tag{3-10}$$

式中，w 是积分变量。此变换可以使得输出灰度级的概率密度函数是均匀的，并且此变换满足以上两个基本条件，因此以上积分变换可以促使映射后的灰度分布趋向均匀，达到直方图均衡化的目的。

将上述结论推广到离散的情况，积分变换函数变为累积分布函数，即输入灰度级 r 经过累积分布函数变换得到 s，输出灰度级的概率密度函数将趋向均匀。设一幅图像总像素数为 n，共分 L 个灰度级，n_k 代表第 k 个灰度级 r_k 出现的频数（像素数），则第 k 个灰度级出现的概率为

$$p_r(r_k) = n_k/n, \quad 0 \leqslant r_k \leqslant 1, \quad k = 0, 1, \cdots, L-1 \tag{3-11}$$

此时累积分布函数可以表示为

$$s_k = T(r_k) = \sum_{i=0}^{k} p_r(r_k) = \sum_{i=0}^{k} n_i/n \tag{3-12}$$

直方图均衡化具体步骤如下：

① 将原图像的灰度级归一化，使得 $0 \leqslant r_k \leqslant 1$；

② 统计原图像的灰度级概率分布 $p_r(r_k) = n_k/n$；

③ 计算图像的累积分布函数 $s_k = T(r_k) = \sum_{i=0}^{k} p_r(r_i) = \sum_{i=0}^{k} n_i/n$；

④ 根据累积分布函数，建立输入图像与输出图像之间的对应关系，也就是将 r_k 映射为 s_k。由于所计算得到的 s_k 很可能不是量化灰度级，因此 s_k 需要量化处理，即在归一化灰度级 r_k 中，寻找与 s_k 最接近的 r_k 得到量化的 s_k'。

下面通过一个例题来说明直方图均衡化的过程。

【例 3-1】　假设有一幅图像，共有 64×64 个像素，8 个灰度级，各灰度级概率分布如表 3-1 所示，试对其进行直方图均匀化。

表 3-1　原图像的灰度级概率分布

灰度级 r_k	0	1/7	2/7	3/7	4/7	5/7	6/7	1
像素数 n_k	790	1023	850	656	329	245	122	81
概率 $p_r(r_k)$	0.19	0.25	0.21	0.16	0.08	0.06	0.03	0.02

本例题直方图均衡化的过程如表 3-2 所示。表 3-2 第 1 列是归一化灰度级 r_k；第 2 列是各灰度级的像素个数；第 3 列是原图像的直方图 $p_r(r_k)$；第 4 列是各灰度级 r_k 的累积分布函数 $s_k = \sum_{i=0}^{k} p_r(r_i)$；第 5 列是找到与灰度级 s_k 最接近的灰度级 s_k'，由于累积分布函数所求出的灰度级不是量化灰度级（0，1/7，2/7，…，7/7），因此需要对 s_k 进行量化，寻找与 s_k 最接近的量化灰度级 s_k'；第 6 列是将原灰度级 r_k 映射为 s_k'；第 7 列是均衡化后的直方图 $p_s(s_k)$。例如，当 $r_k = 1/7$ 时，计算得到的 $s_k = 0.44$，寻找与 0.44 最接近的量化灰度级为 3/7（0.43），因此均衡化时，原灰度级 $r_k = 1/7$ 将映射为 $s_k' = 3/7$，在原图像中灰度级为 $r_k = 1/7$ 的像素占 0.25（25%），因此映射后，目标图像中灰度级为 $s_k' = 3/7$ 的像素占 25%。

表 3-2　直方图均匀化过程

归一化灰度级 r_k	像素数 n_k	原图像直方图 $p_r(r_k)$	累积分布函数 $s_k = \sum_{i=0}^{k} p_r(r_i)$	量化灰度级 s_k'	映射	均衡化后的直方图 $p_s(s_k)$
0	790	0.19	0.19	0		
1/7(0.14)	1023	0.25	0.44	1/7(0.14)	0→1/7	0.19
2/7(0.29)	850	0.21	0.65	2/7(0.29)		
3/7(0.43)	656	0.16	0.81	3/7(0.43)	1/7→3/7	0.25
4/7(0.57)	329	0.08	0.89	4/7(0.57)		
5/7(0.71)	245	0.06	0.95	5/7(0.71)	2/7→5/7	0.21
6/7(0.88)	122	0.03	0.98	6/7(0.88)	3/7, 4/7→6/7	0.24
7/7(1.00)	81	0.02	1.00	7/7(1.00)	5/7, 6/7, 7/7→7/7	0.11

图 3-18 是均衡化前后的直方图，其中图 3-18a 是原直方图，图 3-18b 是累积分布函数值，图 3-18c 是均衡化后的直方图。比较图 3-18a 和图 3-18c，可以发现原直方图上有几个像素数较少的灰度级归并到一个新的灰度级上，图像灰度级由 8 个变为 5 个，灰度级间隔被拉大，动态范围增加，从而提高了图像的对比度。实际上直方图均衡化是通过减少图像的灰度等级，以换取对比度的扩大。此外，如图 3-18c 所示，均衡化后的直方图比原直方图的灰度分布更均匀一些，但它并不能完全均匀，只是趋向均衡。

OpenCV 工具包中 equalizeHist() 函数可实现直方图均衡化，运行效果如图 3-17 所示。

直方图均衡化是一种非线性的点处理，具有以下特点：

① 直方图均衡化可扩展图像灰度值的动态范围，提高图像对比度。

② 直方图均衡化会减少图像的灰度等级，增加图像颗粒感。

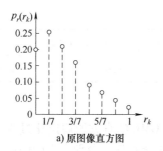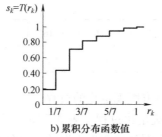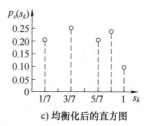

| a) 原图像直方图 | b) 累积分布函数值 | c) 均衡化后的直方图 |

图 3-18 图像直方图均衡化示例

3.3.2 直方图规定化

有时人们希望增强后的图像，其灰度值的分布不是均匀的，而是具有特定形状的直方图，这样可以突出人们感兴趣的灰度范围。此时可以采用直方图的规定化映射法来实现。

假设已知原图像的直方图 $p_r(r)$ 和希望得到的目标直方图 $p_z(z)$，直方图规定化是要求找到一个变换 $z = T(r)$，让原图像的直方图变换成目标直方图。直方图规定化需要用到直方图均衡化。由于原直方图和目标直方图是由一图像变换前后的直方图，因此若将原直方图和目标直方图都做直方图均衡化处理，原则上，均衡化的原直方图和均衡化的目标直方图将趋向一致，由此可以建立原直方图与目标直方图之间的关系，具体分析如下：

若分别对 $p_r(r)$ 和 $p_z(z)$ 做直方图均衡化处理，则有

$$s = T(r) = \int_0^r p_r(w)\,\mathrm{d}w, \quad 0 \leqslant r \leqslant 1 \tag{3-13}$$

$$v = G(z) = \int_0^z p_z(w)\,\mathrm{d}w, \quad 0 \leqslant z \leqslant 1 \tag{3-14}$$

原直方图均衡化后的灰度值 s 和目标直方图均衡化后的灰度值 v，理论上两者的概率密度是相等的，由此可以建立原直方图与目标直方图之间的关系。因此，直方图规定化的具体步骤有：

① 求原直方图的累积分布函数 $s_k = \sum_{i=0}^k p_r(r_i)$，式中 r_i 是第 i 个灰度级的灰度值；

② 求规定直方图的累积分布函数 $v_{k'} = \sum_{i=0}^{k'} p_z(z_i)$，式中 z_i 是第 i 个灰度级的灰度值；

③ 寻找最接近的 s_k 与 $v_{k'}$，让 $|s_k - v_{k'}|$ 最小，然后将灰度值 r_k 映射为 $z_{k'}$。

根据映射方法的不同，直方图规定化又分为单映射法（Single Mapping Law，SML）和组映射法（Group Mapping Law，GML）。SML 根据原累积直方图寻找最相近的规定累积直方图，并进行映射；而 GML 是根据规定的累积直方图寻找最接近的一组原累积直方图，并进行映射。下面通过例题来说明两种直方图规定化映射法的不同。

【例 3-2】 假设有一幅图像，共有 64×64 个像素，8 个灰度级，各灰度级概率分布如表 3-3 所示，试将其直方图进行规定化，使其灰度分布如表 3-3 第 4 行所示。

表 3-3 原图像的灰度级概率分布情况

灰度级 r_k	0	1/7	2/7	3/7	4/7	5/7	6/7	1
像素数 n_k	790	1023	850	656	329	245	122	81

（续）

原直方图 $p_r(r_k)$	0.19	0.25	0.21	0.16	0.08	0.06	0.03	0.02
规定直方图 $p_z(z_{k'})$	0	0	0	0.2	0	0.6	0	0.2

下面通过表格的形式来阐述直方图规定化的过程。

表 3-4 展示了 SML 的直方图规定化过程，表 3-5 展示了 GML 的直方图规定化过程。直方图规定化首先需要计算出原直方图和规定直方图的累积分布函数值，分别在表中的第 4 列和第 6 列，然后采用 SML 或 GML 进行映射。例如，在表 3-4 中，灰度级为 1 的像素计算得到的原累积直方图的值为 0.44，而在规定累积直方图中与 0.44 最接近的值为 0.2，因此灰度级为 1 的像素映射为灰度级 3，而且灰度级为 0 的像素也映射为灰度级 3，因此规定化后的图像中灰度级为 3 的像素占 $0.19+0.25=0.44$（44%）。同理，可以得到规定化后的直方图，将实际规定化后的直方图（第 8 列）和指定的目标直方图（第 5 列）进行比较，可以得到直方图规定化的误差绝对值（第 9 列）以及误差合计 0.48。

在表 3-5 中，是根据规定累积直方图寻找与它最接近的一组原累积直方图。例如，规定累积直方图中的值 0.2，在原累积直方图中与它最接近的一组是 0.19，因此灰度级 0 映射为灰度级 3；而规定累积直方图中的值 0.8，在原累积直方图中与它最接近的是 0.81，因此 $\{0.44, 0.65, 0.81\}$ 形成一组与 0.8 对应，灰度级 $\{1, 2, 3\}$ 映射为灰度级 5。根据以上映射，可以得到规定化后的直方图，将实际规定化后的直方图（第 8 列）与指定的目标直方图（第 5 列）进行比较，可以得到直方图规定化的误差绝对值（第 9 列）及误差合计 0.04。

表 3-4　SML 映射的直方图规定化

灰度级 r_k	像素数 n_k	原直方图 $p_r(r_k)$	原累积直方图 $s_k = \sum_{i=0}^{k} p_r(r_i)$	规定直方图 $p_z(z_{k'})$	规定累积直方图 $v_{k'} = \sum_{i=0}^{k'} p_z(z_i)$	SML 映射	规定化后的直方图 $p_s(s_k)$	误差绝对值
0	790	0.19	0.19	0	0			
1	1023	0.25	0.44	0	0			
2	850	0.21	0.65	0	0			
3	656	0.16	0.81	0.2	0.2	0, 1→3	0.44	0.24
4	329	0.08	0.89	0	0.2			
5	245	0.06	0.95	0.6	0.8	2, 3, 4→5	0.45	0.15
6	122	0.03	0.98	0	0.8			
7	81	0.02	1.00	0.2	1.0	5, 6, 7→7	0.11	0.09
误差合计：								0.48

比较这两种映射方法，在此例题中 GML 得到的直方图规定化的误差（0.04）远小于 SML 得到的误差（0.48），因此选择合适的映射方法也是比较重要的。

如图 3-19 所示，将图 3-19a 原图像做直方图规定化，规定直方图是图 3-19b（三角形直方图），分别采用单映射法和组映射法进行直方图规定化，效果如图 3-19c 和图 3-19d 所示。

表 3-5　GML 映射的直方图规定化

灰度级 r_k	像素数 n_k	原直方图 $p_r(r_k)$	原累积直方图 $s_k = \sum_{i=0}^{k} p_r(r_i)$	规定直方图 $p_z(z_{k'})$	规定累积直方图 $v_{k'} = \sum_{i=0}^{k'} p_z(z_i)$	GML 映射	规定化后的直方图 $p_s(s_k)$	误差绝对值
0	790	0.19	0.19	0	0			
1	1023	0.25	0.44	0	0			
2	850	0.21	0.65	0	0			
3	656	0.16	0.81	0.2	0.2	0→3	0.19	0.01
4	329	0.08	0.89	0.2				
5	245	0.06	0.95	0.6	0.8	1, 2, 3→5	0.62	0.02
6	122	0.03	0.98	0	0.8			
7	81	0.02	1.00	0.2	1.0	4, 5, 6, 7→7	0.19	0.01
误差合计:								0.04

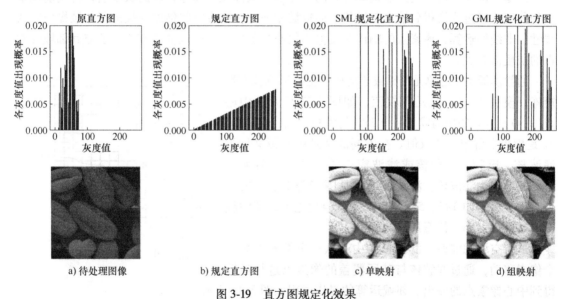

a) 待处理图像　　　b) 规定直方图　　　c) 单映射　　　d) 组映射

图 3-19　直方图规定化效果

　　规定化后的直方图趋向目标直方图，但并不能做到与目标直方图完全相同。在此例题中，SML 和 GML 的映射结果相似。直方图规定化的关键是如何构造一个有意义的直方图，并找到其映射。

3.4　空域滤波与邻域运算

1. 空域滤波

　　自然图像中各个像素并不是独立存在的，而且像素之间的相关性很大。据统计相邻像素点的灰度值相似度达到90%以上。这意味着，人们可以根据像素点的灰度值推测出其邻域像素点的灰度值。

在以上两节介绍的灰度点运算中，像素点的灰度值只与自身的灰度值有关，与邻域像素点的灰度值无关。若某个像素点受到噪声干扰，那么通过自身的灰度变换，是很难去除噪声的。但可以利用邻域像素点的高相关性，借助邻域像素点的灰度值来推测受污染像素点的灰度值。这种图像增强技术称为空域滤波，它是空间坐标域直接对像素点及其指定邻域的灰度值进行操作，可表达为

$$g(x,y) = T[f(x,y)] \tag{3-15}$$

式中，$f(x,y)$ 是输入图像的灰度值，$g(x,y)$ 是输出图像的灰度值，T 是对输入图像的像素点 (x,y) 及其指定邻域的灰度值进行处理的操作符。若邻域大小为 1（单个像素点），则此种空域操作就是灰度变换（即点处理），输出灰度值仅跟像素点自己的原灰度值有关；若邻域大于 1，则称为空域滤波（或称为邻域处理），输出灰度值与邻域像素点的灰度值有关。空域滤波是通过邻域运算实现的。

空域滤波分为两大类：空域平滑和空域锐化。空域平滑的主要目的是减少图像噪声；空域锐化的目的就是使边缘和轮廓线模糊的图像变得清晰，并使其细节清晰。

2. 邻域运算

图像的灰度变换是通过点运算实现的，点运算只涉及当前像素点的灰度值，将当前像素点的灰度值经过变换得到输出灰度值。而空域滤波是在图像空间借助模板进行邻域操作完成线性、非线性运算，像素点的输出灰度值不仅与当前像素点的灰度值有关，还与其邻域像素点的灰度值有关。

通常模板是中心单元及邻域所构成的正方形或长方形矩阵，模板上每个单元有权值。如图 3-20 所示，中心点 (x,y) 及其 8 邻域构成了一个 3×3 的模板，w_0，w_1，…，w_8 是模板上各单元的权值。在不同的文献中模板又称为滤波核、掩膜、卷积核或滤波窗口等，在本书后面章节一般称之为滤波核。滤波核通常是围绕着中心点的一个对称矩形，如 3×3、5×5、5×9 等，但理论上，滤波核可以是任意大小、任意形状的。

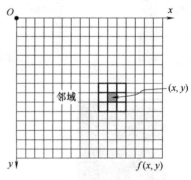

图 3-20 3×3 滤波核示意图

进行空域滤波时，滤波核的中心从一个像素向另一个像素移动，通过滤波核与其所覆盖的像素点进行运算得到中心像素点的输出。邻域运算的操作过程如图 3-21 所示。

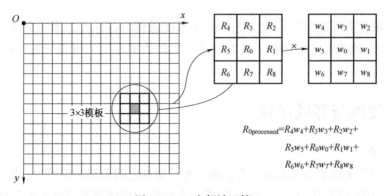

图 3-21 一次邻域运算

具体步骤如下：

① 将滤波核在图像中漫游，并将滤波核中心与某像素重合，一次得到一个像素点的灰度值；

② 将滤波核上各单元的权值与滤波核下对应的像素点灰度值相乘；

③ 将所有乘积相加；

④ 将累加的结果作为灰度值赋予邻域中心所对应的像素。

当滤波核滑动到其中心与 (x,y) 对齐时，(x,y) 是中心像素点，那么这一次邻域运算得到的值将赋予中心像素点。若中心像素点的原灰度值为 R_0，其 8 邻域的灰度值分别为 R_1，R_2，R_3，$\cdots$，R_8，滤波核上的权重值分别为 w_0，w_1，w_2，$\cdots$，w_8，则邻域运算的公式为

$$R_{0processed} = R_4 w_4 + R_3 w_3 + R_2 w_2 + R_5 w_5 + R_0 w_0 + \tag{3-16}$$
$$R_1 w_1 + R_6 w_6 + R_7 w_7 + R_8 w_8$$

此次邻域运算得到的灰度值 $R_{0processed}$ 将替换中心像素点 (x,y) 原来的灰度值 R_0。然后滤波核继续滑动，滤波核中心与下一个像素点重合，则重复同样的邻域运算，更新中心像素点的灰度值，这样的过程会不断地重复，邻域运算将更新所有像素点的灰度值。

邻域运算的数学表达式如下：

$$g(x,y) = \sum_{s=-a}^{a} \sum_{t=-b}^{b} w(s,t) f(x+s, y+t) \tag{3-17}$$

式中，$w(s,t)$ 是滤波核权重。滤波核大小为 $(2a+1) \times (2b+1)$，若是 3×3 的滤波核，则表达式中的 $a=1$、$b=1$。

对图像进行空域滤波最广泛的用途是去除图像中的噪声，不同的滤波核（滤波核大小或权重不同）可以产生不同的滤波效果。OpenCV 工具包中的 filter2D( ) 函数可以实现邻域运算，其函数原型为：

```
dst = filter2D(src, ddepth, kernel[, dst[, anchor[, delta[, border-
Type]]]])
```

函数功能：实现邻域运算。

参数说明：

① src：原图像；

② dst：目标图像，与原图像尺寸和通道数相同；

③ ddepth：目标图像的所需深度；

④ kernel：滤波核，单通道浮点矩阵；

⑤ anchor：核的锚点，指示核中过滤点的相对位置，锚应位于内核中，默认值(-1, -1)表示锚位于核中心；

⑥ delta：在将它们存储在 dst 中之前，将可选值添加到已过滤的像素中，类似于偏置；

⑦ borderType：边界扩展方法，参见 3.7.2 节图像滤波边界处理。

3.5 空域平滑滤波

图像的空域滤波就是使用滤波核对图像进行邻域运算实现的。不同的滤波核（滤波核大小或权重不同）可以产生不同的滤波效果。图像平滑是为了抑制噪声，改善图像质量所进行

的处理，又称为图像去噪，本节介绍一些能实现图像平滑的空域滤波。

3.5.1 均值滤波

均值滤波（又称为邻域平均法）就是对原始图像 $f(x,y)$ 的每个像素点取一个邻域 S，计算 S 中所有像素灰度值的平均值，作为空域平均处理后图像 $g(x,y)$ 的像素值，输出图像的灰度值等于输入图像灰度值的局部平均。均值滤波相当于滤波核上各单元具有相同的权重。均值滤波可以表示为

$$g(x,y) = \frac{1}{M} \sum_{(i,j) \in S} f(i,j) \tag{3-18}$$

式中，$f(i,j)$ 是 $N \times N$ 的阵列，i，$j = 0$，1，$\cdots$，$N-1$；S 是以 (x,y) 点为中心的邻域的集合；M 是邻域 S 中的像素点数。滤波核与 S 邻域相重合，均值滤波的特点就是滤波核单元的权值都等于 $1/M$。滤波核的大小和形状有多种形式，常见的有 4 邻域、8 邻域滤波核，如图 3-22 所示。

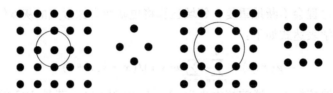

图 3-22　4 邻域和 8 邻域滤波核示意图

【例 3-3】 设 16×16 点阵的假想图像如图 3-23a 所示，采用如图 3-23b 所示的 3×3 滤波核进行均值滤波，滤波结果如图 3-23c 所示。

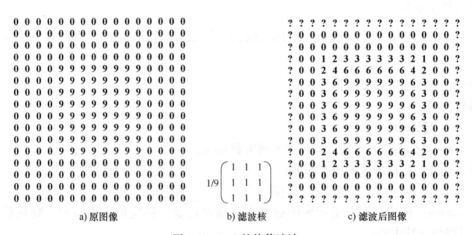

a) 原图像　　　　　　　　b) 滤波核　　　　　　　c) 滤波后图像

图 3-23　3×3 的均值滤波

需要注意的是，在进行邻域运算过程中，当滤波核中心在图像边沿时，滤波核将超出图像范围，这时需要对图像进行扩展，不同的扩展方法会产生不同的滤波效果（具体的边界处理方法见 3.7.2 节），简单的图像扩展方法是对图像的四周边缘补 0。

均值滤波是一种邻域平均技术，它是用一个像素邻域内各像素灰度平均值来代替该像素原来的灰度。采用邻域平均法的均值滤波器是一种空域平滑噪声技术，非常适用于去除通过扫描得到的图像中的颗粒噪声。

在 OpenCV 中，blur() 函数能实现对图像的均值滤波。以下示例是先在图像中加入高斯噪声，然后分别采用 3×3 滤波核和 7×7 滤波核进行均值滤波，效果如图 3-24 所示。由图可知，采用均值滤波对含噪图像进行处理，在降低噪声的同时也使图像变得模糊，并且滤波核越大，模糊程度越严重，同时去噪能力越强。

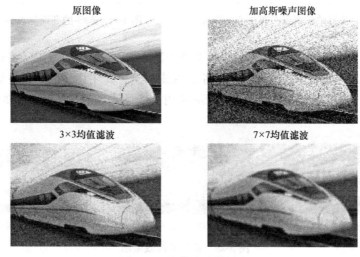

原图像 加高斯噪声图像

3×3均值滤波 7×7均值滤波

图 3-24 均值滤波效果图

3.5.2 高斯滤波

均值滤波滤波核上的权重值都是相等的，这样不能体现邻域中各像素的重要程度，为此，出现了加权的平滑滤波。加权的平滑滤波核上邻域中的不同像素具有不同的权重，通常越靠近中心像素点，其权重越大，如图 3-25 所示的两个滤波核。

$$\frac{1}{10} \quad \begin{array}{|c|c|c|} \hline 1 & 1 & 1 \\ \hline 1 & 2 & 1 \\ \hline 1 & 1 & 1 \\ \hline \end{array} \qquad \frac{1}{16} \quad \begin{array}{|c|c|c|} \hline 1 & 2 & 1 \\ \hline 2 & 4 & 2 \\ \hline 1 & 2 & 1 \\ \hline \end{array}$$

图 3-25 加权平滑滤波核

加权的平滑滤波核中比较经典的是高斯滤波核。高斯滤波是一种线性平滑滤波，适用于消除高斯噪声，广泛应用于图像去噪。高斯滤波运用了高斯正态分布的密度函数来计算滤波核上的权重。正态分布函数公式如下：

$$G(x,y) = \frac{1}{2\pi\sigma^2} e^{-(x^2+y^2)/2\sigma^2} \qquad (3-19)$$

高斯滤波是以"中心点"作为原点，(x,y) 是距离滤波核中心原点的空间距离，σ 是标准差。正态分布曲线是一种钟形曲线，越接近中心取值越大，越远离中心取值越小，如图 3-26 所示。高斯滤波核的中心原点权重最大，其他点按照其在正态分布曲线上的位置分配权重。8 邻域像素点距离中心的距离如图 3-27 所示，当标准差 $\sigma=1$ 时，可以计算出 3×3 的高斯

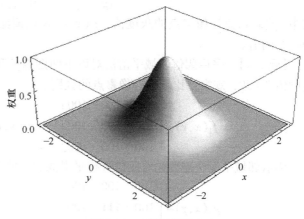

图 3-26 高斯的钟形分布

滤波核，如图 3-28 所示。

(−1, −1)	(0, −1)	(+1, −1)
(−1, 0)	(0, 0)	(+1, 0)
(−1, +1)	(0, +1)	(+1, +1)

0.3679	0.6065	0.3679
0.6065	1.000	0.6065
0.3679	0.6065	0.3679

图 3-27 8 邻域像素点距离中心的距离　　　　图 3-28 3×3 的高斯滤波核

应用高斯滤波核做邻域运算，可得到平滑滤波效果。在 OpenCV 中，GaussianBlur() 函数可实现图像高斯平滑滤波。图 3-29 是高斯滤波示例，其中图 3-29a 是待处理灰度图像，图 3-29b 是添加了高斯噪声的图像，图 3-29c 是用 5×5 的高斯滤波核滤波后的效果图。

a) 待处理灰度图像　　　　b) 添加高斯噪声图像　　　　c) 5×5高斯滤波核滤波后的效果

图 3-29 高斯滤波效果图

3.5.3 阈值邻域平滑滤波

平滑滤波在降低噪声的同时，让图像变得模糊，为此人们提出了各种方法以减轻平滑后的模糊情况。其中阈值邻域平滑法是较经典的方法之一，其思想是将原像素点的灰度值 $f(x,y)$ 与均值滤波得到的像素点的灰度值 $g(x,y)$ 进行比较，如果它们的绝对差小于设定的阈值，则认为当前像素点不是噪声点，像素点的灰度值采用原像素点的值；如果它们的绝对差大于设定的阈值，则认为当前像素点已被噪声污染，像素点的灰度值采用均值滤波得到的值。阈值邻域平滑法可表示为

$$g(x,y) = \frac{1}{M}\sum_{(i,j)\in S} f(i,j) \tag{3-20}$$

$$g'(x,y) = \begin{cases} f(x,y) & |f(x,y)-g(x,y)| < T \\ g(x,y) & |f(x,y)-g(x,y)| \geq T \end{cases} \tag{3-21}$$

式中，$f(x,y)$ 是原像素点的灰度值，$g(x,y)$ 是均值滤波得到的灰度值，T 是根据经验设定的一个阈值。

【例 3-4】 采用阈值邻域平滑法对以下两图像 f_1 和 f_2 进行处理，滤波核大小为 3×3，设定阈值 $T=50$，观察并比较中心像素点的区别。

$$f_1(x,y) = \begin{bmatrix} 100 & 100 & 100 \\ 100 & 200 & 100 \\ 100 & 100 & 100 \end{bmatrix} \quad f_2(x,y) = \begin{bmatrix} 100 & 100 & 100 \\ 100 & 140 & 100 \\ 100 & 100 & 100 \end{bmatrix}$$

阈值邻域平滑法需要先对图像进行平滑滤波，此例中选择均值滤波，分别得到 g_1 和 g_2：

$$g_1(x,y) = \begin{bmatrix} 100 & 100 & 100 \\ 100 & \mathbf{111} & 100 \\ 100 & 100 & 100 \end{bmatrix} \quad g_2(x,y) = \begin{bmatrix} 100 & 100 & 100 \\ 100 & \mathbf{104} & 100 \\ 100 & 100 & 100 \end{bmatrix}$$

然后计算原图像与均值滤波后图像的绝对差，将绝对差与设定的阈值进行比较，并观察中心像素点的灰度值：$|f_1-g_1|=|200-111|=89$，此绝对差大于设定的阈值 50，因此将这个中心像素点判定为噪声点，则阈值邻域平滑滤波后的值为均值滤波的值 $g_1'=111$；而 $|f_2-g_2|=|140-104|=36$，此绝对差小于设定的阈值 50，因此将此中心像素点判定为非噪声点，则其灰度值保留原来的灰度值 $g_2'=140$。则阈值邻域平滑滤波后的结果如下：

$$g_1'(x,y)=\begin{bmatrix}100 & 100 & 100\\ 100 & \mathbf{111} & 100\\ 100 & 100 & 100\end{bmatrix} \qquad g_2'(x,y)=\begin{bmatrix}100 & 100 & 100\\ 100 & \mathbf{140} & 100\\ 100 & 100 & 100\end{bmatrix}$$

【例3-5】　对添加了椒盐噪声的图像进行滤波，比较均值滤波和阈值邻域平滑滤波的效果。

阈值邻域平滑滤波的 Python 代码如下：

```python
def threshAverFilter(imgNoise,T):
    imgAver=cv2.blur(imgNoise,(5,5))
    row,col=imgNoise.shape
    imgThresh=np.zeros((row,col))
    for i in range(row):
        for j in range(col):
            if np.abs(imgNoise[i,j]-imgAver[i,j])>T:
                imgThresh[i,j]=imgAver[i,j]
            else:
                imgThresh[i,j]=imgNoise[i,j]
    return imgThresh
```

其输入参数是噪声图像 imgNoise 和设定的阈值 T，而输出是阈值邻域平滑图像。图 3-30 是设置不同阈值得到的滤波效果。

图 3-30　设置不同阈值的阈值邻域平滑滤波效果比较

65

由图 3-30 可知，当阈值 $T=0$ 时，算法认为所有像素点都是噪声点，所有像素点都取均值滤波的值，这时阈值邻域平滑滤波退化成均值滤波；当阈值 $T=255$ 时，算法认为所有像素点都不是噪声点，所有像素点都取原噪声图像灰度值，这时阈值邻域平滑滤波相当于没有平滑滤波，输出原噪声图像；当阈值 $T=30$ 时，与均值滤波相比，阈值邻域平滑滤波的模糊情况减小，去噪效果明显改善。

3.5.4 中值滤波

中值滤波是一种非线性统计滤波。首先它是非线性运算，也就是 $f(x+y) \neq f(x)+f(y)$；另外它是一种统计滤波，此滤波运算需要对滤波集合（滤波核对应的像素所形成的像素集合）中的灰度值进行统计排序，然后选择滤波集合中的最大值、最小值或中值，由此产生了最大值滤波、最小值滤波和中值滤波。非线性统计滤波的滤波核没有权重，它只需要确定滤波核大小，从而确定滤波集合。

中值滤波是一种经典的非线性图像平滑方法。中值滤波的方法是对邻域内的像素灰度值按大小排序，然后取位置居中的灰度值取代当前像素的灰度值。其表达式为

$$g(x,y) = \underset{(i,j) \in S_{xy}}{\text{Med}}\left[f(i,j) \right] \tag{3-22}$$

式中，S_{xy} 是以 (x,y) 为中心点的邻域集合，Med 函数是取集合的中间值。例如，集合 $\{1, 7, 15, 18, 24\}$ 的中值是 15，而集合 $\{2, 2, 2, 18, 24\}$ 的中值是 2。

中值滤波对滤除脉冲干扰及图像扫描噪声最为有效，它可以滤除小于 1/2 窗口的脉冲信号。

【例 3-6】 用大小为 5 的窗口对一维信号进行中值滤波，观察滤波后的效果，如图 3-31 所示。

由图 3-31 可知，中值滤波对某些输入信号具有不变性，如对在窗口内单调增加或单调减小的序列以及阶跃信号；但是中值滤波会抑制持续周期小于 1/2 窗口的脉冲，如此例中的单脉冲、双脉冲以及三角波信号。

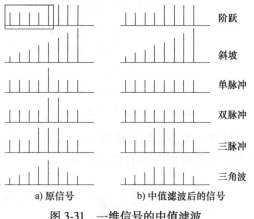

a) 原信号   b) 中值滤波后的信号

图 3-31 一维信号的中值滤波

二维中值滤波的窗口形状和尺寸对滤波效果影响较大，不同的图像内容和不同的应用要求，往往采用不同的窗口形状和尺寸。常见的二维中值滤波窗口形状有线状、十字形、方形、菱形及圆形等，如图 3-32 所示，其中心点一般位于被处理点上，窗口尺寸一般先取 3 再取 5，再逐点增大，直到其滤波效果满意为止。

一般来说，对于有缓变的较长轮廓线物体的图像，采用方形或者圆形窗口为宜，对于包含有尖顶角物体的图像，适用十字形窗口，而窗口的大小则以不超过图像中最小有效物体的

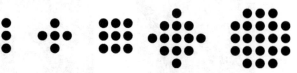

图 3-32 二维中值滤波的窗口

尺寸为宜。使用二维中值滤波最值得注意的问题就是要保持图像中有效的细线状物体，如果

含有点、线、尖角细节较多的图像不宜采用中值滤波方法。

【例 3-7】 使用不同形状的滤波核对图 3-33a 进行中值滤波，分析滤波后的效果。

```
0 0 0 0 1 0 0 0      0 0 0 0 0 0 0 0      0 0 0 0 0 0 0 0
0 0 0 0 1 0 0 0      0 0 0 0 0 0 0 0      0 0 0 1 0 0 0 0
0 1 0 0 1 0 0 0      0 0 0 0 0 0 0 0      0 0 0 1 0 0 0 0
0 0 0 0 1 0 0 0      0 0 0 0 0 0 0 0      0 0 0 1 0 0 0 0
0 0 0 0 1 0 0 0      0 0 0 0 0 0 0 0      0 0 0 1 0 0 0 0
0 1 0 0 1 0 0 0      0 0 0 0 0 0 0 0      0 0 0 1 0 0 0 0
0 0 0 0 1 0 0 0      0 0 0 0 0 0 0 0      0 0 0 1 0 0 0 0
0 0 0 0 1 0 0 0      0 0 0 0 0 0 0 0      0 0 0 0 0 0 0 0
   a) 待处理灰度图          b) 3×3方形滤波          c) 3×3十字形滤波
```

图 3-33 不同形状滤波核的中值滤波

若用 3×3 方形的滤波核进行中值滤波，则图像全变为 0，图像中的细节全部丢失，效果如图 3-33b 所示；若用 3×3 十字形的滤波核进行中值滤波，可保留线状细节，但丢失了点状细节，如图 3-33c 所示。可见，当图像有较多点或线细节时，宜采用较小的十字形的滤波核进行中值滤波。

中值滤波在一定的条件下可以克服线性滤波器如均值滤波等所带来的图像细节模糊问题，特别适合去除脉冲噪声。OpenCV 工具包中的 medianBlur ( ) 函数可以实现图像中值滤波。

图 3-34 是分别用均值滤波与中值滤波来滤除椒盐噪声的示例。均值滤波会产生一定的模糊，而相较均值滤波，中值滤波在滤除椒盐噪声的同时，模糊程度较轻。

加椒盐噪声图像　　　　　5×5均值滤波　　　　　5×5中值滤波

图 3-34 用均值滤波与中值滤波来滤除椒盐噪声

3.6 空域锐化滤波

在图像的判读和识别中，经常需要突出目标的轮廓或边缘信息，这种操作称为图像锐化，俗称勾边处理。图像锐化通常采用补偿图像轮廓的方法来突出图像中景物的边缘或纹理，从而使边缘和轮廓线模糊的图像变得清晰。图像锐化可以在空间域中进行，也可以在频域中运用高通滤波技术实现，本节介绍空域的图像锐化滤波。

图像锐化与图像平滑是相反的操作，图像平滑是去除图像的细节，让图像变得模糊，而图像锐化是突出图像中的细节，让图像变得清晰。从数学上看，图像模糊的实质就是图像受到平均运算或者积分运算，让图像的细节消失。因此如果执行积分运算的逆运算（即微分运算），就可以使图像清晰，因为微分运算是求信号的变化率，有加强高频分量的作用，可以使图像轮廓清晰。图像平滑是基于空域积分运算，而图像锐化是基于空域微分运算。

图像的轮廓出现在图像中灰度值有跳变的地方，如图 3-35a 所示。为了清晰地了解灰度跳变，绘制图 3-35a 某一水平线上的一维波形图及其一阶微分和二阶微分，理想情况下，其波形图及其微分如图 3-35b 所示；非理想情况下，如图 3-35c 所示。由图可知，在灰度无变化的地方，其一阶微分为 0(与当前像素点的灰度值无关)，图像的一阶微分反映了图像的变化率；进一步地，在图像灰度变化率无改变的地方，图像的二阶微分为 0，图像的二阶微分反映了灰度变化的起点和终点。

进一步，分析图 3-36 所示的一阶微分和二阶微分，可以得到一阶微分的特点：

① 灰度无变化的平坦段，一阶微分为 0；

② 灰度上坡和下坡处，一阶微分非 0；

③ 一阶微分极值点处为图像轮廓。

二阶微分的特点：

① 灰度无变化的平坦段，二阶微分为 0；

② 灰度变化率无改变的地方，二阶微分为 0；

③ 灰度上坡或下坡的起点和终点处，二阶微分非 0；

④ 在二阶微分中的前后符号有变化的过 0 点处为图像轮廓。

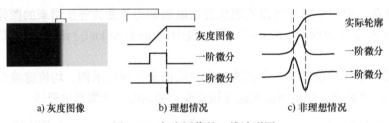

a) 灰度图像　　　　b) 理想情况　　　　c) 非理想情况

图 3-35　灰度图像的一维波形图

图像的轮廓发生在灰度值有跳变的地方，因此图像的轮廓出现在一阶微分的极值点处，或者在二阶微分的过 0 点处(过 0 点前后符号有变化)。因而若要突出图像的轮廓，可以获得图像的一阶微分或二阶微分，然后在原图像上进行强化，使图像轮廓变得更清晰。

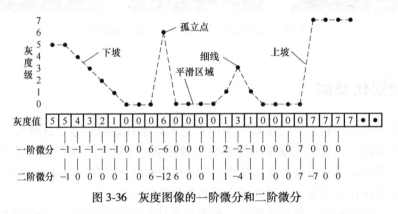

图 3-36　灰度图像的一阶微分和二阶微分

3.6.1　一阶微分算子

对于二维的灰度图像，将 x 方向和 y 方向的一阶微分组合起来所构成的矢量，称为图像的梯度。图像 f 在点 (x,y) 处的梯度是一个矢量，定义为

$$\nabla f = \left[\frac{\partial f}{\partial x}, \frac{\partial f}{\partial y}\right] \tag{3-23}$$

梯度的大小和方向分别为

$$\|\nabla f\| = \sqrt{\left(\frac{\partial f}{\partial x}\right)^2 + \left(\frac{\partial f}{\partial y}\right)^2} \tag{3-24}$$

$$\theta = \arctan\left(\frac{\partial f}{\partial y} \Big/ \frac{\partial f}{\partial x}\right) \tag{3-25}$$

梯度的方向是在图像 f 变化率最大的方向上，如图 3-37 所示。图 3-37a 水平(x)方向有梯度，而垂直(y)方向的梯度为 0；图 3-37b 水平(x)方向的梯度为 0，而存在垂直方向的梯度；而图 3-37c 水平(x)、垂直(y)方向的梯度都不为 0。

a) y 方向的梯度为 0   b) x 方向的梯度为 0   c) x、y 方向的梯度都不为 0

图 3-37 梯度的方向

在图像处理中，由于通常使用的是梯度的大小，习惯上把梯度的大小称为"梯度"。在计算图像的梯度时，需要计算图像在某个方向上的偏微分，对于离散图像，可以采用差分的方式来近似一阶微分，包括水平垂直差分和对角差分。

1. 水平垂直差分

通常用一阶差分来近似一阶微分，即

$$\begin{cases} \dfrac{\partial f}{\partial x} = f(x+1, y) - f(x, y) \\ \dfrac{\partial f}{\partial y} = f(x, y+1) - f(x, y) \end{cases} \tag{3-26}$$

这种近似计算一阶微分的方法称为水平垂直差分法，图 3-38 是水平垂直差分示意图及对应的滤波核。

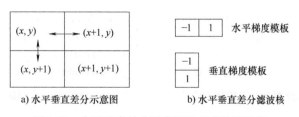

a) 水平垂直差分示意图   b) 水平垂直差分滤波核

图 3-38 水平垂直差分示意图及对应的滤波核

因此，梯度的大小可以这样计算：

$$\|\nabla f\| = \{[f(x, y) - f(x+1, y)]^2 + [f(x, y) - f(x, y+1)]^2\}^{1/2} \tag{3-27}$$

为简化梯度计算，经常使用以下的近似公式：

$$\|\nabla f\| \approx |f(x, y) - f(x+1, y)| + |f(x, y) - f(x, y+1)| \tag{3-28}$$

或者

$$\|\nabla f\| \approx \max(|f(x, y) - f(x+1, y)|, |f(x, y) - f(x, y+1)|) \tag{3-29}$$

图 3-39 是水平垂直梯度的效果图，使用式（3-26）分别产生水平梯度和垂直梯度图像，然后按照式（3-27）计算得到水平垂直梯度图像。为了显示清晰，对图像进行了灰度变换，产生类似浮雕的效果。

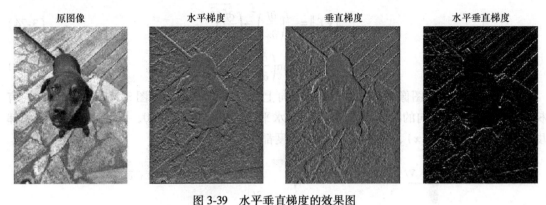

原图像　　　　　水平梯度　　　　　垂直梯度　　　　水平垂直梯度

图 3-39　水平垂直梯度的效果图

2. 对角差分

另一种近似计算一阶微分的方法是对角差分，其计算方法为

$$\begin{cases} \dfrac{\partial f}{\partial x}=f(x,y)-f(x+1,y+1) \\[2mm] \dfrac{\partial f}{\partial y}=f(x+1,y)-f(x,y+1) \end{cases} \tag{3-30}$$

对角差分示意图如图 3-40a 所示，对应的滤波核如图 3-40b 所示，对角差分对应的滤波核称为罗伯特（Roberts）梯度算子。

可以调用 OpenCV 工具包中的 filter2D( ) 函数做邻域运算来获得对角差分梯度图像，先用第一个滤波核计算得到-45°方向的梯度图像，然后再用第二个滤波核计算得到 45°方向的梯度图像，最后将这两个方向上的梯度图像进行绝对值相加，即得到 Roberts 梯度图像。

更多的常用一阶微分算子还有 Prewitt 算子和 Sobel 算子等，如图 3-41a 和图 3-41b 所示。

a) 对角差分示意图　　　b) 罗伯特梯度算子

图 3-40　对角差分示意图及对应的滤波核

a) Prewitt算子　　　b) Sobel算子

图 3-41　常用的一阶微分算子

为了锐化图像边缘的同时减少噪声的影响，Prewitt 算子将滤波核大小从 2×2 扩大到 3×3，而 Sobel 算子在 Prewitt 算子的基础上，对中心进行加权，使锐化的同时还有一定的平滑作用。

获得梯度图像后，可以根据需要生成不同的梯度增强图像。例如，常有以下 4 种梯度增强方法：

$$① \; g(x,y)=\begin{cases} \|\nabla f(x,y)\| & 若\|\nabla f(x,y)\|\geqslant T \\ f(x,y) & 其他 \end{cases} \tag{3-31}$$

② $g(x,y)=\begin{cases}L_a & 若\|\nabla f(x,y)\|\geqslant T\\ f(x,y) & 其他\end{cases}$　　　　　　(3-32)

③ $g(x,y)=\begin{cases}\|\nabla f(x,y)\| & 若\|\nabla f(x,y)\|\geqslant T\\ L_b & 其他\end{cases}$　　　　(3-33)

④ $g(x,y)=\begin{cases}L_a & 若\|\nabla f(x,y)\|\geqslant T\\ L_b & 其他\end{cases}$　　　　　　(3-34)

式中，T 是非负阈值，L_a 和 L_b 是设置的灰度值。以上算法是判断各像素点的梯度值是否大于阈值，若大于阈值，则此像素点被判断为图像轮廓上的像素点，输出灰度值等于梯度或指定灰度值；若小于阈值，则此像素点被判断为不在图像轮廓上，输出灰度值等于原灰度值或指定灰度值，由此来强化图像上的轮廓。

3.6.2　二阶微分算子

拉普拉斯（Laplacian）算子是经典的二阶微分算子，图像处理中的二阶梯度定义为

$$\nabla^2 f=\frac{\partial^2 f}{\partial x^2}+\frac{\partial^2 f}{\partial y^2}\tag{3-35}$$

式中：

$$\begin{cases}\dfrac{\partial^2 f(x,y)}{\partial x^2}=\dfrac{\partial f(x+1,y)}{\partial x}-\dfrac{\partial f(x,y)}{\partial x}\\ \qquad=[f(x+1,y)-f(x,y)]-[f(x,y)-f(x-1,y)]\\ \qquad=f(x+1,y)+f(x-1,y)-2f(x,y)\\ \dfrac{\partial^2 f(x,y)}{\partial y^2}=f(x,y+1)+f(x,y-1)-2f(x,y)\end{cases}\tag{3-36}$$

因此，有

$$\nabla^2 f(x,y)=\nabla_x^2 f(x,y)+\nabla_y^2 f(x,y)\tag{3-37}$$
$$=f(x+1,y)+f(x-1,y)+f(x,y+1)+f(x,y-1)-4f(x,y)$$

式(3-37)对应的滤波核即拉普拉斯锐化算子，如图 3-42a 所示。

将拉普拉斯算子应用到图像中，可以突出图像边缘和其他不连续的细节。拉普拉斯算子常用来改善因为光线的漫反射造成的图像模糊，所采用的方法是用原图像减去拉普拉斯滤波图像，表达式为

$$\begin{bmatrix}0&1&0\\1&-4&1\\0&1&0\end{bmatrix}\qquad\begin{bmatrix}0&-1&0\\-1&5&-1\\0&-1&0\end{bmatrix}$$

a) 拉普拉斯锐化算子　　b) 拉普拉斯增强算子

图 3-42　二阶微分算子

$$g(x,y)=f(x,y)-\nabla^2 f(x,y)\tag{3-38}$$

将式(3-37)代入式(3-38)，得到

$$g(x,y)=5f(x,y)-f(x+1,y)-f(x-1,y)-f(x,y+1)-f(x,y-1)\tag{3-39}$$

式(3-39)对应的滤波核即拉普拉斯增强算子，如图 3-42b 所示。

图 3-43 是拉普拉斯锐化和拉普拉斯锐化增强效果比较，它们分别使用式(3-37)和式(3-39)的滤波核对原图像进行滤波操作得到，拉普拉斯锐化突出了图像边缘，而拉普拉斯锐化增强使原图像的边缘和微小的细节更加清晰。

原图像   拉普拉斯滤波图像   拉普拉斯锐化增强图像

图 3-43　拉普拉斯锐化及拉普拉斯增强效果比较

3.6.3　梯度的各向同性

各向同性也就是旋转不变性。若某个图像的操作，旋转图像后再执行操作与执行操作后再旋转图像可以得到相同的结果，那么这个操作就具有各向同性。按式(3-27)计算得到的梯度是各向同性的，可以从图 3-44 直观地理解式(3-27)中梯度的各向同性，显然，图像旋转角度 θ 前后的梯度大小是相等的，如式(3-40)所示。

$$\left(\frac{\partial f}{\partial x}\right)^2 + \left(\frac{\partial f}{\partial y}\right)^2 = \left(\frac{\partial f}{\partial x'}\right)^2 + \left(\frac{\partial f}{\partial y'}\right)^2 \tag{3-40}$$

使用各方向的梯度二次方和来计算梯度大小的方法，具有各向同性的性质，但是一些简化梯度计算方法所得到的梯度其各向同性的性质较差。

图像的特征(如边缘的走向等)方向各不相同，因此，图像的旋转会影响图像的处理。为了不受旋转等因素影响，通常需要提取图像中具有旋转不变等性质的本质特征，因此需要使用各向同性的线性微分算子。为了提高拉普拉斯算子的各向同性的性质，一种拉普拉斯改进算子如图 3-45 所示。

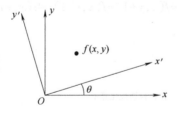

$$\begin{bmatrix} 1 & 1 & 1 \\ 1 & -8 & 1 \\ 1 & 1 & 1 \end{bmatrix}$$

图 3-44　梯度的各向同性   图 3-45　各向同性的拉普拉斯算子

锐化算子通常由 2 个、4 个或更多方向的滤波核组成。图 3-46 是一种 4 方向的锐化算子，图 3-46a 检测的是垂直方向的梯度，图 3-46b 检测的是水平方向的梯度，图 3-46c 检测的是-45°方向的梯度，图 3-46d 检测的是 45°方向的梯度。在各向同性方面，这种 4 方向的锐化算子比 2 方向锐化算子的性能要好。

$$\begin{bmatrix} -1 & -c & -1 \\ 0 & 0 & 0 \\ 1 & c & 1 \end{bmatrix} \quad \begin{bmatrix} -1 & 0 & 1 \\ -c & 0 & c \\ -1 & 0 & 1 \end{bmatrix} \quad \begin{bmatrix} -c & -1 & 0 \\ -1 & 0 & 1 \\ 0 & 1 & c \end{bmatrix} \quad \begin{bmatrix} 0 & -1 & -c \\ 1 & 0 & -1 \\ c & 1 & 0 \end{bmatrix}$$

a)   b)   c)   d)

图 3-46　一种 4 方向锐化算子

3.7 空域滤波与卷积运算

3.7.1 空域低通滤波与高通滤波

由于图像的平缓部分占据图像的低频成分，所以图像平滑属于低通滤波，也就是增强图像频谱中的低频部分。一些常用的空域低通滤波核如图 3-47 所示。在各滤波核中，中心像素点或邻域的权重不同，所产生滤波效果的侧重点也就不同，在实际应用中应根据问题的需要选取合适的滤波核。需要注意的是，空域低通滤波核的权系数之和必须为 1，这样可以保证输出图像灰度值在许可范围内不会出现"溢出"现象。

$$\frac{1}{9}\begin{bmatrix} 1 & 1 & 1 \\ 1 & 1 & 1 \\ 1 & 1 & 1 \end{bmatrix}, \quad \frac{1}{10}\begin{bmatrix} 1 & 1 & 1 \\ 1 & 2 & 1 \\ 1 & 1 & 1 \end{bmatrix}, \quad \frac{1}{16}\begin{bmatrix} 1 & 2 & 1 \\ 2 & 4 & 2 \\ 1 & 2 & 1 \end{bmatrix}, \quad \frac{1}{8}\begin{bmatrix} 1 & 1 & 1 \\ 1 & 0 & 1 \\ 1 & 1 & 1 \end{bmatrix}, \quad \frac{1}{2}\begin{bmatrix} 0 & \frac{1}{4} & 0 \\ \frac{1}{4} & 1 & \frac{1}{4} \\ 0 & \frac{1}{4} & 0 \end{bmatrix}$$

图 3-47 一些常用的空域低通滤波核

由于图像的边缘占据图像的高频成分，所以图像锐化属于高通滤波，也就是增强图像频谱中的高频部分，这相当于从原图像 $f(x,y)$ 中减去它的低频分量 $\bar{f}(x,y)$，其数学表达式为

$$g(x,y)=f(x,y)-\bar{f}(x,y) \tag{3-41}$$

用原图像滤波核减去低通滤波核可以得到高通滤波核，图 3-48 是一个示例。

通常锐化算子的权系数之和为 0，使得算子在灰度恒定区域的响应为 0，即锐化后的图像在原图像比较平坦的区域几乎都变为黑色，而在图像边缘，灰度跳变点的细节被突出显示。一般图像锐化是希望增强图像的边缘和细节，而将非平滑区域的灰度信息丢失。因此，用原图像加上轮廓图像可得到比较理想的边缘增强效果。图 3-49 所示的滤波核都具有锐化效果。

$$\begin{bmatrix} 0 & 0 & 0 \\ 0 & 1 & 0 \\ 0 & 0 & 0 \end{bmatrix} - \frac{1}{8}\begin{bmatrix} 1 & 1 & 1 \\ 1 & 0 & 1 \\ 1 & 1 & 1 \end{bmatrix} = \frac{1}{8}\begin{bmatrix} -1 & -1 & -1 \\ -1 & 8 & -1 \\ -1 & -1 & -1 \end{bmatrix}$$

原图像　　平滑算子　　锐化算子

图 3-48 一个高通滤波核

$$\begin{bmatrix} -1 & -1 & -1 \\ -1 & 9 & -1 \\ -1 & -1 & -1 \end{bmatrix} \quad \begin{bmatrix} 1 & -2 & 1 \\ -2 & 5 & -2 \\ 1 & -2 & 1 \end{bmatrix} \quad \begin{bmatrix} -2 & 1 & -2 \\ 1 & 6 & 1 \\ -2 & 1 & -2 \end{bmatrix}$$

图 3-49 具有锐化效果的滤波核

3.7.2 图像滤波边界处理

图像进行邻域运算过程中，当滤波核滑动到图像边界时，可能会因缺少邻域像素，而使邻域运算无法顺利进行。例如，当 3×3 滤波核滑动到图像边界处时，会有 1 个单元超出图像边缘，如图 3-50 所示；当滤波核大小是 5×5 时，滤波核滑动到图像边界处，会有 2 个单元超出图像边缘。

图像滤波边界问题的解决方法是在滤波操作开始之前，先增加边缘像素。若原图像大小为 $A×B$，滤波核大小为 $C×D$，则图像至少要扩展为 $(A+C-1)×(B+D-1)$，才能确保图像的边

缘能进行邻域运算。比如 3×3 滤波时，在图像四周至少各填充 1 个像素的边缘，才能让邻域运算顺利进行。在卷积处理之后再去掉这些边缘，还原图像原来的大小。通常有以下几种增加边缘像素的方法：

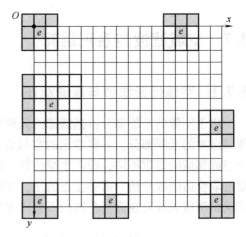

图 3-50　滤波核超出图像边缘

1）常量法（BORDER_CONSTANT）：以一个常量像素值（由参数 value 给定）填充扩充的边界值。若原图像为 abcdefg，则扩展后的图像为 [value][value]|abcdefg|[value][value]。

2）复制法（BORDER_REPLICATE）：复制最边缘的像素。若原图像为 abcdefg，则扩展后的图像为 aaaaaa|abcdefg|gggg。

3）反射法（BORDER_REFLECT）：以最边缘的像素为对称轴进行复制。若原图像为 abcdefg，则扩展后的图像为 gfedcba|abcdefg|gfedcba。

4）外包装法（BORDER_WRAP）：以图像的左边界与右边界相连，上下边界相连。若原图像为 mmabcdf，则扩展后的图像为 abcdf|mmabcdf|mmabcd。

OpenCV 工具包中的 filter2D() 函数进行空域滤波时，可以通过 borderType 参数来选择边界处理方法。OpenCV 工具包中的 copyMakeBorder() 函数可以实现对图像的边界进行扩展，并可展示图像边界扩展效果。copyMakeBorder() 函数原型为：

cv2. copyMakeBorder(src, top, bottom, left, right, borderType, value)

函数功能：实现对图像的边界进行扩展。

参数说明：

① src：需要填充的图像；

② top：图像上面填充边界的长度；

③ bottom：图像下面填充边界的长度；

④ left：图像左面填充边界的长度；

⑤ right：图像右面填充边界的长度；

⑥ borderType：填充边界的类型。

图 3-51 是使用 copyMakeBorder() 函数对图像进行不同方式的边界扩展后的图像，扩展方式包括常量法（BORDER_CONSTANT）、复制法（BORDER_REPLICATE）、反射法（BORDER_REFLECT）、外包装法（BORDER_WRAP）。图 3-51 中的反射法有两种：常规的反射法规则是 gfedcba|abcdefg|gfedcba，而 BORDER_REFLECT_101 反射法的规则是 gfedcb|abcdefg|fedcba，注意它们的细微区别。

原图像　　BORDER_CONSTANT　BORDER_REPLICATE　BORDER_REFLECT　BORDER_REFLECT_101　BORDER_WRAP

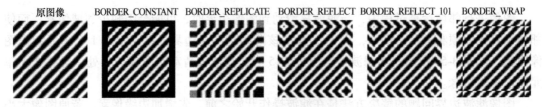

图 3-51　几种边界扩展效果

3.7.3 相关运算与卷积运算

到目前为止，所说的邻域运算（滤波操作）实际上是互相关（Cross-correlation）运算，而不是人们通常所说的卷积（Convolution）运算。互相关运算是图像矩阵和滤波核的按位点乘，而卷积需要把滤波核顺时针旋转 $180°$ 后再做点乘。相关运算对应的滤波核称为相关核，而卷积运算对应的滤波核称为卷积核。

R_4	R_3	R_2		w_4	w_3	w_2
R_5	R_0	R_1	$\times$	w_5	w_0	w_1
R_6	R_7	R_8		w_6	w_7	w_8

图 3-52　图像矩阵和滤波核

相关运算与卷积运算基本相似，若图像矩阵 f 和滤波核 h 如图 3-52 所示，则相关运算后的 R_0 值为

$$R_{0\text{processed}} = R_4w_4 + R_3w_3 + R_2w_2 + R_5w_5 + R_0w_0 + \tag{3-42}$$
$$R_1w_1 + R_6w_6 + R_7w_7 + R_8w_8$$

卷积运算后的 R_0 值为

$$R_{0\text{processed}} = R_4w_8 + R_3w_7 + R_2w_6 + R_5w_1 + R_0w_0 + \tag{3-43}$$
$$R_1w_5 + R_6w_2 + R_7w_3 + R_8w_4$$

相关运算与卷积运算的数学表达式分别为

$$g(x,y) = \sum_{s=-a}^{a} \sum_{t=-b}^{b} w(s,t)f(x+s, y+t) \tag{3-44}$$

$$g(x,y) = \sum_{s=-a}^{a} \sum_{t=-b}^{b} w(s,t)f(x-s, y-t) \tag{3-45}$$

注意式中的符号区别，下面通过例题来进一步了解相关运算与卷积运算的区别。

【例 3-8】 用滤波核 $w(x,y)$ 对图像矩阵 $f(x,y)$ 做相关运算和卷积运算，比较它们的区别。

用滤波核 $w(x,y)$ 对图像矩阵 $f(x,y)$ 做相关运算和卷积运算，结果如图 3-53 所示。图 3-53a 给出了原图像矩阵 $f(x,y)$；图 3-53b 是滤波核 $w(x,y)$；图 3-53c 是扩展后的图像矩阵，采用的是常量扩展法，在图像周围补 0；图 3-53d、图 3-53e、图 3-53f 是相关运算；而图 3-53g、图 3-53h、图 3-53i 是卷积运算。

做相关运算时，滤波核没有翻转，采用原始的滤波核与图像做点乘，如图 3-53d 所示；相关运算的完整结果如图 3-53e 所示；运算结束后，要对图像做裁切，恢复原图像大小，如图 3-53f 所示。卷积运算时，滤波核需要先翻转，然后再与图像做点乘，如图 3-53g 所示；卷积运算的完整结果如图 3-53h 所示；运算结束后，要对图像做裁切，恢复原图像大小，如图 3-53i 所示。

互相关和卷积的区别仅在于卷积核是否进行翻转，因此互相关也可以称为不翻转卷积。当滤波核对称时，卷积和互相关是等价的。为了实现上（或描述上）的方便，很多应用中用互相关来代替卷积，事实上，很多深度学习工具中卷积操作都是相关操作。

深度学习中的卷积神经网络（Convolutional Neural Network，CNN）特别适合用来处理图像数据，这得益于 CNN 的平移、旋转、尺度缩放、形变等不变性特征。不变性意味着即使目标的外观发生了某种变化，系统依然可以将它识别出来。这对图像分类来说是一种很好的特性，因为人们希望图像中目标无论是被平移、被旋转，还是被缩放，甚至是不同的光照条件、不同的视角，都可以被成功地识别出来。通常不变性特征包括：

① 平移不变性（Translation Invariance）；

② 旋转/视角不变性(Ratation/Viewpoint Invariance)；

③ 尺度不变性(Size Invariance)；

④ 光照不变性(Illumination Invariance)。

由于卷积核的全局共享权值和池化操作，使得 CNN 天然具有平移不变性；CNN 本身并不具备尺度不变性，但可以通过采样获得不同尺寸(分辨率)的图像，或者采用不同尺度的滤波核，使 CNN 具有尺度不变性；同样，CNN 也能通过人为地对样本做镜像、旋转、缩放等操作，让 CNN 自己去学习旋转不变性等。

$f(x,y)$

$$\begin{matrix}0&0&0&0&0\\0&0&0&0&0\\0&0&1&0&0\\0&0&0&0&0\\0&0&0&0&0\end{matrix}$$

a) 原图像矩阵

$w(x,y)$

$$\begin{matrix}1&2&3\\4&5&6\\7&8&9\end{matrix}$$

b) 滤波核

$$\begin{matrix}0&0&0&0&0&0&0&0&0\\0&0&0&0&0&0&0&0&0\\0&0&0&0&0&0&0&0&0\\0&0&0&0&0&0&0&0&0\\0&0&0&0&1&0&0&0&0\\0&0&0&0&0&0&0&0&0\\0&0&0&0&0&0&0&0&0\\0&0&0&0&0&0&0&0&0\\0&0&0&0&0&0&0&0&0\end{matrix}$$

c) 扩展后的图像矩阵

w未翻转

$$\begin{matrix}1&2&3&0&0&0&0&0&0\\4&5&6&0&0&0&0&0&0\\7&8&9&0&0&0&0&0&0\\0&0&0&0&0&0&0&0&0\\0&0&0&0&1&0&0&0&0\\0&0&0&0&0&0&0&0&0\\0&0&0&0&0&0&0&0&0\\0&0&0&0&0&0&0&0&0\\0&0&0&0&0&0&0&0&0\end{matrix}$$

d) 滤波核没有翻转

$$\begin{matrix}0&0&0&0&0&0&0&0&0\\0&0&0&0&0&0&0&0&0\\0&0&0&0&0&0&0&0&0\\0&0&0&9&8&7&0&0&0\\0&0&0&6&5&4&0&0&0\\0&0&0&3&2&1&0&0&0\\0&0&0&0&0&0&0&0&0\\0&0&0&0&0&0&0&0&0\\0&0&0&0&0&0&0&0&0\end{matrix}$$

e) 完整的相关运算结果

$$\begin{matrix}0&0&0&0&0\\0&9&8&7&0\\0&6&5&4&0\\0&3&2&1&0\\0&0&0&0&0\end{matrix}$$

f) 裁切后的相关运算结果

翻转了w

$$\begin{matrix}9&8&7&0&0&0&0&0&0\\6&5&4&0&0&0&0&0&0\\3&2&1&0&0&0&0&0&0\\0&0&0&0&0&0&0&0&0\\0&0&0&0&1&0&0&0&0\\0&0&0&0&0&0&0&0&0\\0&0&0&0&0&0&0&0&0\\0&0&0&0&0&0&0&0&0\\0&0&0&0&0&0&0&0&0\end{matrix}$$

g) 翻转的滤波核

$$\begin{matrix}0&0&0&0&0&0&0&0&0\\0&0&0&0&0&0&0&0&0\\0&0&0&0&0&0&0&0&0\\0&0&0&1&2&3&0&0&0\\0&0&0&4&5&6&0&0&0\\0&0&0&7&8&9&0&0&0\\0&0&0&0&0&0&0&0&0\\0&0&0&0&0&0&0&0&0\\0&0&0&0&0&0&0&0&0\end{matrix}$$

h) 完整的卷积运算结果

$$\begin{matrix}0&0&0&0&0\\0&1&2&3&0\\0&4&5&6&0\\0&7&8&9&0\\0&0&0&0&0\end{matrix}$$

i) 裁切后的卷积运算结果

图 3-53 相关运算与卷积运算

练 习

3-1 图像增强的目的是什么？它与图像复原有何区别？

3-2 试给出把灰度范围(0，10)拉伸为(0，15)，(10，20)拉伸为(15，25)，(20，30)压缩为(25，30)的线性变换方程。

3-3 图 3-54 是 Photoshop 软件通过曲线调整图像灰度值的窗口，请问当曲线调整为如图形状时，图像的灰度值如何变化？

3-4 试编写一个全局线性变换的 Python 子函数，灰度变换公式为 $s=\left(\frac{d-c}{b-a}\right)(r-a)+c$，子函数的输入参数有图像 src、目标灰度范围[$c$，$d$]，输出参数为变换后图像 dst。

3-5 请分析直方图的特点，通过图 3-55 所示的直方图，可以了解到图像的什么信息？

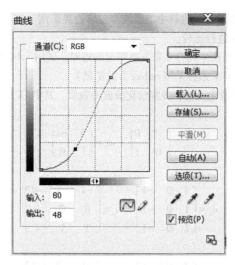

图 3-54 Photoshop 调整曲线窗口

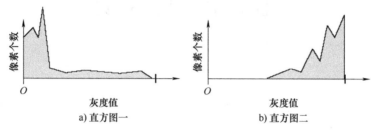

图 3-55 直方图示例

3-6 设有一幅 64×64 的离散图像，其灰度级共分成 8 级，各灰度级像素点的个数 n_k 和分布情况如表 3-6 所示。试绘制该图像的直方图，分析直方图均衡化的过程，并画出均衡化后的直方图。

表 3-6 图像的灰度分布

k	0	1	2	3	4	5	6	7
r_k	0	1/7	2/7	3/7	4/7	5/7	6/7	1
n_k	560	920	1046	705	356	267	170	72

3-7 试编写一个对数变换的 Python 子函数，变换公式为 $s = a + c \times \lg(r+1)$，子函数的输入参数有：图像 src、常量 a 和 c，输出参数为变换后图像 dst。

3-8 设有图 3-56a 所示的待处理灰度图像，请使用 3×3 滤波核对其进行均值滤波，边界采用补 0 方式扩展，写出滤波过程和滤波结果。

1	1	1	1	3
1	1	1	3	7
1	1	3	7	7
1	3	7	1	7
3	7	7	7	7

a)

1	1	1	1	3
1	1	1	3	5
1	1	3	5	5
1	3	5	5	5
3	5	5	5	5

b)

图 3-56 待处理灰度图像

3-9　请使用 3×3 滤波核对图 3-56a 进行中值滤波，要求边界采用 replicate 方式扩展，写出滤波过程和滤波结果，并与均值滤波的结果进行比较。

3-10　图 3-56b 所示的灰度图像中间存在着一条明显的边界，试用 Sobel 算子对该图像进行空域锐化滤波，并分析得到的结果图像。（要求边界采用 reflect 方式扩展）

3-11　编程实现一些常用的锐化滤波，观察锐化滤波的效果，其中 $\|\nabla f(x,y)\| \approx |d_x| + |d_y|$。

Roberts 算子：

$$d_x = \begin{bmatrix} -1 & 0 \\ 0 & 1 \end{bmatrix} \quad d_y = \begin{bmatrix} 0 & -1 \\ 1 & 0 \end{bmatrix}$$

Prewitt 算子：

$$d_x = \begin{bmatrix} 1 & 0 & -1 \\ 1 & 0 & -1 \\ 1 & 0 & -1 \end{bmatrix} \quad d_y = \begin{bmatrix} -1 & -1 & -1 \\ 0 & 0 & 0 \\ 1 & 1 & 1 \end{bmatrix}$$

Sobel 算子：

$$d_x = \begin{bmatrix} 1 & 0 & -1 \\ 2 & 0 & -2 \\ 1 & 0 & -1 \end{bmatrix} \quad d_y = \begin{bmatrix} -1 & -2 & -1 \\ 0 & 0 & 0 \\ 1 & 2 & 1 \end{bmatrix}$$

第 **4** 章

频域图像增强

图像增强包括空域图像增强和频域图像增强两大类。空域图像的信息是按照空间位置组织的，因此，空域图像增强适合执行一些与空间位置有关的操作，如邻域运算等。然而，图像中的特定频率信息（如低频信息、高频信息或带频信息）就很难直接在空域进行处理了，而适合使用频域图像处理。

本章介绍的频域图像增强是将原定义在图像空间（称为空间域）的图像以某种形式转换到变换域（通常为频率域），并利用这些特定域（频率域）的特有性质进行一定的加工处理，最后再转换回图像空间（空间域）以得到所需要的效果，具体步骤如图 4-1 所示。频域图像的信息按照频率重新组织，因此非常适合对特定频率信息进行操作，例如，可以对图像进行低通滤波、高通滤波、带通滤波等。低通滤波，顾名思义是只让低频信号通过，可去掉图像中的高频噪声，其功能相当于空域平滑；高通滤波截除了部分低频信号，可增强图像边缘等高频信号，使模糊的图像变得清晰，其功能相当于空域锐化。图像变换技术在图像增强、图像复原、数据压缩以及特征抽取等方面都有着十分重要的作用。本章先介绍比较经典的傅里叶变换、离散余弦变换等图像变换技术，然后再介绍在变换域对图像进行增强的技术，包括频域图像平滑与频域图像锐化等。

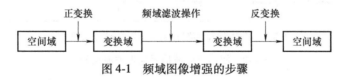

图 4-1　频域图像增强的步骤

4.1　傅里叶变换原理

傅里叶（Jean Baptiste Joseph Fourier，1768—1830）是一位法国数学家和物理学家，他于 1807 年在法国科学学会上提出：任何连续周期信号可以由一组适当的正弦和/或余弦曲线组合而成，即任何连续测量的时序或信号，都可以表示为不同频率的正弦和/或余弦波信号的无限叠加（见式(4-1)）。

$$f(x) = a_0 + a_1\cos(x) + b_1\sin(x) + a_2\cos(2x) + b_2\sin(2x) + \cdots + a_n\cos(nx) + b_n\sin(nx) + \cdots \quad (4\text{-}1)$$

【例 4-1】 使用不同频率和幅值的正弦波信号逼近方波信号。

如图 4-2 所示为使用不同频率和幅值的正弦波信号逼近方波信号。图 4-2a ～图 4-2d 分别用 2 个、3 个、4 个、n 个不同频率和幅值的正弦波信号来表示方波信号，由图可知，随着表示方波的正弦波信号的增加，生成的信号越逼近方波，当 n 趋向无穷时，可以得到标准的方波信号。

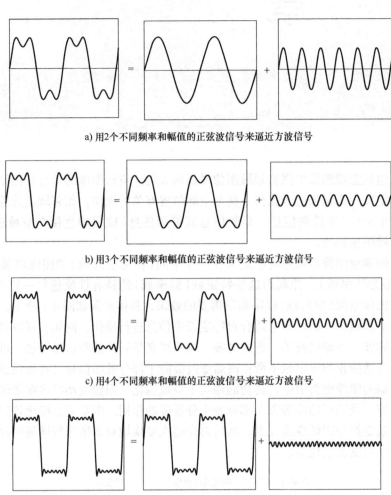

a) 用2个不同频率和幅值的正弦波信号来逼近方波信号

b) 用3个不同频率和幅值的正弦波信号来逼近方波信号

c) 用4个不同频率和幅值的正弦波信号来逼近方波信号

d) 用 n 个不同频率和幅值的正弦波信号来逼近方波信号

图 4-2 使用正弦波信号逼近方波信号

图 4-2a 中表示方波的两个正弦波的频率和幅值不同，其数学表达式为

$$g(t) = \sin(2\pi ft) + (1/3)\sin(2\pi(3f)t) \tag{4-2}$$

式中，两个正弦波的频率分别为 f 和 $3f$，通过两个正弦波的叠加，可以近似得到方波。进一步，通过无穷多个正弦波信号可以无穷逼近方波信号，其数学表达式为

$$g(t) = A\sum_{k=1}^{\infty}\sin(2\pi kft) \tag{4-3}$$

式中，A 是幅值。如果以正弦波信号为基信号，那么可以根据基信号的频率、幅值来表示周期信号。也就是说，以正弦波信号为基信号，可以得到方波的频域表示。因此，图 4-2a 所示的时域周期信号可以表示成图 4-3a 所示的频域形式，其横轴是正弦波的频率，纵轴是正弦波的幅值；同样，图 4-2d 所示的时域周期信号也可以表示成图 4-3b 所示的频域形式。

由此可见，一个由时间、振幅描述的时域周期信号可以转变为由频率、振幅来描述的频域信号，这样就将一个时域信号转换成频域形式。傅里叶正变换可以将一个时域信号转变为

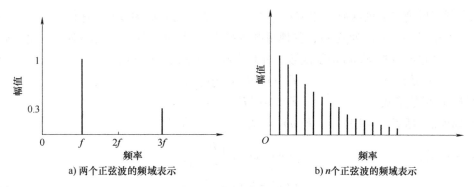

a) 两个正弦波的频域表示　　　　b) n个正弦波的频域表示

图 4-3　信号的频域表示

对应的频域信号，而傅里叶反变换将频域信号还原为空域(时域)信号，如图 4-4 所示。

图 4-4　傅里叶变换是一种空域(时域)与频域的转换关系

4.2　离散傅里叶变换

在不同的研究领域，傅里叶变换具有多种不同的变体形式，如连续傅里叶变换和离散傅里叶变换。在数字信号处理中所处理的信号是一维随时间变化的时域信号，其自变量为 t；而在数字图像处理中的信号是二维随空间坐标变化的灰度值，因而属于空域信号，其自变量为 (x,y)。在图像处理领域，数字图像被表示成数字矩阵，因此图像处理通常使用的是二维离散傅里叶变换(Discrete Fourier Tranform，DFT)，信号在空间域和频率域上都呈离散形式。此外需要注意的是，虽然离散傅里叶变换前后(空域和频域)的序列是有限长的，而实际上这两组序列都被周期延拓，因而是离散周期的。

4.2.1　一维离散傅里叶变换

傅里叶变换可以把信号(或函数)分解成不同幅度的具有不同频率的复正弦信号(或函数)。如果 $f(n)$ 是长度为 N 的一维离散数字序列，则其离散傅里叶变换及离散傅里叶反变换(Inverse Discrete Fourier Tranform，IDFT)定义为

$$F(u) = \sum_{n=0}^{N-1} f(n)\,\mathrm{e}^{-\mathrm{j}\frac{2\pi un}{N}}, \quad u = 0,1,\cdots,N-1 \tag{4-4}$$

$$f(n) = \frac{1}{N}\sum_{u=0}^{N-1} F(u)\,\mathrm{e}^{\mathrm{j}\frac{2\pi un}{N}}, \quad n = 0,1,\cdots,N-1 \tag{4-5}$$

正变换和反变换前系数的乘积应等于 $1/N$，所以一维离散傅里叶变换对也可表示为

$$F(u) = \frac{1}{\sqrt{N}}\sum_{n=0}^{N-1} f(n)\,\mathrm{e}^{-\mathrm{j}\frac{2\pi un}{N}}, \quad u = 0,1,\cdots,N-1 \tag{4-6}$$

$$f(n) = \frac{1}{\sqrt{N}}\sum_{u=0}^{N-1} F(u)\,\mathrm{e}^{\mathrm{j}\frac{2\pi un}{N}}, \quad n = 0,1,\cdots,N-1 \tag{4-7}$$

离散傅里叶变换对的区别在于幂符号不同。离散序列 $f(n)$ 和 $F(u)$ 称作一个离散傅里叶变换对，对于任一离散序列 $f(n)$，其傅里叶变换 $F(u)$ 是唯一的，反之亦然。在此 $f(n)$ 是实函数，它的傅里叶变换 $F(u)$ 是复函数，并且存在以下几个表达式：

① $F(u)$ 复数形式： $\qquad\qquad F(u) = R(u) + jI(u)$ $\qquad\qquad$ (4-8)

② $F(u)$ 指数形式： $\qquad\qquad F(u) = |F(u)| e^{j\varphi(u)}$ $\qquad\qquad$ (4-9)

③ 幅值谱（傅里叶频谱）： $\quad |F(u)| = (R^2(u) + I^2(u))^{1/2}$ $\qquad\qquad$ (4-10)

④ 相位谱： $\qquad\qquad\qquad \varphi(u) = \arctan\left(\dfrac{I(u)}{R(u)}\right)$ $\qquad\qquad$ (4-11)

⑤ 能量谱： $\qquad\qquad\qquad E(u) = R^2(u) + I^2(u)$ $\qquad\qquad$ (4-12)

4.2.2 离散傅里叶变换的矩阵向量表示形式

为了简化傅里叶变换公式，令 $W_N = e^{-\frac{2\pi}{jN}}$，$W_N^{-1} = e^{\frac{2\pi}{jN}}$，则一维离散傅里叶变换对可简化表示为

$$F(u) = \sum_{n=0}^{N-1} f(n) W_N^{un}, \quad u = 0, 1, \cdots, N-1 \qquad (4\text{-}13)$$

$$f(n) = \frac{1}{N} \sum_{u=0}^{N-1} F(u) W_N^{-un}, \quad n = 0, 1, \cdots, N-1 \qquad (4\text{-}14)$$

为得到傅里叶变换的矩阵向量形式，将式(4-13)展开，可得到

$$\begin{cases} F(0) = \displaystyle\sum_{n=0}^{N-1} f(n) W_N^{0 \times n} = f(0) W_N^{0 \times 0} + f(1) W_N^{0 \times 1} + \cdots + f(N-1) W_N^{0 \times (N-1)} \\[2mm] F(1) = \displaystyle\sum_{n=0}^{N-1} f(n) W_N^{1 \times n} = f(0) W_N^{1 \times 0} + f(1) W_N^{1 \times 1} + \cdots + f(N-1) W_N^{1 \times (N-1)} \\[2mm] \vdots \\[2mm] F(N-1) = \displaystyle\sum_{n=0}^{N-1} f(n) W_N^{(N-1) \times n} = f(0) W_N^{(N-1) \times 0} + f(1) W_N^{(N-1) \times 1} + \cdots + f(N-1) W_N^{(N-1) \times (N-1)} \end{cases}$$

$$(4\text{-}15)$$

若令 $\boldsymbol{f} = [f(0), f(1), \cdots, f(N-1)]^{\mathrm{T}}$，$\boldsymbol{F} = [F(0), F(1), \cdots, F(N-1)]^{\mathrm{T}}$，且

$$\boldsymbol{A} = \begin{bmatrix} (W_N^0)^0 & (W_N^0)^1 & (W_N^0)^2 & \cdots & (W_N^0)^{N-1} \\ (W_N^1)^0 & (W_N^1)^1 & (W_N^1)^2 & \cdots & (W_N^1)^{N-1} \\ (W_N^2)^0 & (W_N^2)^1 & (W_N^2)^2 & \cdots & (W_N^2)^{N-1} \\ \vdots & \vdots & \vdots & & \vdots \\ (W_N^{N-1})^0 & (W_N^{N-1})^1 & (W_N^{N-1})^2 & \cdots & (W_N^{N-1})^{N-1} \end{bmatrix} \qquad (4\text{-}16)$$

则一维离散傅里叶变换可写成以下矩阵向量形式：

$$\boldsymbol{F} = \boldsymbol{A} \boldsymbol{f} \qquad (4\text{-}17)$$

式中，$\boldsymbol{A}$ 矩阵是 N 维傅里叶变换核。傅里叶反变换可写成以下矩阵向量形式：

$$\boldsymbol{f} = \boldsymbol{A}^{-1} \boldsymbol{F} \qquad (4\text{-}18)$$

式中：

$$A^{-1} = \frac{1}{N}(A^*)^T = \frac{1}{N}\left(\begin{bmatrix} (W_N^0)^0 & (W_N^0)^1 & (W_N^0)^2 & \cdots & (W_N^0)^{N-1} \\ (W_N^1)^0 & (W_N^1)^1 & (W_N^1)^2 & \cdots & (W_N^1)^{N-1} \\ (W_N^2)^0 & (W_N^2)^1 & (W_N^2)^2 & \cdots & (W_N^2)^{N-1} \\ \vdots & \vdots & \vdots & & \vdots \\ (W_N^{N-1})^0 & (W_N^{N-1})^1 & (W_N^{N-1})^2 & \cdots & (W_N^{N-1})^{N-1} \end{bmatrix}^*\right)^T \tag{4-19}$$

式中，$*$ 为共轭运算。离散傅里叶变换的计算常用快速傅里叶变换的蝶形算法实现，而傅里叶变换的矩阵向量形式常用于一些数学推导。

【例 4-2】　已知一维离散序列 $f(n)=[1,1,0,0]$，利用傅里叶变换的矩阵向量形式求其一维离散傅里叶变换 $F(u)$。

解：$f(n)=[1,1,0,0]$ 序列长度为 4，按照一维离散傅里叶变换的矩阵向量形式：$F=Af$，先求 $N=4$ 的傅里叶变换核，得到

$$A = \begin{bmatrix} W_N^0 & W_N^0 & W_N^0 & W_N^0 \\ W_N^0 & W_N^1 & W_N^2 & W_N^3 \\ W_N^0 & W_N^2 & W_N^4 & W_N^6 \\ W_N^0 & W_N^3 & W_N^6 & W_N^9 \end{bmatrix} = \begin{bmatrix} 1 & 1 & 1 & 1 \\ 1 & -j & -1 & j \\ 1 & -1 & 1 & -1 \\ 1 & j & -1 & -j \end{bmatrix} \tag{4-20}$$

按矩阵向量变换公式，得到

$$F = Af = \begin{bmatrix} 1 & 1 & 1 & 1 \\ 1 & -j & -1 & j \\ 1 & -1 & 1 & -1 \\ 1 & j & -1 & -j \end{bmatrix} \times \begin{bmatrix} 1 \\ 1 \\ 0 \\ 0 \end{bmatrix} = \begin{bmatrix} 2 \\ 1-j \\ 0 \\ 1+j \end{bmatrix} \tag{4-21}$$

4.2.3　一维离散卷积

卷积运算有两种：线性卷积和循环卷积。若有限长序列 $f(n)$ 和 $h(n)$ 的长度分别为 N_1 和 N_2，则线性卷积结果的长度应为 $N=N_1+N_2-1$，它们的 N 点线性卷积为

$$g(n) = f(n) * h(n) = \sum_{m=-\infty}^{+\infty} f(m)h(n-m) \tag{4-22}$$

若有限长序列 $f(n)$ 和 $h(n)$ 的长度分别为 N_1 和 N_2，则循环卷积结果的长度取 $N \geqslant \max(N_1, N_2)$，它们的 N 点循环卷积为

$$g(n) = f(n) \otimes h(n) = \sum_{m=-\infty}^{+\infty} f(m)h((n-m)_N) \tag{4-23}$$

式中，循环卷积对序列的移位采取循环移位，$h((n-m)_N)=h((n-m)\bmod N)$。例如，若序列的长度 $N=8$，则

$$h[(-2)_N] = h((-2)_8) = h(6) \tag{4-24}$$
$$h[(10)_N] = h((10)_8) = h(2) \tag{4-25}$$

从定义中可以看到，循环卷积和线性卷积的不同之处在于：两个 N 点序列的 N 点循环卷积的结果仍为 N 点序列，而它们的线性卷积结果的长度为 $2N-1$；循环卷积对序列的移位采取循环移位，而线性卷积对序列采取线性移位；线性卷积体现了两个序列之间的相关性，而循环卷积是它们线性卷积以 N 为周期的周期延拓。正是这些不同，导致了线性卷积和循环卷积有不同的结果和性质。

【例 4-3】 若有两个序列 $f(n) = [1,2,2]$，$h(n) = [1,-1]$，$N_1 = 3$，$N_2 = 2$，求这两个序列的线性卷积和循环卷积。

解：这两个序列的线性卷积序列的长度为 $N = N_1 + N_2 - 1 = 4$，则

	$f(m)$	1	2	2		$g(n)$
$n=0$	$h(0-m)$	-1	1		$\rightarrow$	1
$n=1$	$h(1-m)$		-1	1	$\rightarrow$	1
$n=2$	$h(2-m)$			-1	1 $\rightarrow$	0
$n=3$	$h(3-m)$				$\rightarrow$	-2

线性卷积的结果 $g(n) = f(n) * h(n) = [1,1,0,-2]$。

这两个序列的循环卷积序列的长度为 $N = \max(N_1, N_2) = 3$，则

	$f(m)$		1	2	2	$g(n)$
$n=0$	$h((0-m)_N)$	-1	1		-1	-1
$n=1$	$h((1-m)_N)$		-1	1		1
$n=2$	$h((2-m)_N)$			-1	1	0

循环卷积的结果 $g(n) = f(n) \otimes h(n) = [-1,1,0]$。

循环卷积和线性卷积虽然是不同的概念，但是当信号进行 0 填充扩展到长度 $N \geq N_1 + N_2 - 1$ 时，则两序列的线性卷积与循环卷积相同，即

$$\tilde{f}(n) * \tilde{h}(n) = \tilde{f}(n) \otimes \tilde{h}(n) \tag{4-26}$$

式中，$\tilde{f}(n)$ 和 $\tilde{h}(n)$ 是 0 填充扩展后的信号，其序列长度 $N \geq N_1 + N_2 - 1$。

将例 4-3 信号扩展为 $\tilde{f}(n) = [1,2,2,0]$，$\tilde{h}(n) = [1,-1,0,0]$，则它们的循环卷积为：

$\tilde{f}(m)$				1	2	2	0	$\tilde{g}(n)$
$\tilde{h}((0-m)_4)$	0	0	-1	1	0	0	-1	1
$\tilde{h}((1-m)_4)$		0	0	-1	1	0	0	1
$\tilde{h}((2-m)_4)$			0	0	-1	1	0	0
$\tilde{h}((3-m)_4)$				0	0	-1	1	-2

信号扩展后，循环卷积的结果为 $\tilde{g}(n) = \tilde{f}(n) \otimes \tilde{h}(n) = [1,1,0,-2]$，与线性卷积的结果相同。

循环卷积定理：两序列的傅里叶变换的乘积等于这两个序列的循环卷积的傅里叶变换，也就是说频域的乘积相当于时域(空域)的循环卷积，或者反过来，频域的循环卷积相当于

时域(空域)的乘积，其数学表示为

$$f(n) \otimes h(n) \Leftrightarrow F(u) \times H(u) \tag{4-27}$$

或者

$$f(n) \times h(n) \Leftrightarrow F(u) \otimes H(u) \tag{4-28}$$

式中，$F(u)$ 和 $H(u)$ 分别是 $f(n)$ 和 $h(n)$ 的傅里叶变换。

需要注意的是，卷积定理适用于循环卷积，那么线性卷积是否也有类似的性质呢？实际上，如果信号被 0 填充扩展到长度 $N \geq N_1 + N_2 - 1$ 时，那么它们的循环卷积和线性卷积等价，也就是说线性卷积也具有卷积定理的特性。实际上，两个序列的 N 点循环卷积是它们线性卷积以 N 为周期的周期延拓，如果循环卷积的点数 $N < N_1 + N_2 - 1$ 时，那么上述周期性延拓的结果就会产生混叠，从而两种卷积会有不同的结果；而如果 N 满足 $N \geq N_1 + N_2 - 1$ 的条件，就会有 $\tilde{f}(n) * \tilde{h}(n) = \tilde{f}(n) \otimes \tilde{h}(n)$，这就意味着时域(空域)不会产生混叠，循环卷积与线性卷积的结果在 $0 \leq n < N$ 范围内相同。

根据卷积定理，设有限长序列 $f(n)$ 和 $h(n)$ 的长度分别为 N_1 和 N_2，取 $N \geq N_1 + N_2 - 1$，分别对 $f(n)$ 和 $h(n)$ 取 N 点的离散傅里叶变换，将它们相乘的结果取 N 点的傅里叶反变换，所得到的结果将等于这两个序列的卷积(此时循环卷积与线性卷积等价)。下面通过例题来验证卷积定理。

【例 4-4】 若有两个离散序列 $f(n) = [1, 2, 2]$，$h(n) = [1, -1]$，验证傅里叶变换的卷积定理。

证明：若 $\tilde{g}(n) = \tilde{f}(n) * \tilde{h}(n)$，$\tilde{G}(u) = \tilde{f}(u) \times \tilde{H}(u)$，$\tilde{f}(u)$ 和 $\tilde{H}(u)$ 分别是 $\tilde{f}(n)$ 和 $\tilde{h}(n)$ 的傅里叶变换，则只需要证明 $\tilde{g}(n) = \mathrm{IDFT}(\tilde{G}(u))$ 即可证明卷积定理。在例 4-3 中，已经求解了这两个序列的时域卷积：

$$\tilde{g}(n) = \tilde{f}(n) \otimes \tilde{h}(n) = \tilde{f}(n) * \tilde{h}(n) = [1, 1, 0, -2] \tag{4-29}$$

下面求这两个序列频域的乘积，先对这两个序列进行傅里叶变换：

$$\begin{cases} \tilde{F}(u) = \mathrm{DFT}(\tilde{f}(n)) = \boldsymbol{A}\tilde{f} = \begin{bmatrix} 1 & 1 & 1 & 1 \\ 1 & -j & -1 & j \\ 1 & -1 & 1 & -1 \\ 1 & j & -1 & -j \end{bmatrix} \times \begin{bmatrix} 1 \\ 2 \\ 2 \\ 0 \end{bmatrix} = \begin{bmatrix} 5 \\ -1-2j \\ 1 \\ -1+2j \end{bmatrix} \\ \\ \tilde{H}(u) = \mathrm{DFT}(\tilde{h}(n)) = \boldsymbol{A}\tilde{h} = \begin{bmatrix} 1 & 1 & 1 & 1 \\ 1 & -j & -1 & j \\ 1 & -1 & 1 & -1 \\ 1 & j & -1 & -j \end{bmatrix} \times \begin{bmatrix} 1 \\ -1 \\ 0 \\ 0 \end{bmatrix} = \begin{bmatrix} 0 \\ 1+j \\ 2 \\ 1-j \end{bmatrix} \end{cases} \tag{4-30}$$

在频域相乘，可以得到

$$\tilde{G}(u) = \tilde{F}(u) \times \tilde{H}(u) = \begin{bmatrix} 5 \times 0 \\ (-1-2j) \times (1+j) \\ 1 \times 2 \\ (-1+2j) \times (1-j) \end{bmatrix} = \begin{bmatrix} 0 \\ 1-3j \\ 2 \\ 1+3j \end{bmatrix} \tag{4-31}$$

求 $\tilde{G}(u)$ 的傅里叶反变换，得到

$$\text{IDFT}(\widetilde{G}(u)) = A^{-1}\widetilde{G}(u) = \frac{1}{4}(A^*)^{\mathrm{T}}\widetilde{G}(u) = \frac{1}{4}\begin{bmatrix} 1 & 1 & 1 & 1 \\ 1 & +j & -1 & -j \\ 1 & -1 & 1 & -1 \\ 1 & -j & -1 & +j \end{bmatrix} \times \begin{bmatrix} 0 \\ 1-3j \\ 2 \\ 1+3j \end{bmatrix} = \begin{bmatrix} 1 \\ 1 \\ 0 \\ -2 \end{bmatrix} \tag{4-32}$$

可以发现两个序列的时域卷积等于频域乘积的傅里叶反变换：

$$\widetilde{g}(n) = \text{IDFT}(\widetilde{G}(u)) = [1,1,0,-2] \tag{4-33}$$

由此，验证了卷积定理。

4.2.4 二维离散傅里叶变换

将一维离散傅里叶变换推广到二维的情形，二维离散傅里叶变换对定义为

$$F(u,v) = \frac{1}{\sqrt{MN}} \sum_{x=0}^{M-1}\sum_{y=0}^{N-1} f(x,y)\mathrm{e}^{-j2\pi(ux/M+vy/N)}, u=0,1,\cdots,M-1, v=0,1,\cdots,N-1 \tag{4-34}$$

$$f(x,y) = \frac{1}{\sqrt{MN}} \sum_{u=0}^{M-1}\sum_{v=0}^{N-1} F(u,v)\mathrm{e}^{j2\pi(ux/M+vy/N)}, x=0,1,\cdots,M-1, y=0,1,\cdots,N-1 \tag{4-35}$$

傅里叶变换在一个周期内进行，M、N 表示图像 $f(x,y)$ 在 x、y 方向上具有大小不同的阵列。若 $M=N$，令 $W_N = \mathrm{e}^{-j\frac{2\pi}{N}}$，则二维离散傅里叶变换对可简化表示为

$$F(u,v) = \frac{1}{N} \sum_{x=0}^{N-1}\sum_{y=0}^{N-1} f(x,y)W_N^{ux+vy}, u=0,1,\cdots,N-1, v=0,1,\cdots,N-1 \tag{4-36}$$

$$f(x,y) = \frac{1}{N} \sum_{u=0}^{N-1}\sum_{v=0}^{N-1} F(u,v)W_N^{-(ux+vy)}, x=0,1,\cdots,N-1, y=0,1,\cdots,N-1 \tag{4-37}$$

其中 $f(x,y)$ 是实函数，它的傅里叶变换 $F(u,v)$ 是复函数，并且存在以下几个表达式：

① $F(u,v)$ 指数形式： $F(u,v) = |F(u,v)|\mathrm{e}^{j\varphi(u,v)}$ $\tag{4-38}$

② $F(u,v)$ 复数形式： $F(u,v) = R(u,v) + jI(u,v)$ $\tag{4-39}$

③ 幅值谱： $|F(u,v)| = [R^2(u,v) + I^2(u,v)]^{\frac{1}{2}}$ $\tag{4-40}$

④ 相位谱： $\varphi(u,v) = \arctan\left(\dfrac{I(u,v)}{R(u,v)}\right)$ $\tag{4-41}$

⑤ 能量谱： $E(u,v) = R^2(u,v) + I^2(u,v)$ $\tag{4-42}$

二维离散傅里叶变换对还可以表示成以下矩阵向量形式：

$$F = AfA \tag{4-43}$$

$$f = A^{-1}FA^{-1} \tag{4-44}$$

式中，A 矩阵是 N 维傅里叶变换核，A 与 A^{-1} 的定义与一维离散傅里叶变换的定义相同。

OpenCV 提供了一些函数，可实现二维离散傅里叶变换的相关运算。cv2. dft( ) 函数可以实现傅里叶变换，其输出的结果是双通道的，第一个通道 dft[:,:, 0] 为傅里叶变换的实部，第二个通道 dft[:,:, 1] 为傅里叶变换的虚部；cv2. magnitude( ) 函数可以获得傅里叶变换的幅值谱；cv2. phase( ) 函数可以获得傅里叶变换的相位谱；cv2. idft( ) 函数可以进行傅里叶反变换。

【例 4-5】 使用 OpenCV 中的函数对图像进行傅里叶变换，绘制其幅值谱、相位谱，然后再重构图像。

```
#OpenCV 函数实现傅里叶变换
img=cv2.imread(r'..\img\peppers.bmp',0)
dft=cv2.dft(np.float32(img),flags=cv2.DFT_COMPLEX_OUTPUT)
#dft[:,:,0]为傅里叶变换的实部,dft[:,:,1]为傅里叶变换的虚部
magnitude0=cv2.magnitude(dft[:,:,0],dft[:,:,1])#幅值谱
magnitude1=20*np.log(1+magnitude0)#幅值谱
phase_angle0=cv2.phase(dft[:,:,0],dft[:,:,1])#相位谱
img_back=cv2.idft(dft)
img_back1=cv2.magnitude(img_back[:,:,0],img_back[:,:,1])
……
```

运行结果如图 4-5 所示。

图 4-5 OpenCV 函数实现的傅里叶变换

说明:

1) 由于傅里叶变换后幅值谱的值远超出了 8 位灰度图像的灰度范围 $[0, 255]$,如本例的傅里叶变换幅值谱的值域为 $[5.6, 12059199.0]$,因此图 4-5 中的第二张图显示的幅值谱只能看到少量信息(在 4 个角上)。为此需要用到非线性的对数变换 $s = 20\lg(1+r)$ 来扩展暗区的动态范围,压缩亮区的动态范围,从而提高幅值谱的可视化程度。

2) 傅里叶反变换得到的值,理论上应该是实数值,但因为有计算上的误差,实际上得到的是虚部非常小的复数值,如打印输出 img_back[0, 0] 的值,可得到 $[1.0288402e+07\ -5.2341080e-01]$,因此需要通过 cv2.magnitude() 函数获得其实数值。

NumPy 中的 FFT 软件包也提供了实现傅里叶变换的一些函数。函数 np.fft.fft2() 可以对信号进行傅里叶变换,输出结果是单通道的复数数组;np.abs() 函数可获得幅值谱;np.angle() 函数可获得相位谱;np.fft.ifft2() 函数可实现傅里叶反变换。以下代码可以得到与图 4-5 相同的效果。

```
#NumPy 函数实现傅里叶变换
img=cv2.imread(r'..\img\peppers.bmp',0)
dft=np.fft.fft2(img)
#dft[:,:,0]为傅里叶变换的实部,dft[:,:,1]为傅里叶变换的虚部
magnitude0=np.abs(dft)
magnitude1=20*np.log(1+magnitude0)#幅值谱
phase_angle0=np.angle(dft)
img_back=np.fft.ifft2(dft)
img_back1=np.abs(img_back)
```

需要说明的是，OpenCV 中的函数 cv2. dft( ) 和 cv2. idft( ) 要比 NumPy 中的 np. fft. fft2( ) 和 np. fft. ifft2( ) 函数运算速度快，但是 NumPy 函数更加友好，NumPy 的傅里叶变换结果是一个复数数组，而 OpenCV 的傅里叶变换结果将实部与虚部分开，是双通道的数据。

4.3 数字图像的傅里叶变换性质

本节将给出一些常用二维离散傅里叶变换的基本性质及其推导，掌握这些性质对于理解数字图像的傅里叶变换与反变换以及图像信号与系统的分析与研究非常有用。

4.3.1 可分离性

二维傅里叶变换对可写成以下分离形式：

$$F(u,v) = \frac{1}{\sqrt{MN}} \sum_{x=0}^{M-1} \sum_{y=0}^{N-1} f(x,y) e^{[-j2\pi(ux/M+vy/N)]}$$

$$= \frac{1}{\sqrt{MN}} \sum_{x=0}^{M-1} e^{-j2\pi ux/M} \left[\sum_{y=0}^{N-1} f(x,y) e^{-j2\pi vy/N} \right], u=0,1,\cdots,M-1, v=0,1,\cdots,N-1 \quad (4\text{-}45)$$

$$f(x,y) = \frac{1}{\sqrt{MN}} \sum_{u=0}^{M-1} \sum_{v=0}^{N-1} F(u,v) e^{[j2\pi(ux/M+vy/N)]}$$

$$= \frac{1}{\sqrt{MN}} \sum_{u=0}^{M-1} e^{j2\pi ux/M} \left[\sum_{v=0}^{N-1} F(u,v) e^{j2\pi vy/N} \right], x=0,1,\cdots,M-1, y=0,1,\cdots,N-1 \quad (4\text{-}46)$$

从上述分离形式可知，傅里叶正变换和反变换都可以分成两步完成（以傅里叶正变换为例来说明）：

① $$F(x,v) = \frac{1}{\sqrt{N}} \sum_{y=0}^{N-1} f(x,y) e^{-j2\pi vy/N}, \qquad v=0,1,\cdots,N-1 \quad (4\text{-}47)$$

② $$F(u,v) = \frac{1}{\sqrt{M}} \sum_{x=0}^{M-1} F(x,v) e^{-j2\pi ux/M}, \qquad u=0,1,\cdots,M-1 \quad (4\text{-}48)$$

一个二维傅里叶变换可以由连续 2 次一维傅里叶变换实现，如图 4-6 所示。

第①步是固定图像的 x 坐标，对图像的每一列求傅里叶变换，对于每个 y 值（此时 x 值在表达式中相当于常量），使用式(4-47)做一维傅里叶变换；第②步是对 $F(x,v)$ 的每一行求傅里叶变换，对于每个 x 值（此时 v 值在表达式中相当于常量），使用式(4-48)做一维傅里叶变换。这样将一个二维傅里叶变换转变成了连续 2 次一维傅里叶变换。

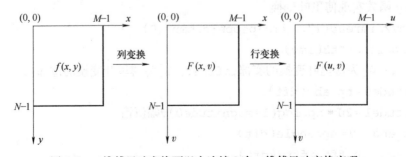

图 4-6　二维傅里叶变换可以由连续 2 次一维傅里叶变换实现

4.3.2　共轭对称性

傅里叶变换是共轭对称的，即

$$F(N-u,N-v)=F^*(u,v)，\quad 0\leqslant u,v\leqslant N-1 \tag{4-49}$$

在此为了简化论述，假设图像长宽相同，即图像大小是 $N\times N$ 的。

证明：

$$
\begin{aligned}
F(N-u,N-v)&=\frac{1}{N}\sum_{x=0}^{N-1}\sum_{y=0}^{N-1}f(x,y)W_N^{(N-u)x+(N-v)y}\\
&=\frac{1}{N}\sum_{x=0}^{N-1}\sum_{y=0}^{N-1}f(x,y)W_N^{N(x+y)}W_N^{-(ux+vy)}
\end{aligned}\tag{4-50}
$$

由于 x、y 都是整数坐标值，因此 $W_N^{N(x+y)}=\mathrm{e}^{-\mathrm{j}\frac{2\pi}{N}N(x+y)}=1$，且

$$
\begin{aligned}
W_N^{-(ux+vy)}&=\mathrm{e}^{\mathrm{j}\frac{2\pi}{N}(ux+vy)}\\
&=\cos\left(\frac{2\pi}{N}(ux+vy)\right)+\mathrm{j}\sin\left(\frac{2\pi}{N}(ux+vy)\right)\\
&=\left[\cos\left(\frac{2\pi}{N}(ux+vy)\right)-\mathrm{j}\sin\left(\frac{2\pi}{N}(ux+vy)\right)\right]^*\\
&=\left[\mathrm{e}^{-\mathrm{j}\frac{2\pi}{N}(ux+vy)}\right]^*=\left[W_N^{ux+vy}\right]^*
\end{aligned}\tag{4-51}
$$

因此可以得到

$$
\begin{aligned}
F(N-u,N-v)&=\frac{1}{N}\sum_{x=0}^{N-1}\sum_{y=0}^{N-1}f(x,y)W_N^{-(ux+vy)}\\
&=\frac{1}{N}\sum_{x=0}^{N-1}\sum_{y=0}^{N-1}f(x,y)\left[W_N^{(ux+vy)}\right]^*\\
&=F^*(u,v)
\end{aligned}\tag{4-52}
$$

证毕。

根据傅里叶变换的共轭对称性，可以得到

$$\mathrm{real}(F(u,v))=\mathrm{real}(F(N-u,N-v))\tag{4-53}$$
$$\mathrm{imag}(F(u,v))=-\mathrm{imag}(F(N-u,N-v))\tag{4-54}$$

式中，real 函数和 imag 函数分别是 NumPy 包中取复数实部和虚部的函数。此外也可以证明傅里叶变换的幅值谱是中心对称的，即

$$|F(N-u,N-v)|=|F(u,v)|\tag{4-55}$$

傅里叶变换的幅值谱和频率分布如图 4-7 所示。在一幅图像中大部分都是灰度变化缓慢的区域，只有一小部分是边缘，因此，在图像幅值谱中，能量主要集中在低频部分（对应的灰度值较高），只有一小部分能量分散在高频部分（其灰度值较低），幅值谱效果如图 4-7a 所示。

此外，由图 4-7b 可以发现，幅值谱的左上、右上、左下、右下四个角部分对应低频部分，中央部分对应高频部分，最高频率在中心点 $(u,v)=(N/2,N/2)$ 处。

4.3.3　周期性

在形式上，傅里叶变换前后的图像（空域和频域）是有限长的二维矩阵；而在理论上，

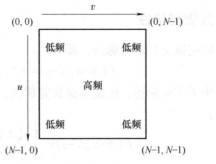

a) 幅值谱　　　　　　　　　　b) 幅值谱频率分布

图 4-7　共轭对称的傅里叶变换

它们是周期延拓的，是离散的，如图 4-8 所示。傅里叶变换与反变换的周期性可表示为

$$\begin{cases} F(u,v)=F(u+aN,v+bN) \\ f(x,y)=f(x+aN,y+bN) \end{cases} \tag{4-56}$$

式中，$a,b\in$ 整数。下面以傅里叶正变换为例来证明其周期性。

证明：

$$\begin{aligned} F(u+aN,v+bN) &= \frac{1}{N}\sum_{x=0}^{N-1}\sum_{y=0}^{N-1} f(x,y)\, W_N^{(u+aN)x+(v+bN)y} \\ &= \frac{1}{N}\sum_{x=0}^{N-1}\sum_{y=0}^{N-1} f(x,y)\, W_N^{ux+vy}\, W_N^{N(ax+by)} \\ &= F(u,v)\, W_N^{N(ax+by)} \end{aligned} \tag{4-57}$$

由于 x、y 是整数坐标，$a,b\in$ 整数，因此 $W_N^{N(ax+by)}=\mathrm{e}^{-\mathrm{j}\frac{2\pi}{N}N(ax+by)}=1$，可得 $F(u+aN, v+bN)=F(u,v)$，证毕。

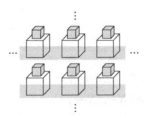
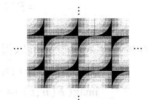

a) 周期延拓的数字图像　　　　　b) 周期延拓的傅里叶变换幅值谱

图 4-8　周期延拓的图像及傅里叶变换

4.3.4　平移性

对于傅里叶变换，如果在频域平移(u_0,v_0)，相当于在空域乘以一个复指数。下面做一个简单证明：

$$\begin{aligned} &F(u-u_0,v-v_0) \\ &= \frac{1}{N}\sum_{x=0}^{N-1}\sum_{y=0}^{N-1} f(x,y)\, \mathrm{e}^{-\mathrm{j}2\pi[(u-u_0)x+(v-v_0)y]/N} \\ &= \frac{1}{N}\sum_{x=0}^{N-1}\sum_{y=0}^{N-1} \left[f(x,y)\, \mathrm{e}^{\mathrm{j}2\pi(u_0x+v_0y)/N} \right] \mathrm{e}^{-\mathrm{j}2\pi(ux+vy)/N} \end{aligned} \tag{4-58}$$

若令 $g(x,y)=f(x,y)\mathrm{e}^{\mathrm{j}2\pi(u_0x+v_0y)/N}$，则

$$F(u-u_0,v-v_0)$$
$$=\frac{1}{N}\sum_{x=0}^{N-1}\sum_{y=0}^{N-1}g(x,y)\mathrm{e}^{-\mathrm{j}2\pi(ux+vy)/N} \tag{4-59}$$

也就是说存在以下傅里叶变换对：

$$F(u-u_0,v-v_0)\leftrightarrow f(x,y)\mathrm{e}^{\mathrm{j}2\pi(u_0x+v_0y)/N} \tag{4-60}$$

证毕。

由此可知，在频域中平移 (u_0,v_0) 相当于在空域中图像乘以复指数 $\mathrm{e}^{\mathrm{j}2\pi(u_0x+v_0y)/N}$；反之，也可以证明，在空域中平移 (x_0,y_0) 相当于在频域中乘以复指数 $\mathrm{e}^{-\mathrm{j}2\pi(ux_0+vy_0)/N}$，即存在以下傅里叶变换对：

$$F(u,v)\mathrm{e}^{-\mathrm{j}2\pi(ux_0+vy_0)/N}\leftrightarrow f(x-x_0,y-y_0) \tag{4-61}$$

图像傅里叶变换的高频区在中心点 $(u,v)=(N/2,N/2)$ 附近，而低频区在四个角，如图 4-7b 所示。而通常人们期望将低频区集中在中心点附近，以方便观察信号，为此需要将傅里叶变换平移半个周期。若图像是 $N\times N$ 维的，则当傅里叶频谱平移 $u_0=v_0=N/2$ 时，可以实现傅里叶变换的低频中心化。此时存在以下傅里叶变换对：

$$F\left(u-\frac{N}{2},v-\frac{N}{2}\right)\leftrightarrow f(x,y)\mathrm{e}^{\mathrm{j}2\pi\left(\frac{N}{2}x+\frac{N}{2}y\right)/N}=f(x,y)(-1)^{x+y} \tag{4-62}$$

式(4-62)说明，在空域将图像的每个像素点乘以 $(-1)^{x+y}$，则其傅里叶变换可以实现低频中心化，如图 4-9 所示。NumPy 的 FFT 包中的 np. fft. fftshift( ) 函数可以实现傅里叶变换的低频中心化，而 np. fft. ifftshift( ) 函数是其逆操作。

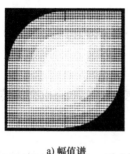

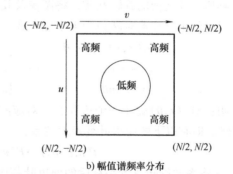

a) 幅值谱　　　　　　　　　　　b) 幅值谱频率分布

图 4-9　低频移中的傅里叶变换

【例 4-6】　实现傅里叶频谱的两种低频移中方法：①使用 np. fft. fftshift( ) 函数；②在空域让图像乘以 $(-1)^{x+y}$，再求其傅里叶变换的频谱。

Python 程序代码如下：

```
img=cv2. imread(r'..\img\peppers. bmp',0)
dft=np. fft. fft2(img)
dft_fftshift=np. fft. fftshift(dft)
magnitude00=20 * np. log(1+np. abs(dft))#幅值谱
magnitude01=20 * np. log(1+np. abs(dft_fftshift))#低频移中
row,col=img. shape[:2]
```

91

```
img1=np.zeros((row,col),dtype=np.float)
for i in range(row):
    for j in range(col):
        img1[i,j]=img[i,j]*((-1)**(i+j))
dft1=np.fft.fft2(img1)
magnitude1=20*np.log(1+np.abs(dft1))#低频移中
```

程序运行效果如图 4-10 所示，第二张图是未执行低频移中的幅值谱，第三张图是使用 np.fft.fftshift( )函数实现低频移中的幅值谱，第四张图是通过将图像乘以$(-1)^{x+y}$来实现低频移中的幅值谱。

原图像   幅值谱   fftshift低频移中   空域乘复指数的低频移中

图 4-10　低频移中的两种方法

4.3.5　旋转不变性

为了了解傅里叶变换的旋转性质，将图像及其傅里叶变换表示成极坐标形式。借助极坐标变换，可以将傅里叶变换对转换为极坐标形式：

$$\begin{cases} f(x,y) \rightarrow f(r,\theta) \\ x=r\cos\theta \\ y=r\sin\theta \end{cases} \quad \leftrightarrow \quad \begin{cases} F(u,v) \rightarrow F(w,\varphi) \\ u=w\cos\varphi \\ v=w\sin\varphi \end{cases} \tag{4-63}$$

可以证明：对 $f(r,\theta)$ 旋转一个角度 θ_0，对应的傅里叶变换 $F(w,\varphi)$ 也会旋转相同的角度 θ_0，反之亦然。即有以下的傅里叶变换对关系：

$$f(r,\theta+\theta_0) \leftrightarrow F(w,\varphi+\theta_0) \tag{4-64}$$

图 4-11 是将图像旋转或者平移后的傅里叶频谱。由图可知：①图像在空域旋转 45°，其幅值谱也旋转相同角度；②图像在空域的平移不会影响其幅值谱，因为在空域中的平移 (x_0,y_0) 相当于在频域中乘以复指数 $e^{-j2\pi(ux_0+vy_0)/N}$，而复指数 $\left| e^{-j2\pi(ux_0+vy_0)/N} \right| = 1$，所以空域的平移不会影响其幅值谱，但会影响其相位谱；③竖条纹在水平方向上灰度跳变较大，而在垂直方向上灰度变化较平缓，意味着，竖条纹在水平方向上频谱较强，而在垂直方向上频谱较弱。

4.3.6　卷积定理

傅里叶变换满足加法分配律，而不满足乘法分配律，即

$$\text{DFT}\{f_1(x,y)+f_2(x,y)\} = \text{DFT}\{f_1(x,y)\}+\text{DFT}\{f_2(x,y)\} \tag{4-65}$$

$$\text{DFT}\{f_1(x,y)f_2(x,y)\} \neq \text{DFT}\{f_1(x,y)\} \times \text{DFT}\{f_2(x,y)\} \tag{4-66}$$

对于乘法，傅里叶变换满足卷积定理，即空域上的卷积相当于频域上的乘积，反之，空

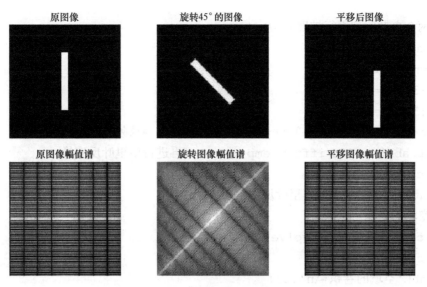

原图像　　　　　旋转45°的图像　　　　　平移后图像

原图像幅值谱　　　旋转图像幅值谱　　　平移图像幅值谱

图 4-11　傅里叶变换的旋转不变性和平移性

域上的乘积相当于频域上的卷积。其傅里叶变换对表示如下：

$$f(x,y)\otimes g(x,y)\Leftrightarrow F(u,v)\times G(u,v) \tag{4-67}$$

$$f(x,y)\times g(x,y)\Leftrightarrow F(u,v)\otimes G(u,v) \tag{4-68}$$

对于二维的数字图像，为了防止卷积发生交叠误差，使线性卷积与循环卷积等价，需对离散的二维数字图像进行 0 填充扩展。对于大小为 $A\times B$ 和 $C\times D$ 的两个离散序列，当卷积周期 $M\geq A+C-1$、$N\geq B+D-1$ 时才能避免交叠误差，满足卷积定理的要求。因此在做卷积运算前，需要将 $f(x,y)$ 和 $g(x,y)$ 用补 0 的方法扩充为以下的二维周期序列：

$$\begin{cases} \tilde{f}(x,y)=\begin{cases} f(x,y) & 0\leq x\leq A-1,\quad 0\leq y\leq B-1 \\ 0 & A\leq x\leq M-1,\quad B\leq y\leq N-1 \end{cases} \\ \tilde{g}(x,y)=\begin{cases} g(x,y) & 0\leq x\leq C-1,\quad 0\leq y\leq D-1 \\ 0 & C\leq x\leq M-1,\quad D\leq y\leq N-1 \end{cases} \end{cases} \tag{4-69}$$

其二维离散卷积为

$$\tilde{f}(x,y)\otimes\tilde{g}(x,y)=\sum_{m=0}^{M-1}\sum_{n=0}^{N-1}\tilde{f}(m,n)\tilde{g}(x-m,y-n) \tag{4-70}$$

下面通过一个例题来验证卷积定理：当序列扩展后，其空域的卷积相当于频域的乘积。代码中使用 scipy. signal 工具包中的 convolve( )函数来求空域的卷积(scipy. signal 工具包经常用于信号处理，如卷积、傅里叶变换、各种滤波、差值算法等)。

【例 4-7】 验证卷积定理，即当序列扩展后，其空域的卷积等于频域乘积的傅里叶反变换。

Python 代码如下：

```
import numpy as np
import scipy. signal #引入 scipy 的 signal 模块
#验证卷积定理
f=np. array([[8,1,6],[3,5,7],[4,9,2]])
g=np. array([[1,1,1],[1,1,1],[1,1,1]])
```

```
#对两个离散序列进行扩展M=N=5
fe=np.zeros((5,5))
ge=np.zeros((5,5))
fe[:3,:3]=f
ge[:3,:3]=g
temp=np.fft.fft2(fe)*np.fft.fft2(ge)    #求频域的乘积
c=np.abs(np.fft.ifft2(temp))            #再进行傅里叶反变换
c1=c[:5,:5]
print('频域的乘积的傅里叶反变换=\n',c1)
#求空域的卷积
c=scipy.signal.convolve(f,g)
c2=c[:5,:5]
print('空域的卷积=\n',c2)
```

程序运行结果:

```
频域的乘积的傅里叶反变换=
[[8.   9.   15.   7.   6. ]
 [11.  17.  30.  19.  13. ]
 [15.  30.  45.  30.  15. ]
 [7.   21.  30.  23.  9. ]
 [4.   13.  15.  11.  2. ]]
空域的卷积=
[[8   9   15   7   6]
 [11  17  30  19  13]
 [15  30  45  30  15]
 [7   21  30  23  9]
 [4   13  15  11  2]]
```

说明:

1) 代码中先对两个离散序列 f 和 g 进行 0 填充扩展,为了避免交叠误差,序列至少要扩展到 $M \geq 3+3-1$,$N \geq 3+3-1$。

2) c1 是两个扩展离散序列在频域中的乘积再傅里叶反变换后的结果,而 c2 是两个扩展离散序列在空域中的卷积运算结果,由程序运算结果可知 c1=c2,由此验证了卷积定理。

卷积定理指出了傅里叶变换中的一个优势,即可以将空域中复杂的卷积运算转变为频域中较简单的乘积运算,这样可以减小运算的复杂度。

4.4 频域图像平滑

在第 3 章通过空域滤波来实现图像平滑或锐化。图像平滑或锐化实际上是利用滤波器对信号频率成分的滤波,空域滤波是通过邻域运算来实现的,邻域运算是一种线性卷积运算,根据卷积定理,空域的卷积相当于频域的乘积,因此,也可以在频域对信号频率成分进行滤波，以实现图像的平滑或锐化。

相对于空域滤波，在频域对信号频率成分进行滤波具有一些优势：

1）可以减小运算的复杂度，即可以将空域中复杂的卷积运算转变为频域中较简单的乘积运算。

2）空域滤波对频率成分的处理非常不直观，而在频域，图像信息按照频率重新组织，因此可以非常直观地对特定频率信息进行处理。

4.4.1 理想低通滤波器

理想低通滤波器（Ideal Low Pass Filter，ILPF）是一种假想的低通滤波器，其对于高于截止频率的信号完全截止，而对于低于截止频率的信号完全无失真通过。一个理想低通滤波器的传递函数由下式来确定：

$$H(u,v) = \begin{cases} 1 & D(u,v) \leq D_0 \\ 0 & D(u,v) > D_0 \end{cases} \qquad (4\text{-}71)$$

95

式中，$D(u,v) = \sqrt{(u-u_0)^2 + (v-v_0)^2}$，其中 (u_0, v_0) 是直流分量的坐标，对于低频中心化后的傅里叶频谱，$(u_0, v_0) = \left(\dfrac{N}{2}, \dfrac{N}{2}\right)$；$D_0$ 是截止频率。

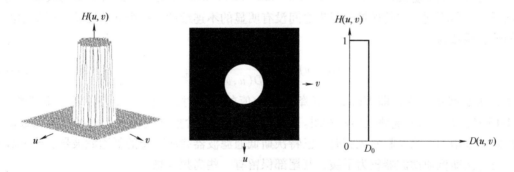

图 4-12 理想低通滤波器示意图

对于低频中心化后的傅里叶频谱，其理想低通滤波器如图 4-12 所示，分别对应三维、二维和一维示意图。

理想低通滤波器具有陡峭的截止频率特性，其空域响应是一个辛格函数（sinc 函数），如图 4-13 所示。

显然，理想低通滤波会产生振铃现象，图像模糊且具有水波纹。图 4-14 展示了不同截止频率的理想低通滤波效果，需要注意的是：①截止频率较小

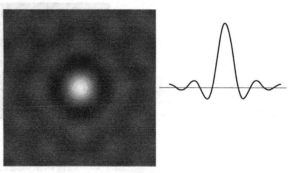

图 4-13 理想低通滤波器的空域响应

时，振铃现象较为明显，图像较模糊；②随着截止频率的增大，允许通过的频率分量增多，重构图像信息量增多，重构效果变好；③理想滤波器可以通过软件实现，但是具有物理不可实现性。

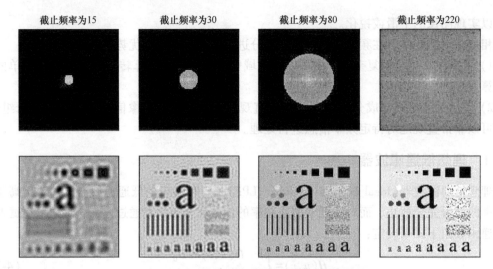

图 4-14　不同截止频率的理想低通滤波效果图

4.4.2　巴特沃斯低通滤波器

巴特沃斯低通滤波器(Butterworth Low Pass Filter，BLPF)又称为最大平坦滤波器。与理想低通滤波器不同，它的通带与阻带之间没有明显的不连续性。一个 n 阶巴特沃斯低通滤波器的传递函数为

$$H(u,v)=\frac{1}{1+\left[D(u,v)/D_0\right]^{2n}} \qquad (4\text{-}72)$$

式中，D_0 是截止频率，即 $H(u,v)$ 下降到最大值的 1/2 时的频率；n 是阶数，取正整数。图 4-15 是巴特沃斯低通滤波器示意图。由图可知，随着阶数 n 的增大，巴特沃斯低通滤波器的陡峭度增加，当 n 趋向无穷时，巴特沃斯低通滤波器趋向理想的低通滤波器；当 n 较小时，巴特沃斯低通滤波器较为平缓，其尾部保留有一些高频信息。

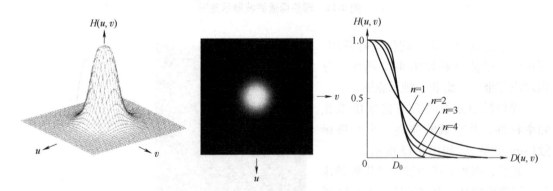

图 4-15　巴特沃斯低通滤波器示意图

图 4-16 是不同阶数 n 的巴特沃斯低通滤波器的空域响应，此例中图像大小为 1000×1000，截止频率为 5，阶数 n 分别为 1、2、5、20。由图可知，当 n 较小时，巴特沃斯低通滤波器几乎没有振铃现象，如图 4-16a 和图 4-16b 所示；随着阶数 n 的增大，巴特沃斯低通滤波器的振铃现象越加明显，如图 4-16c 和图 4-16d 所示。

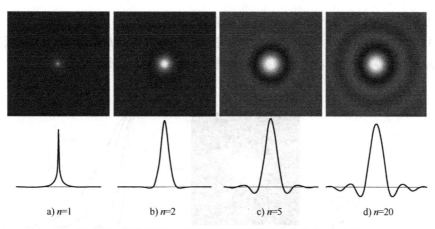

a) $n=1$ b) $n=2$ c) $n=5$ d) $n=20$

图 4-16　不同阶数 n 的巴特沃斯低通滤波器的空域响应

【例 4-8】　编程实现巴特沃斯低通滤波器。

以下是实现巴特沃斯低通滤波器的 Python 代码：

```python
def BLPF(fshift,D0,n):
    rows,cols=fshift.shape
    crow,ccol=rows//2,cols//2
    H=np.zeros((rows,cols))
    for u in range(rows):
        for v in range(cols):
            D=np.sqrt((u-crow)**2+(v-ccol)**2)
            H[u,v]=1/(1+(D/D0)**(2*n))
    fshift1=fshift*H
    return fshift1
```

图 4-17 是巴特沃斯低通滤波效果图，其中第四张图是滤波后的幅值谱，它是原幅值谱与巴特沃斯传递函数相乘的结果；此外，第五张重构的图像较原图像模糊，这是因为巴特沃斯低通滤波去除了一些高频分量。

原图像　　　　　原幅值谱　　　　巴特沃斯传递函数　　滤波后的幅值谱　　　重构图像

图 4-17　巴特沃斯低通滤波效果图

4.4.3　高斯低通滤波器

高斯低通滤波器（Gaussian Low Pass Filter，GLPF）的传递函数为

$$H(u,v)=\mathrm{e}^{-D(u,v)^2/2D_0^2} \tag{4-73}$$

式中，D_0 是截止频率，即 $H(u,v)$ 下降到最大值的 $1/\sqrt{e}$ 时的频率。

图 4-18 是高斯低通滤波器示意图。由图可知，当截止频率 D_0 较小时，高斯低通滤波器具有较陡峭的频率特征，随着截止频率 D_0 的增大，高斯低通滤波器趋于平缓。

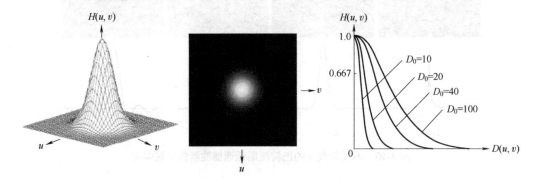

图 4-18　高斯低通滤波器示意图

图 4-19 是不同截止频率的高斯低通滤波效果图，上一行是不同截止频率的幅值谱，下一行是对应的重构图像。由图可知，截止频率越低，滤除的信息越多，重构的图像越模糊；反之，截止频率越高，通过的信息越多，重构的图像越清晰。

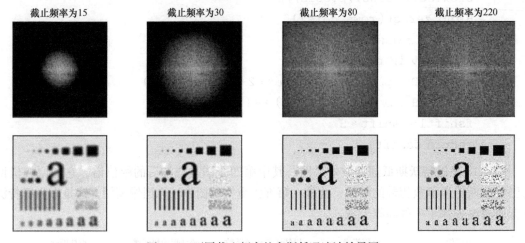

图 4-19　不同截止频率的高斯低通滤波效果图

4.5　频域图像锐化

图像锐化就是提取图像中的边缘或线条等细节部分，而图像中的这些细节部分与图像频谱中的高频成分相对应，因此图像锐化也可以在频率域采用高通滤波的方法来实现。高通滤波就是让高频分量通过，并抑制低频分量，从而增强图像中的高频成分，使图像的边缘或线条变得清晰，达到图像锐化的目的。

在学习空域图像锐化时，已知图像锐化相当于从原图像中减去图像的平滑部分；而在频率域，图像的高频成分等于图像全部频率减去其低频成分。因此，高通滤波器与低通滤波器的传递函数存在以下关系：

$$H_{H} = 1 - H_{L} \tag{4-74}$$

式中，H_{H}代表高通滤波器传递函数，H_{L}代表低通滤波器传递函数。

因此，可以根据低通滤波器的传递函数，推导出理想高通滤波器、巴特沃斯高通滤波器、高斯高通滤波器的传递函数。

4.5.1　理想高通滤波器

理想高通滤波器（Ideal High Pass Filter，IHPF）的传递函数为

$$H(u,v) = \begin{cases} 0 & D(u,v) \leqslant D_{0} \\ 1 & D(u,v) > D_{0} \end{cases} \tag{4-75}$$

式中，$D(u,v) = \sqrt{(u-u_{0})^{2} + (v-v_{0})^{2}}$，其中$(u_{0},v_{0})$是直流分量的坐标，对于低频中心化后的傅里叶频谱，$(u_{0},v_{0}) = \left(\dfrac{N}{2}, \dfrac{N}{2}\right)$；$D_{0}$是截止频率。理想高通滤波器示意图如图 4-20 所示。

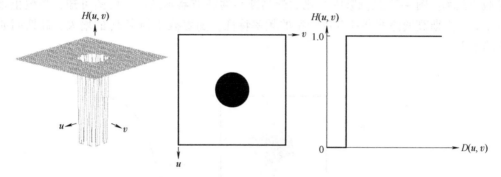

图 4-20　理想高通滤波器示意图

4.5.2　巴特沃斯高通滤波器

巴特沃斯高通滤波器（Butterworth High Pass Filter，BHPF）的传递函数为

$$
\begin{aligned}
H(u,v) &= 1 - \frac{1}{1 + [D(u,v)/D_{0}]^{2n}} \\
&= \frac{D_{0}^{2n} + D(u,v)^{2n}}{D_{0}^{2n} + D(u,v)^{2n}} - \frac{D_{0}^{2n}}{D_{0}^{2n} + D(u,v)^{2n}} \\
&= \frac{1}{1 + [D_{0}/D(u,v)]^{2n}}
\end{aligned} \tag{4-76}
$$

式中，$D(u,v) = \sqrt{(u-u_{0})^{2} + (v-v_{0})^{2}}$，对于低频中心化后的傅里叶频谱，$(u_{0},v_{0}) = \left(\dfrac{N}{2}, \dfrac{N}{2}\right)$；$D_{0}$是截止频率，即$H(u,v)$下降到最大值的$1/2$时的频率；$n$是阶数，取正整数。巴特沃斯高通滤波器示意图如图 4-21 所示。

4.5.3　高斯高通滤波器

高斯高通滤波器（Gaussian High Pass Filter，GHPF）的传递函数为

$$H(u,v) = 1 - e^{-D(u,v)^{2}/2D_{0}^{2}} \tag{4-77}$$

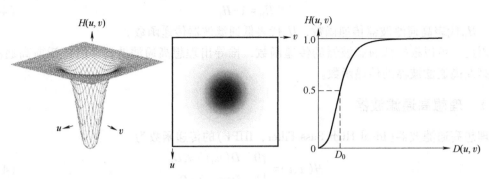

图 4-21　巴特沃斯高通滤波器示意图

式中，$D(u,v)=\sqrt{(u-u_0)^2+(v-v_0)^2}$，对于低频中心化后的傅里叶频谱，$(u_0,v_0)=\left(\dfrac{N}{2},\dfrac{N}{2}\right)$；$D_0$是截止频率。图 4-22 是低频中心化后的高斯高通滤波器示意图。由图可知，当截止频率 D_0 较小时，高斯高通滤波器具有较陡峭的频率特征，随着截止频率 D_0 的增大，高斯高通滤波器趋于平缓。

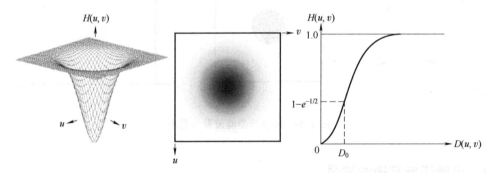

图 4-22　高斯高通滤波器示意图

4.6　空域滤波与频域滤波的关系

对于一幅图像，图像中灰度变化比较缓慢的区域对应较低的频谱，而灰度变化比较大的边缘地带对应较高的频谱。已在第 3.5 和 3.6 节学习了空域滤波技术，空域滤波是通过邻域运算实现的。邻域运算实际上是线性卷积运算，可用卷积公式表示为

$$g(x,y)=\sum_{i=-M}^{M}\sum_{j=-M}^{M}f(x+i,y+j)h(i,j) \tag{4-78}$$

式中，f 是灰度图像；h 是滤波核，其大小为 $M\times M$。图像的邻域运算相当于像素点 (x,y) 的邻域与滤波核 h 的卷积运算。根据卷积定理：空域的卷积相当于频域的乘积。因此，如果要了解空域滤波与频域滤波的关系，只需要分析滤波核的频率特性，根据滤波核的频率特性将空域滤波与频域滤波相关联。下面通过一个例题来证明空域的平滑相当于频域的低通滤波。空域的锐化相当于频域的高通滤波可以采用同样方法证明。

【例 4-9】　以滤波核 $h = \dfrac{1}{10}\begin{bmatrix} 1 & 1 & 1 \\ 1 & 2 & 1 \\ 1 & 1 & 1 \end{bmatrix}$ 为例，证明空域的平滑相当于频域的低通滤波。

证明：滤波核 h 是一个平滑滤波器，如果能证明它具有低通滤波特征，则能证明本命题。通常通过分析滤波核 h 的频率特性来分析滤波核对图像的滤波效果。为此，首先对滤波核 $h(x,y)$ 做傅里叶变换，得到传递函数 $H(u,v)$。由于滤波核 h 大小为 3×3，则可以得到

$$H(u,v) = \sum_{x=0}^{2}\sum_{y=0}^{2} h(x,y)\exp\left(-\mathrm{j}2\pi\frac{ux+vy}{3}\right) \tag{4-79}$$

又因为空域的平移不会影响其幅值谱，所以式（4-79）又可以写为

$$H(u,v) = \sum_{x=-1}^{+1}\sum_{y=-1}^{+1} h(x,y)\exp\left(-\mathrm{j}2\pi\frac{ux+vy}{3}\right) \tag{4-80}$$

$$= \frac{1}{5}\left[1+\cos\frac{2\pi u}{3}+\cos\frac{2\pi v}{3}+2\cos\frac{2\pi u}{3}\cos\frac{2\pi v}{3}\right]$$

令 $v=0$，$\omega = \dfrac{2\pi u}{3}$，可以得到

$$H(\omega,0) = \frac{1}{5}\left[2+3\cos\omega\right] \tag{4-81}$$

绘制其幅频图，如图 4-23 所示。

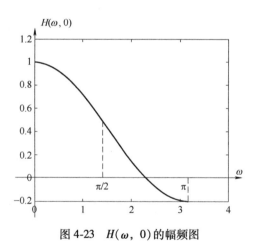

图 4-23　$H(\omega,0)$ 的幅频图

由图 4-23 可知，$H(\omega,0)$ 具有低通滤波的特性，由此证明了空域的平滑相当于频域的低通滤波，证毕。

练　习

4-1　已知一维离散序列 $f(n)=[0,1,1,2]$，求其傅里叶变换 $F(u)$。

4-2　编写 Python 程序，获得图像的幅值谱和相位谱，然后将幅值谱设置为常量（即去除幅值谱的影响）后重构图像，或者将相位谱设置为常量（即去除相位谱的影响）后重构图像，分析幅值谱和相位谱对重构图像的影响。

4-3　编写 Python 程序，交换两幅图像的幅值谱和相位谱，然后重构图像，查看重构图像的效果。

4-4　证明在空域中平移 (x_0,y_0) 相当于在频域中乘以复指数 $\mathrm{e}^{-\mathrm{j}2\pi(ux_0+vy_0)/N}$。

4-5　证明傅里叶变换的平均值定理，即图像的均值等于其直流分量：

$$\bar{f}(x,y)=\frac{1}{MN}\sum_{x=0}^{M-1}\sum_{y=0}^{N-1}f(x,y)=\frac{1}{MN}F(0,0)\tag{4-82}$$

4-6　图 4-24a 是添加了一些周期干扰噪声的图像，请在图 4-24b 所示的傅里叶幅值谱中用小圆圈标出其周期噪声点可能出现的位置。

a) 具有周期干扰噪声的图像　　　　　　　　b) 对应的傅里叶幅值谱

图 4-24　周期干扰噪声图像及其幅值谱

4-7　分析一个锐化滤波核的频率特性，证明空域的锐化相当于频域的高通滤波。

第 **5** 章

图像复原

　　图像复原是数字图像处理的一项基本的和关键的技术。图像在形成、传输和记录过程中，受多种因素的影响，如成像系统的散焦、设备与物体间存在相对运动或者是器材的固有缺陷等，图像的质量都会有不同程度的下降，典型的表现有图像模糊、失真、有噪声等，这一质量下降的过程称为图像的退化。图像复原的目的就是尽可能恢复退化图像的本来面目。图像复原技术主要是针对成像过程中的"退化"而提出来的，它研究的是如何从所得的退化图像中以最大的保真度复原出真实图像。

　　本章主要介绍一些图像退化模型，包括噪声模型、运动模糊等，然后介绍一些已知退化模型的图像复原方法，包括无约束的图像复原和有约束的图像复原算法。

5.1　图像复原与图像增强的关系

　　图像复原和图像增强都是为了改善图像视觉效果，便于图像后续的处理。图像复原与图像增强的不同之处在于：

　　1) 处理的目的不同。图像增强的主要目的是改善图像的视觉效果，增强图像的有用信息，使其比原始图像更适合特定应用；图像复原的主要目的是利用退化过程的先验知识，去除图像中的模糊，恢复已被退化图像的本来面目。

　　2) 所采用的方法不同。图像增强技术基本上是一个探索性过程，即根据人类视觉系统的生理特点来设计一种改善图像的方法，例如，通过对比度的拉伸，扩大图像中不同物体特征之间的差别，抑制不感兴趣的特征，使之改善图像质量、丰富信息量，加强图像判读和识别效果，满足某些特殊分析的需要；图像复原首先要对图像退化的整个过程加以适当的估计，在此基础上建立近似的退化数学模型，之后还需要对模型进行适当的修正，以对退化过程出现的失真进行补偿，以保证复原之后得到的图像趋近于原始图像，实现图像的最优化。

　　3) 评价方法不同。图像增强是主观的处理，通过各种技术来增强图像的视觉效果，以适应人视觉系统的生理、心理特点，从而使人觉得舒适，却很少涉及客观和统一的评价标准，一般凭观察者的主观感受评判增强效果；图像复原大部分是客观的处理，试图使用先验知识建立相应的退化模型，并用相反的处理重建或恢复出原始图像，寻求在一定优化准则下的原始图像的最优估计，因此不同的优化准则会获得不同的图像复原，图像复原的效果通常是按照一个规定的客观准则评价的。

5.2 噪声模型及去噪方法

图像复原就是将降质了的图像恢复成原来的图像。图像复原是根据引起图像退化的原因，以及降质的先验知识，建立退化模型，再针对降质过程采取相反的方法来恢复图像。如果对退化的类型、机制和过程都十分清楚，那么就可以利用其逆过程来复原图像。

图像模糊和噪声干扰是图像退化的主要因素，如果只有噪声干扰，没有图像模糊，则这种图像复原就是图像去噪。要实现图像去噪，首先要了解噪声模型。

5.2.1 噪声模型

图像在生成和传输过程中常常因受到各种噪声的干扰和影响而使得图像降质，这对后续图像的处理和应用将产生不利影响。图像噪声是指存在于图像数据中的不必要或多余的干扰信息。数字图像中，噪声主要来源于图像的获取或传输过程，包括图像获取中的环境条件和成像设备中电子元器件自身的质量，例如，使用无线网络传输的图像可能会因为光照或其他大气因素而污染。

实际获得的图像都因受到干扰而含有噪声，噪声产生的原因决定了噪声分布的特性及与图像信号的关系。噪声的种类很多，根据噪声与原信号之间关系的不同，噪声分为加性噪声（不管有没有信号，噪声都存在）和乘性噪声（只有在信号出现时才存在）；按照噪声的时间变化特性，噪声可分为稳定噪声、周期噪声、无规噪声和脉冲噪声；在数字信号里还有一种量化噪声，是由于量化失真产生的，和杂乱的干扰一样，与元件产生的热噪声相似，所以叫作量化噪声；根据噪声强度的概率分布，可以将噪声分为高斯噪声、瑞利噪声、伽马噪声、指数噪声、均匀噪声和脉冲噪声（椒盐噪声）等，如图 5-1 所示。下面简要介绍一下不同概率分布的噪声。

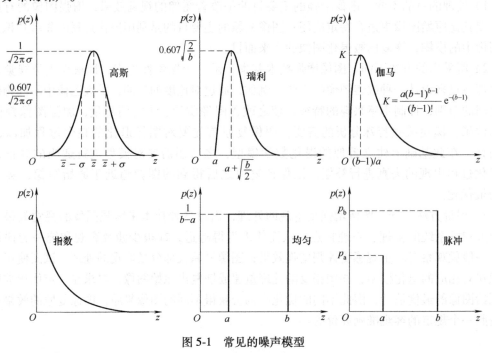

图 5-1 常见的噪声模型

1. 高斯噪声

高斯噪声是指其概率密度函数服从高斯分布(即正态分布)的一类噪声,噪声随机变量 z 的概率密度函数可以表示为

$$p(z) = \frac{1}{\sqrt{2\pi}\,\sigma} e^{-(z-\mu)^2/2\sigma^2} \tag{5-1}$$

式中, z 是灰度值, μ 是 z 的平均值或期望, σ 是 z 的标准差, σ^2 是 z 的方差。由于高斯噪声在空域和频域中数学上的易处理性,这种噪声模型经常用于图像复原的实践中。

2. 瑞利噪声

瑞利分布噪声的概率密度函数可以表示为

$$p(z) = \begin{cases} \dfrac{2}{b}(z-a)\,e^{-(z-a)^2/b} & z \geq a \\ 0 & z < a \end{cases} \tag{5-2}$$

式中, a、b 是瑞利分布概率密度函数的参数,其中 a 主要影响瑞利分布噪声的期望, b 影响瑞利分布噪声的方差。所产生的瑞利分布噪声的期望和方差分别是 $\mu = a + \sqrt{\pi b/4}$ 和 $\sigma^2 = b(4-\pi)/4$。

3. 伽马噪声

伽马分布噪声的概率密度函数可以表示为

$$p(z) = \begin{cases} \dfrac{a^b z^{b-1}}{(b-1)!} e^{-az} & z \geq 0 \\ 0 & z < 0 \end{cases} \tag{5-3}$$

式中, $a > 0$, b 是正整数且"!"表示阶乘。所产生的伽马分布噪声的期望和方差分别是 $\mu = b/a$ 和 $\sigma^2 = b/a^2$。值得注意的是,当 $b = 1$ 时,伽马分布退化为爱尔兰分布。

4. 指数噪声

指数分布噪声的概率密度函数可以表示为

$$p(z) = \begin{cases} a e^{-az} & z \geq 0 \\ 0 & z < 0 \end{cases} \tag{5-4}$$

式中, $a > 0$ 是指数分布概率密度函数的参数。所产生的指数分布噪声的期望和方差分别是 $\mu = 1/a$ 和 $\sigma^2 = 1/a^2$。

5. 均匀噪声

均匀分布噪声的概率密度函数可以表示为

$$p(z) = \begin{cases} \dfrac{1}{b-a} & a \leq z \leq b \\ 0 & \text{其他} \end{cases} \tag{5-5}$$

式中, a、b 是均匀分布概率密度函数的参数。所产生的均匀分布噪声的期望和方差分别是 $\mu = (a+b)/2$ 和 $\sigma^2 = (b-a)^2/12$。

6. 脉冲噪声

双极脉冲噪声的概率密度函数可以表示为

$$p(z) = \begin{cases} P_a & z = a \\ P_b & z = b \\ 0 & \text{其他} \end{cases} \tag{5-6}$$

式中, a、b 是噪声的两个极值,通常为极大灰度值(在图像中将显示为一个白点)或极小灰

度值(显示为一个黑点)。若 P_a 或 P_b 有一个为 0，则双极脉冲噪声变为单极脉冲噪声。如果只有极大值噪声，则是盐噪声；如果只有极小值噪声，则是胡椒噪声。如果 P_a 和 P_b 均不为 0，尤其是它们近似相等时，脉冲噪声值将类似于随机分布在图像上的胡椒和盐粉微粒，称为椒盐噪声。

5.2.2 噪声仿真

由于噪声无处不在，为了模仿实际应用环境，也为了评估图像处理算法性能，通常需要对噪声模型进行仿真，在干净的图像上人为地添加各类噪声。在此假设噪声独立于空间坐标，并且它与图像本身无关联，即是独立同分布的加性噪声。

【例 5-1】 给干净的图像分别添加椒盐噪声、高斯噪声或瑞利噪声。

#给图像添加椒盐噪声的 Python 函数：

```python
def addSaltAndPepper(src,percentage):
    NoiseImg=src.copy()
    NoiseNum=int(percentage * src.shape[0] * src.shape[1])
    for i in range(NoiseNum):
        #产生[0,src.shape[0]-1]之间的随机整数
        randX=random.randint(0,src.shape[0]-1)
        randY=random.randint(0,src.shape[1]-1)
        if random.randint(0,1)==0:
            NoiseImg[randX,randY]=0
        else:
            NoiseImg[randX,randY]=255
    return NoiseImg
```

#给图像添加高斯噪声的 Python 函数：

```python
def addGaussianNoise(src,mu,sigma):
    NoiseImg=src.copy()
    NoiseImg=NoiseImg/NoiseImg.max()
    rows=NoiseImg.shape[0]
    cols=NoiseImg.shape[1]
    for i in range(rows):
        for j in range(cols):
            NoiseImg[i,j]=NoiseImg[i,j]+random.gauss(mu,sigma)
            if  NoiseImg[i,j]< 0:
                NoiseImg[i,j]=0
            elif  NoiseImg[i,j]>1:
                NoiseImg[i,j]=1
    NoiseImg=np.uint8(NoiseImg * 255)
    return NoiseImg
```

给图像添加瑞利噪声的 Python 函数：

```python
def addRayleighNoise(src,scale):
    NoiseImg=src.copy()
    NoiseImg=NoiseImg/NoiseImg.max()
    rows=NoiseImg.shape[0]
    cols=NoiseImg.shape[1]
    for i in range(rows):
        for j in range(cols):
            NoiseImg[i,j]=NoiseImg[i,j]+np.random.rayleigh(scale)
            if  NoiseImg[i,j]< 0:
                NoiseImg[i,j]=0
            elif  NoiseImg[i,j]>1:
                NoiseImg[i,j]=1
    NoiseImg=np.uint8(NoiseImg*255)
    return NoiseImg
```

程序运行结果如图 5-2 所示，第一行是加噪声的图像，第二行是对应的直方图。通过直方图可以直观地了解到噪声的分布情况。

5.2.3　空域滤波去噪方法

除了第 3 章介绍的均值滤波、高斯滤波、中值滤波外，更多的空域滤波去噪声算法有算术均值(Arithmetic Mean)、几何均值(Geometric Mean)、谐波均值(Harmonic Mean)、逆谐波均值(Contraharmonic Mean)、自适应中值滤波(Adaptive Filtering)等。

1. 算术均值滤波

算术均值滤波器可以表示为

$$\hat{f}(x,y)=\frac{1}{mn}\sum_{(s,t)\in S_{xy}}g(s,t) \tag{5-7}$$

式中，$g(s,t)$ 是退化图像，$\hat{f}(x,y)$ 是去噪的估计图像，S_{xy} 是以 (x,y) 为中心点的邻域集合，mn 是集合 S_{xy} 中的像素点数。算术均值滤波实际上就是均值滤波。

2. 几何均值滤波

几何均值滤波器可以表示为

$$\hat{f}(x,y)=\left[\prod_{(s,t)\in S_{xy}}g(s,t)\right]^{\frac{1}{mn}} \tag{5-8}$$

几何均值滤波是将 S_{xy} 内的各像素点的灰度值进行累乘，再开 $1/mn$ 次方，以保持整个图像的亮度范围。几何均值滤波可以实现与算术均值滤波类似的平滑，且图像细节的损失较小。

3. 谐波均值滤波

谐波均值滤波器可以表示为

$$\hat{f}(x,y)=\frac{mn}{\sum_{(s,t)\in S_{xy}}\frac{1}{g(s,t)}} \tag{5-9}$$

谐波均值滤波器适合去除盐噪声，但不适合去除胡椒噪声，其也可以用于去除其他类型的噪声，如高斯噪声。

4. 逆谐波均值滤波

逆谐波均值滤波器可以表示为

$$\hat{f}(x,y) = \frac{\sum\limits_{(s,t) \in S_{xy}} g(s,t)^{Q+1}}{\sum\limits_{(s,t) \in S_{xy}} g(s,t)^{Q}} \quad (5\text{-}10)$$

式中，Q 是滤波器的阶数。当 $Q=0$ 时，逆谐波均值滤波器退化成算术均值滤波器；当 $Q=-1$ 时，逆谐波均值滤波器退化成谐波均值滤波器。

当逆谐波均值滤波器的阶数 Q 为负值时，它与谐波均值滤波器一样，可以消除盐噪声；而当 Q 为正值时，逆谐波均值滤波器可用来消除胡椒噪声。但逆谐波均值滤波器不能同时消除胡椒噪声和盐噪声，具体示例如图 5-3 所示。图 5-3a 是被 10% 盐噪声污染的图像，使用 $Q=-1.5$ 的逆谐波均值滤波器进行滤波可以得到比较好的效果，而使用 $Q=1.5$ 的逆谐波均值滤波器进行滤波，则图像质量下降情况更加严重。

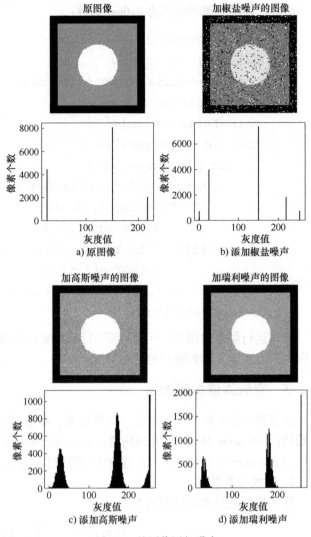

图 5-2　给图像添加噪声

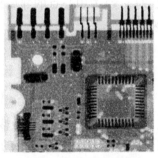  

a) 被10%盐噪声污染的图像　　b) 逆谐波均值滤波Q=-1.5　　c) 逆谐波均值滤波Q=1.5

图 5-3　逆谐波均值滤波效果图

5. 自适应中值滤波

前面所讨论的滤波器都是应用于整个图像的，而没有考虑图像特征随位置变化的情况。也就是前面假设图像特征是移不变的，图像中不同区域的特征情况是相同的，因此采用的是全图共享的滤波核来进行图像复原。但实际情况是图像特征是移可变的，图像中不同区域的特征情况是不相同的、不均匀的。为此人们考虑图像不同区域的特征，研究自适应滤波器，也就是让滤波核的大小或者权重随着滤波区域的特征而改变。

自适应中值滤波器是比较典型的自适应滤波器，它是在中值滤波器的基础上改进得到的。由于中值滤波器可以滤除出现周期小于1/2窗口的噪声，因此滤波核的大小决定了它能滤除的噪声的多少。滤波核越大，它能滤除的噪声越多，但产生的模糊程度也会更加严重；滤波核越小，则滤波后的模糊程度较轻，但能滤除的噪声越少。因此滤波核的大小应恰当选择，当图像区域灰度变化较平滑时，图像的细节较少，这时滤波核应设置得较大些，以滤除更多的噪声；而当图像区域灰度变化较剧烈时，图像的细节较多，这时滤波核应设置得较小些，以尽量保留细节信息。基于以上思想，自适应中值滤波器的滤波核大小应根据图像区域的平滑度而变化。

自适应中值滤波算法描述如下：

Stage A：

$$A_1 = Z_{med} - Z_{min}$$

$$A_2 = Z_{med} - Z_{max}$$

If $A_1 > 0$ and $A_2 < 0$

跳转至 stage B

else

加大滤波核 S_{xy} 大小

If 滤波核 S_{xy} 大小 $\leq S_{max}$

复重 stage A

else

输出 Z_{med}

Stage B：

$$B_1 = Z_{xy} - Z_{min}$$

$$B_2 = Z_{xy} - Z_{max}$$

If $B_1 > 0$ and $B_2 < 0$

输出 Z_{xy}

else

输出 Z_{med}

首先对一些符号进行约定：

S_{xy}：中心为(x,y)的模板子集； Z_{min}：S_{xy}集合中的最小灰度值；

Z_{max}：S_{xy}集合中的最大灰度值； Z_{med}：S_{xy}集合中的灰度值中值；

Z_{xy}：(x,y)像素点的灰度值； S_{max}：设置的S_{xy}的最大模板大小。

算法在处理 Stage A 时，首先将滤波核所对应区域的中值与最小值、最大值进行比较，若滤波核的中值等于最小值，或者等于最大值，则认为滤波核所对应的区域较平滑，可以扩大滤波核的大小，然后再返回 Stage A 进入下一轮迭代；反之，若滤波核的中值既不等于最小值，也不等于最大值，则认为滤波核所对应的区域已经不平滑了，按照 Stage B 来计算中心像素点的灰度值。

运行到 Stage B 时，已经确定了滤波核的大小。在处理 Stage B 时，算法将中心像素点的

当前灰度值 Z_{xy} 与区域中的最小值、最大值进行比较，若当前灰度值 Z_{xy} 既不等于最小值，也不等于最大值，则保留当前灰度值；反之，若当前灰度值 Z_{xy} 等于最小值，或者等于最大值，则用区域中值 Z_{med} 取代当前灰度值 Z_{xy}。

【例5-2】 对于图5-4，若设置 $S_{max}=7$，初始滤波核大小为 3×3，则自适应中值滤波后的中心像素点的值为多少？

按照自适应中值滤波算法来处理中心像素点，首先 stage A，初始滤波核大小是 3×3，围绕中心像素点的邻域，可以计算得到 $A_1=Z_{med}-Z_{min}=0$，$A_2=Z_{med}-Z_{max}=-4$，这时 $A_1>0$ 不成立，因为中值等于最小值，算法认为该区域还比较平滑，则需要加大滤波核大小，由 3×3 扩展为 5×5，然后判断新滤波核大小是否超过设置的 S_{max}，本例中 5<7，那么返回 Stage A 进入下一轮迭代。

5	5	5	5	5
7	5	5	5	5
7	5	9	5	10
7	7	7	7	9
7	7	6	7	8

图5-4 待处理灰度图像

目前滤波核大小已经是 5×5，围绕中心像素点的邻域，可以计算得到 $A_1=Z_{med}-Z_{min}=2$，$A_2=Z_{med}-Z_{max}=-3$，这时 $A_1>0$ and $A_2<0$ 成立，算法认为该区域已经不平滑了，则不再扩大滤波核大小，而是跳转到 Stage B 去计算中心像素点的灰度值。

在 Stage B，中心像素点的当前灰度值为 9，既不等于最小值 5，也不等于最大值 10，那么，算法最后保留当前灰度值。最后，自适应中值滤波后中心像素点的灰度值为 9。

自适应中值滤波对中值滤波进行了改进，同中值滤波一样，自适应中值滤波非常适合用来去除脉冲噪声，但也可以平滑其他类型的噪声。与中值滤波相比较，自适应中值滤波可以处理空间密度更大的脉冲噪声，并且对于过度细化或增厚的物体边界，失真较小。

5.2.4 频域滤波去噪方法

频域滤波非常适合用来去除周期噪声。周期噪声主要是在图像采集过程中由于电子信息的干扰导致的。图像处理中的周期噪声强度随空间而有起伏波动，呈现周期性。周期噪声不是对图像某一特定区域具有影响，而是对整个图像空域都有影响，是众多噪声中唯一的空间依赖型噪声。空域上周期出现的噪声在频域上对应的是孤立的频点，因此比较方便用频域滤波器来将其滤除。

图5-5是周期噪声在空域和频域的表现示例。其中，图5-5a 是空域上有水平方向周期噪声的图像，对应在频域上是垂直轴上孤立的对称频点；图5-5b 是空域上有垂直方向周期噪声的图像，对应在频域上是水平轴上孤立的对称频点；图5-5c 是空域上有水平和垂直方向周期噪声的图像，对应在频域上是孤立的对称频点；图5-5d 是空域上有 45°和-45°方向周期噪声的图像，对应在频域上是孤立的对称频点。

周期噪声在频域上通常表现为孤立的对称频点，因此通常可使用带阻滤波器或者陷波滤波器进行去除。如果噪声的频点较多，用带阻滤波器比较合适；如果噪声的频点较少，用陷波滤波器更合适。

1. 带阻滤波器

带阻滤波器可以抑制距离频域中心一定距离的一个圆环区域的频率成分，因此通常可以用带阻滤波器来抑制频率分布在一个圆环区域的周期噪声，主要分为三种：理想带阻滤波器、巴特沃斯带阻滤波器和高斯带阻滤波器。图5-6所示的是理想带阻滤波器的平面图。其中，W 是圆环的宽度；D 代表频谱上任意一点到中心圆点的距离：$D(u,v)=\sqrt{(u-u_0)^2+(v-v_0)^2}$，$(u_0,v_0)$ 是直流分量的坐标；D_0 是圆环半径，$D_0-W/2$ 是内圆半径，$D_0+W/2$ 是外圆半径。

a) 添加水平方向周期噪声的图像及频谱

b) 添加垂直方向周期噪声的图像及频谱

c) 添加水平和垂直方向周期噪声的图像及频谱

d) 添加45°和-45°方向周期噪声的图像及频谱

图 5-5 不同方向周期噪声的图像及频谱

理想带阻滤波器、巴特沃斯带阻滤波器和高斯带阻滤波器的传递函数分别为

$$H(u,v)=\begin{cases}1 & D(u,v)<D_0-\dfrac{W}{2}\\[2mm]0 & D_0-\dfrac{W}{2}\leq D(u,v)\leq D_0+\dfrac{W}{2}\\[2mm]1 & D(u,v)>D_0+\dfrac{W}{2}\end{cases} \qquad (5\text{-}11)$$

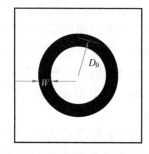

图 5-6 理想带阻滤波器平面图

$$H(u,v)=\cfrac{1}{1+\left[\cfrac{D(u,v)W}{D^2(u,v)-D_0^2}\right]^{2n}} \qquad (5\text{-}12)$$

$$H(u,v)=1-e^{-\frac{1}{2}\left[\frac{D^2(u,v)-D_0^2}{D(u,v)W}\right]^2} \qquad (5\text{-}13)$$

三种带阻滤波器的三维视图如图 5-7 所示。

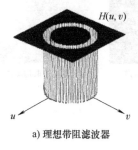  

a) 理想带阻滤波器

b) 巴特沃斯带阻滤波器

c) 高斯带阻滤波器

图 5-7 三种的带阻滤波器三维视图

2. 陷波滤波器

陷波滤波器阻止事先定义的中心频率邻域内的频率，常用的也有三种：理想陷波滤波器、巴特沃斯陷波滤波器和高斯陷波滤波器，如图 5-8 所示。它们的传递函数类似于高通滤波器，区别在于高通滤波器阻止的中心频率固定为 0 频，而陷波滤波器阻止的中心频率是根

据情况选定的。陷波滤波器也用于去除周期噪声。虽然带阻滤波器也可以去除周期噪声，但是带阻滤波器对噪声以外的成分也衰减严重，而陷波滤波器主要对某个频点进行衰减，其余成分的损失较少。

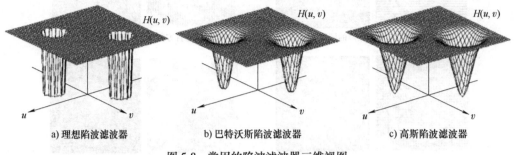

a) 理想陷波滤波器　　　　b) 巴特沃斯陷波滤波器　　　　c) 高斯陷波滤波器

图 5-8　常用的陷波滤波器三维视图

3. 二值遮罩滤波

对于一些特定频率的噪声，可以定义一些二值遮罩，以消除周期噪声的影响。对于不同方向的周期噪声，可以采用不同方向的二值遮罩，如图 5-9 所示。设计二值遮罩时，需要注意傅里叶变换是共轭对称的，因此其低频移中后的频谱应该是中心对称的。

为了更精准地去除周期噪声并保留有效信号，可以采用更小的遮罩来定位噪声频率并进行去除。例如，对于图 5-10a 中 45° 和−45° 方向的周期噪声，

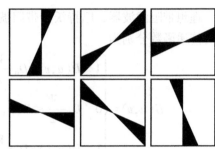

图 5-9　不同方向的二值遮罩示意图

在频域上对应着孤立的对称频点，如图 5-10b 所示，可以采用图 5-10c 所示的方法去除周期噪声，重构后的图像如图 5-10d 所示。

a) 带周期噪声图像　　b) 周期噪声频谱　　c) 遮罩滤波后频谱　　d) 滤波后重构图像

图 5-10　去除周期噪声示意图

5.3　图像退化模型

5.3.1　线性移不变退化模型

图像复原实际上是图像退化的逆过程，如果能弄清楚图像退化的过程，那么就可以利用其逆过程来复原图像。输入图像 $f(x,y)$ 经过某个退化系统后输出的是一幅退化的图像，为

了讨论方便，本章在建立图像退化模型时仅考虑加性噪声，这也与许多实际应用情况一致。

如图 5-11 所示，原始图像 $f(x,y)$ 经过一个退化系统 H 的作用，再和噪声 $n(x,y)$ 进行叠加，产生一幅退化后的图像 $g(x,y)$。图像复原的目的就是依据退化图像 $g(x,y)$，基于假设的退化模型 H，利用图像复原滤波器获得原始图像的一个估计 $\hat{f}(x,y)$，如图 5-12 所示。人们希望估计图像 $\hat{f}(x,y)$ 尽可能地接近原始输入图像 $f(x,y)$。通常，H 和 $n(x,y)$ 的信息知道得越多，所得到的估计图像 $\hat{f}(x,y)$ 就越接近原始输入图像 $f(x,y)$。

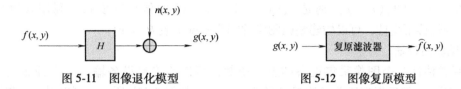

图 5-11　图像退化模型　　　　　　　　图 5-12　图像复原模型

在空域中的图像退化过程可以由以下公式表示：
$$g(x,y)=H[f(x,y)]+n(x,y) \tag{5-14}$$

为了简化研究，通常对退化模型 H 做以下假设：

1) H 是线性的，具有均匀性和可加性，用数学公式可表示为
$$H[k_1f_1(x,y)+k_2f_2(x,y)]=k_1H[f(x,y)]+k_2H[f_2(x,y)] \tag{5-15}$$

2) H 是空间（或移位）不变的，对任一个 $f(x,y)$ 和任一个常数 α 和 β 都有
$$H[f(x-\alpha,y-\beta)]=g(x-\alpha,y-\beta) \tag{5-16}$$

就是说图像上任一点的运算结果只取决于该点的输入值，而与坐标位置无关。

根据以上假设，如果 H 是线性的、位置（空间）不变的退化模型，那么图像的退化过程类似于一种线性的卷积运算，图像的退化过程可简化为
$$g(x,y)=h(x,y)*f(x,y)+n(x,y) \tag{5-17}$$

式中，$h(x,y)$ 是退化函数的空间表示。

由于空间域的卷积等同于频率域的乘积，所以式（5-17）的频率域描述为
$$G(u,v)=H(u,v)F(u,v)+N(u,v) \tag{5-18}$$

式中，$G(u,v)$、$F(u,v)$、$H(u,v)$ 和 $N(u,v)$ 分别是 $g(x,y)$、$f(x,y)$、$h(x,y)$ 和 $n(x,y)$ 的二维傅里叶变换。

此外，线性卷积可以转化成 Toeplitz 矩阵与向量的乘积形式（具体介绍见 5.5.1 节），即
$$g(x,y)=h(x,y)*f(x,y)\Rightarrow \boldsymbol{g}=\boldsymbol{H}_{\mathrm{T}}\boldsymbol{f} \tag{5-19}$$

式中，$\boldsymbol{H}_{\mathrm{T}}$ 是 $h(x,y)$ 的 Toeplitz 矩阵，$\boldsymbol{g}$、$\boldsymbol{f}$ 分别是 $g(x,y)$ 和 $f(x,y)$ 的向量形式。因此，图像的退化过程也可以表示为
$$\boldsymbol{g}=\boldsymbol{H}_{\mathrm{T}}\boldsymbol{f}+\boldsymbol{n} \tag{5-20}$$

式中，$\boldsymbol{n}$ 是 $n(x,y)$ 的向量形式。

线性移不变的图像退化过程通常有式（5-17）、式（5-18）、式（5-20）三种表示方式。

在图像复原处理中，尽管非线性、时变和空间变化的系统模型更具有普遍性和准确性，并与复杂的退化环境更接近，然而在实际应用中上述模型常常找不到解或者很难用计算机来处理。因此，在图像复原处理中，往往用线性、空间不变系统模型来近似求解。

5.3.2　退化函数的估计

如果退化函数已知，则图像复原将变得较为简单。在图像复原中，有三种主要估计退化

函数的方法：观察法、试验法和数学建模法。

1. 图像观察估计法

对于一幅模糊退化的图像，取图像中一个信号较强、噪声较小的子图像 $g_s(x,y)$，然后对该子图像进行一系列的滤波处理，尽量获得效果较好的估计图像 $\widehat{f}_s(x,y)$，那么，当忽略噪声时，可得到局部退化模型为

$$H_s(u,v) = G_s(u,v)/\widehat{F}_s(u,v) \tag{5-21}$$

式中，$G_s(u,v)$ 和 $\widehat{F}_s(u,v)$ 分别是 $g_s(x,y)$ 和 $\widehat{f}_s(x,y)$ 的傅里叶变换。利用观察信息和 $H_s(u,v)$ 的位移不变性，可以构建整幅图像的降质系统函数 $H(u,v)$。

2. 试验估计法

如果要估计一个图像采集设备的退化函数，可以给采集设备输入一个冲激信号，如图 5-13a 所示，然后根据所获得的观察图像 $g(x,y)$，如图 5-13b 所示，可以得到采集设备的退化函数。若观察图像 $g(x,y)$ 的傅里叶变换为 $G(u,v)$，冲激信号的傅里叶变换为常量 A，则该采集设备的退化模型为

$$H(u,v) = \frac{G(u,v)}{A} \tag{5-22}$$

a) 输入信号　　　　b) 采集得到的信号

图 5-13　图像采集设备的输入信号与输出信号

式中，当 $A=1$ 时，采集设备的退化模型即等价于观察输出图像，因此在很多地方，退化函数又称为点扩散函数。

3. 数学建模法

在某些情况下，退化模型要把引起退化的环境因素考虑在内。例如，式(5-23)所表示的退化模型是基于大气湍流的物理特性提出的。

$$H(u,v) = \exp\left[-k(u^2+v^2)^{5/6}\right] \tag{5-23}$$

式中，k 是与湍流的性质有关的常数。

5.3.3　平面运动模糊退化模型

平面运动模糊退化是由于目标与成像系统间的相对匀速直线运动造成的退化。成像系统中任一像素点的总曝光等于按下快门的时间段内的曝光积分和，即

$$g(x,y) = \int_0^T f[x+x_0(t),y+y_0(t)]\mathrm{d}t \tag{5-24}$$

式中，$x_0(t)$ 和 $y_0(t)$ 是随时间变化的移动距离，T 是按下快门的时长。若对运动模糊图像 $g(x,y)$ 进行傅里叶变换，可得到

$$
\begin{aligned}
G(u,v) &= \int_{-\infty}^{+\infty}\int_{-\infty}^{+\infty} g(x,y)\mathrm{e}^{-\mathrm{j}2\pi(ux+vy)}\mathrm{d}x\mathrm{d}y \\
&= \int_{-\infty}^{+\infty}\int_{-\infty}^{+\infty}\int_0^T f(x+x_0(t),y+y_0(t))\mathrm{d}t\,\mathrm{e}^{-\mathrm{j}2\pi(ux+vy)}\mathrm{d}x\mathrm{d}y \\
&= \int_0^T\left[\int_{-\infty}^{+\infty}\int_{-\infty}^{+\infty} f(x+x_0(t),y+y_0(t))\mathrm{e}^{-\mathrm{j}2\pi(ux+vy)}\mathrm{d}x\mathrm{d}y\right]\mathrm{d}t
\end{aligned} \tag{5-25}
$$

由于空域的平移等价于频域乘以一个复指数，因此

$$G(u,v) = \int_0^T \left[F(u,v) e^{-j2\pi(ux_0(t)+vy_0(t))} \right] dt$$

$$= F(u,v) \int_0^T e^{-j2\pi(ux_0(t)+vy_0(t))} dt \tag{5-26}$$

显然，平面运动模糊的退化函数为

$$H(u,v) = \int_0^T e^{-j2\pi(ux_0(t)+vy_0(t))} dt \tag{5-27}$$

假如成像时，目标物是均速直线运动的，并且

$$\begin{cases} x_0(t) = a\dfrac{t}{T} \\[2mm] y_0(t) = b\dfrac{t}{T} \end{cases} \tag{5-28}$$

则此运动模糊的点扩散函数为

$$H(u,v) = \int_0^T e^{-j2\pi(ux_0(t)+vy_0(t))} dt$$

$$= \int_0^T e^{-j2\pi(uat+vbt)/T} dt \tag{5-29}$$

$$= \frac{T}{\pi(au+bv)} \sin(au+bv) e^{-j\pi(au+bv)}$$

在实际应用中，通常用空域平滑滤波来仿真运动模糊。运动模糊的退化函数主要有两个重要参数：①模糊尺度；②模糊方向。模糊尺度可以由滤波核的大小来决定，滤波核越大，模糊程序越强烈；模糊方向由滤波核中非 0 项的排列方向来决定，如图 5-14 所示，其中图 5-14a 滤波核将产生垂直方向的运动模糊，图 5-14b 滤波核将产生−45°方向的运动模糊。

$$1/5 \begin{bmatrix} 1 \\ 1 \\ 1 \\ 1 \\ 1 \end{bmatrix}$$

a) 垂直方向运动模糊核

b)−45°方向运动模糊核

图 5-14 产生不同方向运动模糊的平滑滤波核

图 5-15 是一个运动模糊示例，对图 5-15a 所示的待处理灰度图像，使用与图 5-14b 相似的滤波核，大小为 30×30，非 0 元素在−45°方向，产生的运动模糊图像如图 5-15b 所示。

a) 待处理灰度图像

b)−45°方向运动模糊图像

图 5-15 图像及其运动模糊图像

5.4 图像复原算法

根据点扩散函数(Point Spread Function,PSF)是否已知,图像复原大致可分为两类:

① 盲去卷积方法,即图像的 PSF 是未知的;

② 非盲去卷积方法,即图像的 PSF 是已知的。

本章所介绍的图像复原方法都是已知图像 PSF 的,属于非盲去卷积方法。另外,按照图像复原的目标函数中是否添加约束项,图像复原算法又分为无约束的图像复原和有约束的图像复原。

5.4.1 无约束的图像复原

1. 逆滤波方法

逆滤波是适用于无噪声、已知图像 PSF 情况下的图像复原。在无噪声的理想情况下,空域上的线性移不变退化模型可以表示为

$$g(x,y)=h(x,y)*f(x,y) \tag{5-30}$$

对式(5-30)两边进行傅里叶变换可得

$$G(u,v)=F(u,v)H(u,v) \tag{5-31}$$

式(5-31)等价于:

$$F(u,v)=\frac{G(u,v)}{H(u,v)} \tag{5-32}$$

对式(5-32)进行傅里叶反变换可重构 $\widehat{f}(x,y)$:

$$\widehat{f}(x,y)=\text{IDFT}(F(u,v))=\text{IDFT}\left(\frac{G(u,v)}{H(u,v)}\right) \tag{5-33}$$

式中,$H(u,v)$ 可以理解为成像系统的"滤波"传递函数。在频域中系统的传递函数与原图像信号相乘实现"正向滤波",这里 $G(u,v)$ 除以 $H(u,v)$ 起到了"反向滤波"的作用。这意味着,如果已知退化图像的傅里叶变换和"滤波"传递函数,就可以求得原始图像的傅里叶变换,经傅里叶反变换就可恢复原始图像 $f(x,y)$。这就是逆滤波复原的基本原理。

对于矩阵向量形式的移不变退化模型:$g=Hf$,逆滤波的目标是找到一个估计图像 $\widehat{f}$,使得退化图像 g 与估计的退化图像 $H\widehat{f}$ 最逼近,也就是让它们的均方误差最小。因此,逆滤波的目标函数为

$$J(\widehat{f})=\|H\widehat{f}-g\|_2^2 \tag{5-34}$$

式中,H 是退化函数的 Toeplitz 矩阵。在此目标函数中只有保真项 $\|H\widehat{f}-g\|_2^2$,而没有约束项,因此逆滤波属于无约束的图像复原算法。

目标函数最小化的方法是将目标函数 $J(\widehat{f})$ 对 $\widehat{f}$ 求偏导,并令其等于 0,则有

$$\min_f\{J(\widehat{f})\}\Leftrightarrow\frac{\partial J(\widehat{f})}{\partial\widehat{f}}=0\Leftrightarrow\frac{\partial\|H\widehat{f}-g\|_2^2}{\partial\widehat{f}}=0$$

$$\Leftrightarrow 2H^{\text{T}}(H\widehat{f}-g)=0\Leftrightarrow H^{\text{T}}H\widehat{f}=H^{\text{T}}g \tag{5-35}$$

$$\Leftrightarrow\widehat{f}=(H^{\text{T}}H)^{-1}H^{\text{T}}g$$

$$\Leftrightarrow\widehat{f}=H^{-1}(H^{\text{T}})^{-1}H^{\text{T}}g$$

H 为方阵时，$(H^{T})^{-1}H^{T}$ 等于单位矩阵，于是有

$$\hat{f}=H^{-1}(H^{T})^{-1}H^{T}g \Leftrightarrow \hat{f}=H^{-1}g \tag{5-36}$$

由于 H 是分块循环矩阵，根据式(5-81)有 $H=A^{-1}\Lambda A$，则

$$\hat{f}=(A^{-1}\Lambda A)^{-1}g=A^{-1}\Lambda^{-1}Ag \Leftrightarrow A\hat{f}=\Lambda^{-1}Ag \tag{5-37}$$

根据傅里叶变换的矩阵向量形式：$\hat{F}=A\hat{f}$ 以及 $G=Ag$，又因为 $\Lambda=\mathrm{diag}\{H(0),H(1),\cdots,H(N-1)\}$，所以

$$\hat{F}(u,v)=\frac{G(u,v)}{H(u,v)} \tag{5-38}$$

式(5-38)得到了与式(5-32)相同的逆滤波公式。

2. 伪逆滤波方法

逆滤波没有考虑噪声的影响，但现实中噪声无处不在。在有噪声的情况下，逆滤波图像复原公式可以改写为

$$F(u,v)=\frac{G(u,v)-N(u,v)}{H(u,v)} \tag{5-39}$$

由于 $N(u,v)$ 未知，即使知道退化函数 $H(u,v)$，也无法精确复原未退化的图像。并且，当 $H(u,v)$ 的取值非常小或者趋于 0 时，等式右侧会变得极大。在这种情况，即使没有噪声，也无法精确地恢复 $f(x,y)$。

实际上，逆滤波的传递函数不是用 $1/H(u,v)$，而是采用另外一个关于 (u,v) 的函数 $M(u,v)$。它的处理框图如图 5-16 所示。

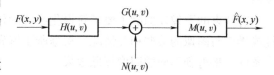

图 5-16 所示的模型包括了退化和恢复运算。退化和恢复中的传递函数分别用 $H(u,v)$ 和 $M(u,v)$ 来表示。式(5-32)可以改写为

图 5-16 逆滤波处理框图

$$\hat{F}(u,v)=[H(u,v)F(u,v)]M(u,v) \tag{5-40}$$

在没有零点并且也不存在噪声的情况下有

$$M(u,v)=\frac{1}{H(u,v)} \tag{5-41}$$

在有噪声情况下，一般可以将图像的退化过程视为一个具有一定带宽的带通滤波器，随着频率的升高，$H(u,v)$ 的幅度迅速下降，而噪声项 $N(u,v)$ 的幅度变化是比较平缓的。这样在高频区 $N(u,v)/H(u,v)$ 的值就会变得很大，使噪声占了优势，自然无法满意地恢复出原图像。这一现象说明，仅在原点的低频区可采用式(5-41)进行逆滤波图像复原，而在远离原点的高频区并不适用式(5-41)的逆滤波图像复原。因此，需要使用以下公式进行伪逆滤波：

$$M(u,v)=\begin{cases}\dfrac{1}{H(u,v)} & u^2+v^2\leqslant w_0^2 \\ k & u^2+v^2>w_0^2\end{cases} \tag{5-42}$$

式中，w_0 是设置的原点邻域半径。当 $u^2+v^2\leqslant w_0^2$ 时，即靠近原点时，传递函数采用 $1/H(u,v)$，否则传递函数固定为 k，即一个较小的正数。另外，要注意 w_0 的选择应该将 $H(u,v)$ 的零点排除在此邻域之外。

图 5-17 是逆滤波与伪逆滤波的图像复原效果比较，设置 $k=1$。图 5-17a 是逆滤波效果，

图 5-17b 是 $w_0 = 40$ 的伪逆滤波效果，图 5-17c 是 $w_0 = 70$ 的伪逆滤波效果，图 5-17d 是 $w_0 = 85$ 的伪逆滤波效果。由图可知，截止频率 w_0 的选取是非常重要的，在此例中 $w_0 = 70$ 时，图像复原效果最佳。

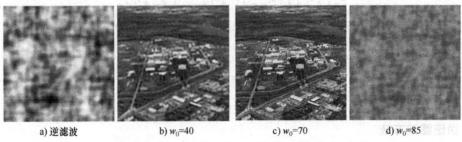

| a) 逆滤波 | b) $w_0=40$ | c) $w_0=70$ | d) $w_0=85$ |

图 5-17　逆滤波与伪逆滤波 $k=1$ 的图像复原效果比较

5.4.2　有约束的图像复原

逆滤波在恢复图像 f 时，除了要求 Hf 在最小二乘意义下最接近 g 以外，没有做其他的约束和规定，因此逆滤波属于无约束的图像复原法。但很多时候，为了在复原图像时还达到某种其他目的，通常会附加某种约束条件或特殊规定。这类图像复原属于有约束的图像复原。

有约束的图像复原除了要了解退化系统的传递函数之外，还需要知道图像的某些统计特性或噪声与图像的某些相关情况。根据所了解先验知识的不同，在目标函数中添加不同的约束条件，来得到不同的图像复原效果。

假设对图像 f 做 Q 变换，d 是可能的变换结果，若图像存在某种统计特性满足关系 $Qf = d$，那么将此先验信息作为约束条件添加到目标函数中，可以得到有约束图像复原方法的通用目标函数：

$$J(\hat{f}) = (\|H\hat{f} - g\|_2^2 - \|n\|_2^2) + \lambda(\|Q\hat{f} - d\|_2^2) \tag{5-43}$$

式中，λ 是一个拉格朗日系数。等号右边前面那个括号是目标函数的保真项，而后面那个括号是根据先验知识得到的目标函数的约束项。不同的图像复原算法，约束项有所不同。

1. 维纳滤波

维纳滤波又称最小均方误差滤波，它是由 Wiener 首先提出的。维纳滤波是一种综合了退化函数和噪声统计特性的图像复原方法。该方法建立在图像和噪声都是随机变量的基础上，目标是寻找原始图像 f 的一个估计 $\hat{f}$，使 f 和 $\hat{f}$ 之间的均方误差最小。维纳滤波的目标函数可以表示为

$$J(\hat{f}) = E[(f - \hat{f})^2] \tag{5-44}$$

式中，$E[\cdot]$ 是参数的期望值。采用最小均方误差准则作为最佳过滤准则的原因在于它的理论分析比较简单，不要求对概率的描述。

假设噪声 η 和图像 f 是独立的变量，也就是两信号的互相关 $R_{f\eta} = R_{\eta f} = 0$，其中：

$$R_{f\eta} = E[f\eta^{\mathrm{T}}] = \begin{bmatrix} E[f_1\eta_1] & E[f_1\eta_2] & \cdots & E[f_1\eta_N] \\ \vdots & \vdots & & \vdots \\ E[f_N\eta_1] & E[f_N\eta_2] & \cdots & E[f_N\eta_N] \end{bmatrix} = 0 \tag{5-45}$$

维纳滤波是要找到这样一个线性变换 $\hat{f} = Pg$，让其目标的均方误差最小，因此维纳滤波

的目标函数变为

$$J(\boldsymbol{P})=E\big[\,(\boldsymbol{f}-\boldsymbol{P}\boldsymbol{g})^2\,\big] \tag{5-46}$$

若 $\boldsymbol{p}_n^{\mathrm{T}}$ 是 $\boldsymbol{P}$ 的第 n 行向量，则

$$J(\boldsymbol{P})=E\Big[\sum_n\,(f_n-\boldsymbol{p}_n^{\mathrm{T}}\boldsymbol{g})^2\Big]=\sum_n E\big[\,(f_n-\boldsymbol{p}_n^{\mathrm{T}}\boldsymbol{g})^2\,\big] \tag{5-47}$$

进而有

$$J(\boldsymbol{P})=\sum_n E\big[\,(f_n-\boldsymbol{p}_n^{\mathrm{T}}\boldsymbol{g})(f_n-\boldsymbol{p}_n^{\mathrm{T}}\boldsymbol{g})^{\mathrm{T}}\,\big]=\sum_n \boldsymbol{R}_{f_nf_n}-2\boldsymbol{p}_n^{\mathrm{T}}\boldsymbol{R}_{gf_n}+\boldsymbol{p}_n^{\mathrm{T}}\boldsymbol{R}_{gg}\boldsymbol{p}_n \tag{5-48}$$

目标函数最小化的方法是将目标函数 $J(\boldsymbol{P})$ 对 $\boldsymbol{p}_n$ 求偏导，并令其等于 0，则有

$$\frac{\partial}{\partial \boldsymbol{p}_n}(\boldsymbol{R}_{f_nf_n}-2\boldsymbol{p}_n^{\mathrm{T}}\boldsymbol{R}_{gf_n}+\boldsymbol{p}_n^{\mathrm{T}}\boldsymbol{R}_{gg}\boldsymbol{p}_n)=0$$

$$\Leftrightarrow -2\boldsymbol{R}_{gf_n}+2\boldsymbol{R}_{gg}\boldsymbol{p}_n=0 \Leftrightarrow \boldsymbol{p}_n=\boldsymbol{R}_{gg}^{-1}\boldsymbol{R}_{gf_n} \tag{5-49}$$

$$\Leftrightarrow \boldsymbol{p}_n^{\mathrm{T}}=\boldsymbol{R}_{f_ng}\boldsymbol{R}_{gg}^{-1}$$

将所有行合并，得到

$$\boldsymbol{P}=\boldsymbol{R}_{fg}\boldsymbol{R}_{gg}^{-1} \tag{5-50}$$

因此，必须计算两个矩阵 $\boldsymbol{R}_{fg}$ 和 $\boldsymbol{R}_{gg}$：

$$\boldsymbol{R}_{gg}=E\big[\,\boldsymbol{g}\boldsymbol{g}^{\mathrm{T}}\,\big]=E\big[\,(\boldsymbol{H}\boldsymbol{f}+\boldsymbol{\eta})(\boldsymbol{H}\boldsymbol{f}+\boldsymbol{\eta})^{\mathrm{T}}\,\big]$$

$$=E\big[\,\boldsymbol{H}\boldsymbol{f}\boldsymbol{f}^{\mathrm{T}}\boldsymbol{H}^{\mathrm{T}}+\boldsymbol{H}\boldsymbol{f}\boldsymbol{\eta}^{\mathrm{T}}+\boldsymbol{\eta}\boldsymbol{f}^{\mathrm{T}}\boldsymbol{H}^{\mathrm{T}}+\boldsymbol{\eta}^{\mathrm{T}}\boldsymbol{\eta}\,\big] \tag{5-51}$$

$$=\boldsymbol{H}\boldsymbol{R}_{ff}\boldsymbol{H}^{\mathrm{T}}+\boldsymbol{H}\boldsymbol{R}_{f\eta}+\boldsymbol{R}_{\eta f}\boldsymbol{H}^{\mathrm{T}}+\boldsymbol{R}_{\eta\eta}$$

由于假设图像与噪声不相关，则可以得到

$$\boldsymbol{R}_{gg}=\boldsymbol{H}\boldsymbol{R}_{ff}\boldsymbol{H}^{\mathrm{T}}+\boldsymbol{R}_{\eta\eta} \tag{5-52}$$

同样可以得到

$$\boldsymbol{R}_{fg}=E\big[\,\boldsymbol{f}\boldsymbol{g}^{\mathrm{T}}\,\big]=E\big[\,\boldsymbol{f}(\boldsymbol{H}\boldsymbol{f}+\boldsymbol{\eta})^{\mathrm{T}}\,\big]=\cdots=\boldsymbol{R}_{ff}\boldsymbol{H}^{\mathrm{T}} \tag{5-53}$$

最后，可以得到

$$\boldsymbol{P}=\boldsymbol{R}_{fg}\boldsymbol{R}_{gg}^{-1}=\boldsymbol{R}_{ff}\boldsymbol{H}^{\mathrm{T}}(\boldsymbol{H}\boldsymbol{R}_{ff}\boldsymbol{H}^{\mathrm{T}}+\boldsymbol{R}_{\eta\eta})^{-1} \tag{5-54}$$

因此

$$\widehat{\boldsymbol{f}}=\boldsymbol{P}\boldsymbol{g}\Leftrightarrow\widehat{\boldsymbol{f}}=\boldsymbol{R}_{ff}\boldsymbol{H}^{\mathrm{T}}(\boldsymbol{H}\boldsymbol{R}_{ff}\boldsymbol{H}^{\mathrm{T}}+\boldsymbol{R}_{\eta\eta})^{-1}\boldsymbol{g} \tag{5-55}$$

进而有

$$\widehat{\boldsymbol{f}}=(\boldsymbol{H}^{\mathrm{T}}\boldsymbol{R}_{\eta\eta}^{-1}\boldsymbol{H}+\boldsymbol{R}_{ff}^{-1})^{-1}\boldsymbol{H}^{\mathrm{T}}\boldsymbol{R}_{\eta\eta}^{-1}\boldsymbol{g} \tag{5-56}$$

式 (5-56) 就是维纳滤波器。一些特殊情况下的维纳滤波器有：

（1）无模糊情况

若图像退化没有出现模糊现象，只有噪声，也就是 $\boldsymbol{H}$ 是单位矩阵，那么 $\boldsymbol{g}=\boldsymbol{f}+\boldsymbol{\eta}$，这时维纳滤波器将变为

$$\widehat{\boldsymbol{f}}=\boldsymbol{R}_{ff}(\boldsymbol{R}_{ff}+\boldsymbol{R}_{\eta\eta})^{-1}\boldsymbol{g} \tag{5-57}$$

（2）无噪声情况

若图像退化只有模糊，没有噪声，也就是 $\boldsymbol{R}_{\eta\eta}=0$，那么 $\boldsymbol{g}=\boldsymbol{H}\boldsymbol{f}$，维纳滤波器将变为

$$\widehat{\boldsymbol{f}}=\boldsymbol{H}^{-1}\boldsymbol{g} \tag{5-58}$$

这时维纳滤波器退化为逆滤波器。

（3）没有模糊也没有噪声

若图像既没有模糊，也没有噪声，也就是 $\boldsymbol{H}$ 是单位矩阵，并且 $\boldsymbol{R}_{\eta\eta}=0$，那么维纳滤波

器将变为

$$\widehat{f}=g \tag{5-59}$$

这时维纳滤波器什么也不做。

由于大多数图像的相邻像素之间的相关性很强，而在 20 个像素以外，其相关性逐渐减弱而趋于 0，在这个条件下，R_{ff} 和 $R_{\eta\eta}$ 可近似为分块循环矩阵，根据分块循环矩阵的对角表示形式，可以得到

$$\begin{cases} H=A^{-1}\Lambda_H A \\ R_{ff}=A^{-1}\Lambda_{ff}A \\ R_{\eta\eta}=A^{-1}\Lambda_{\eta\eta}A \end{cases} \tag{5-60}$$

代入式(5-55)，得到

$$\begin{aligned} \widehat{f}&=R_{ff}H^T(HR_{ff}H^T+R_{\eta\eta})^{-1}g \\ &=(A^{-1}\Lambda_{ff}A)(A^{-1}\Lambda_H^*A)[(A^{-1}\Lambda_H A)(A^{-1}\Lambda_{ff}A)(A^{-1}\Lambda_H^*A)+(A^{-1}\Lambda_{\eta\eta}A)]^{-1}g \\ &\Leftrightarrow A\widehat{f}=\Lambda_{ff}\Lambda_H^*(\Lambda_H\Lambda_{ff}\Lambda_H^*+\Lambda_{\eta\eta})^{-1}Ag \end{aligned} \tag{5-61}$$

根据傅里叶变换的性质，可以得到

$$\widehat{F}(u,v)=\frac{S_{ff}(u,v)H^*(u,v)}{S_{ff}(u,v)\,|H(u,v)|^2+S_{\eta\eta}(u,v)}G(u,v) \tag{5-62}$$

式中，$S_{ff}(u,v)=\mathrm{DFT}(R_{ff})$ 是图像的功率谱，$S_{\eta\eta}(u,v)=\mathrm{DFT}(R_{\eta\eta})$ 是噪声的功率谱。如果噪声不为 0，则可以定义信噪比：

$$\mathrm{SNR}(u,v)=\frac{S_{ff}(u,v)}{S_{\eta\eta}(u,v)} \tag{5-63}$$

式(5-62)进一步整理，可得到维纳滤波器的常用表示公式：

$$\widehat{F}(u,v)=\frac{H^*(u,v)}{|H(u,v)|^2+\mathrm{SNR}^{-1}(u,v)}G(u,v) \tag{5-64}$$

如果用 K 代替分母中的噪信比，则式(5-64)又可以改写为

$$\widehat{F}(u,v)=\frac{H^*(u,v)}{|H(u,v)|^2+K}G(u,v) \tag{5-65}$$

维纳滤波复原法不存在极点，即当 $H(u,v)$ 很小或变为零时，分母至少为 K，而且 $H(u,v)$ 的零点也转换成了维纳滤波器的零点，抑制了噪声，所以它在一定程度上克服了逆滤波复原方法的缺点。图 5-18 是逆滤波、伪逆滤波与维纳滤波的图像复原效果比较，维纳滤波器参数 $K=0.01$。

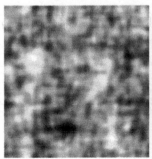

a) 逆滤波　　　　　　　b) $w_0=70$ 的伪逆滤波　　　　　c) $K=0.01$ 的维纳滤波

图 5-18　逆滤波、伪逆滤波与维纳滤波的图像复原效果比较

以下代码是实现维纳滤波的 Python 函数：

```
def wiener(input,PSF,eps,K=0.01):          # 维纳滤波,K=0.01
    input_fft=fft.fft2(input)
    PSF_fft=fft.fft2(PSF)+eps
    PSF_fft_1=np.conj(PSF_fft)/(np.abs(PSF_fft)**2+K)
    result=fft.ifft2(input_fft*PSF_fft_1)
    result=np.abs(fft.fftshift(result))
    return result
```

虽然维纳滤波避免了频域处理的病态问题，对噪声放大有自动抑制作用，且噪声越强，作用越明显，但是对具体问题，有时得到的结果不能令人满意。这是因为：

① 维纳滤波假设是线性系统，但实际上图像的记录和评价图像的人的视觉系统往往都是非线性的。

② 维纳滤波是根据最小均方误差准则设计的最佳滤波器。这个准则不见得与人类视觉判断准则相符合。均方误差准则对所有的误差，不管其处在图像中的位置如何，都赋以同样的权值。由于使均方误差最小化，图像进行了平滑。而人眼对暗处和高梯度区域的误差较大，维纳滤波以一种并非最适合人眼的方式对图像进行评价。

③ 维纳滤波是基于平稳随机过程的模型。但实际存在的图像并不一定都符合这个模型，大多数图像都是高度非平稳的。此外，维纳滤波只利用了图像的协方差信息，其他的有用信息没有充分利用。

2. 约束最小二乘滤波

自然图像具有平滑的特性。因此，约束最小二乘滤波在目标函数中添加惩罚项，迫使图像平滑，来满足自然图像的要求。约束最小二乘滤波的目标函数可表示为

$$J(\hat{f},\lambda)=\|H\hat{f}-g\|_2^2+\lambda\|Q\hat{f}\|_2^2 \tag{5-66}$$

式中，Q 是一个高通滤波器（如拉普拉斯滤波器），它是一个分块循环矩阵；$Q\hat{f}$ 是提取图像的高频分量，在目标函数中添加此惩罚项的目的是迫使图像的高频分量最小，使图像最平滑；λ 是一个常数（拉格朗日乘子）。

对式（5-66）求偏导，并让其值为 0，可得到

$$\frac{\partial}{\partial\hat{f}}J(\hat{f},\lambda)=0\Leftrightarrow\hat{f}=(H^TH+\lambda Q^TQ)^{-1}H^Tg \tag{5-67}$$

参数 λ 控制着复原后图像的平滑程度。

① $\lambda=0$ 时，滤波器变为 $\hat{f}=(H^TH)^{-1}H^Tg$，此时滤波器退化为逆滤波器；

② $\lambda=\infty$ 时，滤波器变为 $\hat{f}=0$，复原得到的是无起伏的图像。

利用分块循环矩阵的对角表示形式以及傅里叶变换的性质，可得到

$$\hat{F}(u,v)=\frac{H^*(u,v)}{|H(u,v)|^2+\lambda|Q(u,v)|^2}G(u,v) \tag{5-68}$$

式（5-68）是约束最小二乘滤波的数学表示公式。

图 5-19 是逆滤波、维纳滤波和约束最小二乘滤波在不同噪声强度下的图像复原效果比较。图 5-19a 是退化图像，既有运动模糊，也有噪声，并且由上到下，噪声强度逐渐减小。图 5-19b 是对应的逆滤波效果，图 5-19c 是对应的维纳滤波效果，图 5-19d 是对应的约束最

小二乘滤波效果。由图可知，在噪声较大的情况下，逆滤波的复原效果很差，而约束最小二乘滤波的复原效果较好。此外，约束最小二乘滤波的参数 λ 是一个标量，较容易确定；而维纳滤波需要估计信噪比 SNR，通常 SNR 不是一个常量，因此较难估计。

a) 退化图像   b) 逆滤波   c) 维纳滤波   d) 约束最小二乘滤波

图 5-19　几种图像复原效果比较

对式(5-66)，若选择不同形式的矩阵 Q，则可得到不同类型的有约束最小二乘类图像复原方法。相对于无约束问题，有约束条件的图像复原更符合图像退化的实际情况，因此其适应面更加广泛。

5.5　补充数学知识

在分析图像复原方法时，会用到一些数学推导，而卷积这种特殊的数学运算不方便进行数学推导，因此常将卷积运算转化成矩阵向量的乘积形式。

5.5.1　卷积的矩阵向量表示

1. 一维线性卷积的矩阵向量表示

将一维线性卷积的计算公式进行展开，可以将一维线性卷积运算转化成 Toeplitz 矩阵与向量的乘积形式，即

$$h(n) * f(n) = H_T f \tag{5-69}$$

式中，H_T 是由 $h(n)$ 构造的 Toeplitz 矩阵，f 是 $f(n)$ 的向量形式。

Toeplitz 矩阵简称 T 型矩阵，它是由 Bryc、Dembo、Jiang 于 2006 年提出的。Toeplitz 矩

阵的主对角线上的元素相等，平行于主对角线的元素也相等，矩阵中的各元素关于次对角线对称，即 T 型矩阵为次对称矩阵。

一个 $N×N$ 的 Toeplitz 矩阵 $\boldsymbol{T}$ 可由长度为 $(2N-1)$ 的向量 $\boldsymbol{t}=\{t_n\mid-(N-1)\leqslant n\leqslant(N-1)\}$ 构建，$\boldsymbol{T}(m,n)=t_{m-n}$。Toeplitz 矩阵的第一列等于 $[t_0,t_1,t_2,\cdots,t_{N-1}]^{\mathrm{T}}$，它的每列（行）都是前一列（行）移位得到的，移位后最后一个元素将会消失，而最前面会有新的元素出现，如图 5-20 所示。

$$\{t_{-(N-1)},\cdots,t_{-1},t_0,t_1,\cdots t_{N-1}\}\Longrightarrow T=\begin{bmatrix} t_0 & t_{-1} & t_{-2} & \cdots & t_{-(N-1)} \\ t_1 & t_0 & t_{-1} & \ddots & \vdots \\ t_2 & \ddots & \ddots & \ddots & t_{-2} \\ \vdots & \ddots & \ddots & \ddots & t_{-1} \\ t_{N-1} & \cdots & t_2 & t_1 & t_0 \end{bmatrix}_{N\times N}$$

(2N−1)元向量　　　　　　　　　　N×N的Toeplitz矩阵

图 5-20　一维向量构造 Toeplitz 矩阵的过程

【例 5-3】 若有两个向量 $f(n)=[1,2,2]$，$h(n)=[1,-1]$，$N_1=3$，$N_2=2$，将两个向量的一维线性卷积转化成 Toeplitz 矩阵与向量的乘积形式。

解： 根据式（5-69），线性卷积若要转化成 Toeplitz 矩阵与向量的乘积形式，首先需获得向量的 Toeplitz 矩阵。卷积满足乘法交换率，因此 $f(n)$ 和 $h(n)$ 具有相同的地位，可以将 $f(n)$ 转化成 Toeplitz 矩阵，也可以将 $h(n)$ 转化成 Toeplitz 矩阵。在此使用 $h(n)$ 来构造 Toeplitz 矩阵。

线性卷积的大小维度为 $N=N_1+N_2-1=4$，因此先扩展 $h(n)=[1,-1,0,0]$，然后按照规则构造向量 $h(n)$ 的 Toeplitz 矩阵：

$$\boldsymbol{H}_{\mathrm{T}}=\begin{bmatrix} 1 & 0 & 0 \\ -1 & 1 & 0 \\ 0 & -1 & 1 \\ 0 & 0 & -1 \end{bmatrix} \tag{5-70}$$

式中，$\boldsymbol{H}_{\mathrm{T}}$ 的第一列等于 $h(n)$，其后的每一列都是前一列移位得到的，移位后最后一个元素将会消失，而最前面会有新的元素出现。获得了 Toeplitz 矩阵后，就可以将一维线性卷积转化成 Toeplitz 矩阵与向量乘积的形式：

$$\boldsymbol{g}=h(n)*f(n)=\boldsymbol{H}_{\mathrm{T}}\boldsymbol{f}=\begin{bmatrix} 1 & 0 & 0 \\ -1 & 1 & 0 \\ 0 & -1 & 1 \\ 0 & 0 & -1 \end{bmatrix}\times\begin{bmatrix} 1 \\ 2 \\ 2 \end{bmatrix}=\begin{bmatrix} 1 \\ 1 \\ 0 \\ -2 \end{bmatrix} \tag{5-71}$$

上式计算的结果与例 5-3 线性卷积的结果一致，证明了 Toeplitz 矩阵与向量乘积的形式与线性卷积是等价的。

2. 一维循环卷积的矩阵向量表示

同样，可以将一维循环卷积运算转化成循环矩阵与向量的乘积形式，即

$$h(n)\otimes f(n)=\boldsymbol{H}_{\mathrm{C}}\boldsymbol{f} \tag{5-72}$$

式中，$\boldsymbol{H}_{\mathrm{C}}$ 是由 $h(n)$ 构造的循环矩阵，$\boldsymbol{f}$ 是 $f(n)$ 的向量形式。

循环矩阵是一种特殊形式的 Toeplitz 矩阵，与 Toeplitz 矩阵一样，其主对角线上的元素相等，平行于主对角线的元素也相等，矩阵中的各元素关于次对角线对称；与 Toeplitz 矩阵

不同的地方是，它的每列（行）都是前一列（行）循环移位得到的，也就是最后一个元素将移位到下一列（行）的最前面，如图 5-21 所示。若由一个长度为 N 的向量 $\boldsymbol{c}=\{c_n\,|\,0\leqslant n\leqslant N-1\}$ 来构建一个 $N\times N$ 的循环矩阵 $\boldsymbol{C}$，则 $C(m,n)=c_{(m-n)\,\mathrm{bmod}N}$。

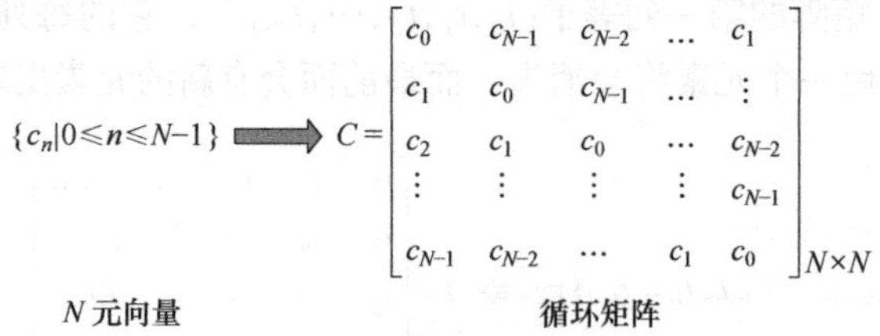

$$\{c_n|0\leqslant n\leqslant N-1\}\implies C=\begin{bmatrix} c_0 & c_{N-1} & c_{N-2} & \cdots & c_1 \\ c_1 & c_0 & c_{N-1} & \cdots & \vdots \\ c_2 & c_1 & c_0 & \cdots & c_{N-2} \\ \vdots & \vdots & \vdots & \vdots & c_{N-1} \\ c_{N-1} & c_{N-2} & \cdots & c_1 & c_0 \end{bmatrix}_{N\times N}$$

N 元向量　　　　　　　　　　　　循环矩阵

图 5-21　一维向量构造循环矩阵的过程

【例 5-4】　若有两个向量 $f(n)=[1,2,2]$，$h(n)=[1,-1]$，$N_1=3$，$N_2=2$，将两个向量的一维循环卷积转化成循环矩阵与向量的乘积形式。

解：首先用 $h(n)$ 来构造循环矩阵。循环卷积结果的长度为 $N=\max(N_1,N_2)=3$，因此先扩展 $h(n)=[1,-1,0]$，然后按照规则构造向量 $h(n)$ 的循环矩阵：

$$\boldsymbol{H}_{\mathrm{C}}=\begin{bmatrix} 1 & 0 & -1 \\ -1 & 1 & 0 \\ 0 & -1 & 1 \end{bmatrix} \tag{5-73}$$

式中，$\boldsymbol{H}_{\mathrm{C}}$ 的第一列等于 $h(n)$，其后的每一列都是前一列的循环移位，最后一个元素将移到下一列的最前面，注意第三列的第一个元素是 -1，而不是 0。获得了循环矩阵后，就可以将一维循环卷积转化成循环矩阵与向量的乘积形式：

$$\boldsymbol{g}=h(n)\otimes f(n)=\boldsymbol{H}_{\mathrm{C}}\boldsymbol{f}=\begin{bmatrix} 1 & 0 & -1 \\ -1 & 1 & 0 \\ 0 & -1 & 1 \end{bmatrix}\times\begin{bmatrix} 1 \\ 2 \\ 2 \end{bmatrix}=\begin{bmatrix} -1 \\ 1 \\ 0 \end{bmatrix} \tag{5-74}$$

式 (5-74) 计算的结果与例 4-3 循环卷积的结果一致，证明了循环矩阵与向量的乘积形式与循环卷积是等价的。

3. 二维矩阵卷积的矩阵向量表示

图像是二维的离散矩阵，二维矩阵的卷积同样也可以转化成矩阵与向量乘积的形式。一种简单的方法是先将二维离散矩阵变成一维向量，然后再转化成矩阵与向量乘积形式。也可以将二维矩阵的线性卷积转化成分块 Toeplitz 矩阵与向量乘积形式，即

$$f(x,y)*h(x,y)=\boldsymbol{H}_{\mathrm{dbT}}\boldsymbol{f} \tag{5-75}$$

二维矩阵的循环卷积转化成分块循环矩阵与向量乘积形式，即

$$f(x,y)\otimes h(x,y)=\boldsymbol{H}_{\mathrm{dbC}}\boldsymbol{f} \tag{5-76}$$

式中，$\boldsymbol{H}_{\mathrm{dbT}}$ 是 $h(x,y)$ 构造的分块 Toeplitz 矩阵，$\boldsymbol{H}_{\mathrm{dbC}}$ 是 $h(x,y)$ 构造的分块循环矩阵。在分块矩阵 $\boldsymbol{H}_{\mathrm{db}}$（如式 (5-77)）中，每一个元素都是一个子矩阵，每个子矩阵都是 Toeplitz（循环）结构，可由二维矩阵 $h(x,y)$ 的一列向量构造一个 Toeplitz（循环）结构的子矩阵，然后整个矩阵也是 Toeplitz（循环）结构的，因此称为分块 Toeplitz（循环）矩阵。

$$\boldsymbol{H}_{\mathrm{db}}=\begin{bmatrix} \boldsymbol{H}_{11} & \boldsymbol{H}_{12} & \cdots & \boldsymbol{H}_{1N} \\ \boldsymbol{H}_{21} & \boldsymbol{H}_{22} & \cdots & \boldsymbol{H}_{2N} \\ \vdots & \vdots & & \vdots \\ \boldsymbol{H}_{M1} & \boldsymbol{H}_{M2} & \cdots & \boldsymbol{H}_{MN} \end{bmatrix} \tag{5-77}$$

卷积的矩阵向量表示将特殊的卷积运算转化成普通的矩阵向量运算，非常方便图像复原中的数学公式推导，并且由于可以用离散傅里叶变换快速解循环矩阵，所以在图像复原中有重要的应用。

5.5.2 循环矩阵的对角形式

任意的循环矩阵可以被傅里叶变换矩阵对角化，用公式可表示为

$$\Lambda = AHA^{-1} \tag{5-78}$$

式中，H 是向量 $h(n)$ 构造的循环矩阵；A 是傅里叶变换核，如式(5-79)所示；A^{-1} 是 A 的逆矩阵，如式(5-80)所示；$\Lambda = \text{diag}\{H(0),H(1),\cdots,H(N-1)\}$，其中 $H(n) = \text{DFT}(h(n))$。

$$A = \begin{bmatrix} (W_N^0)^0 & (W_N^0)^1 & (W_N^0)^2 & \cdots & (W_N^0)^{N-1} \\ (W_N^1)^0 & (W_N^1)^1 & (W_N^1)^2 & \cdots & (W_N^1)^{N-1} \\ (W_N^2)^0 & (W_N^2)^1 & (W_N^2)^2 & \cdots & (W_N^2)^{N-1} \\ \vdots & \vdots & \vdots & & \vdots \\ (W_N^{N-1})^0 & (W_N^{N-1})^1 & (W_N^{N-1})^2 & \cdots & (W_N^{N-1})^{N-1} \end{bmatrix} \tag{5-79}$$

$$A^{-1} = \frac{1}{N}(A^*)^{\text{T}} = \frac{1}{N}\left(\begin{bmatrix} (W_N^0)^0 & (W_N^0)^1 & (W_N^0)^2 & \cdots & (W_N^0)^{N-1} \\ (W_N^1)^0 & (W_N^1)^1 & (W_N^1)^2 & \cdots & (W_N^1)^{N-1} \\ (W_N^2)^0 & (W_N^2)^1 & (W_N^2)^2 & \cdots & (W_N^2)^{N-1} \\ \vdots & \vdots & \vdots & & \vdots \\ (W_N^{N-1})^0 & (W_N^{N-1})^1 & (W_N^{N-1})^2 & \cdots & (W_N^{N-1})^{N-1} \end{bmatrix}^* \right)^{\text{T}} \tag{5-80}$$

根据式(5-78)，可以进一步推导一个常用公式：

$$A^{-1}\Lambda = HA^{-1} \Leftrightarrow H = A^{-1}\Lambda A \tag{5-81}$$

此外，由于卷积运算可以写成矩阵向量形式：$g(n) = h(n) \otimes f(n) \Leftrightarrow g = Hf$，那么

$$g = HA^{-1}Af \Leftrightarrow Ag = AHA^{-1}Af \tag{5-82}$$

根据傅里叶变换的矩阵向量形式：$G = Ag$ 以及 $F = Af$，又因为 $\Lambda = AHA^{-1}$，所以 $G = \Lambda F$，也就是可以得到

$$\begin{bmatrix} G(0) \\ G(1) \\ \vdots \\ G(N-1) \end{bmatrix} = \begin{bmatrix} H(0) & 0 & \cdots & 0 \\ 0 & H(1) & \cdots & 0 \\ \vdots & \vdots & & \vdots \\ 0 & 0 & \cdots & H(N-1) \end{bmatrix} \begin{bmatrix} F(0) \\ F(1) \\ \vdots \\ F(N-1) \end{bmatrix} \tag{5-83}$$

$$\downarrow \qquad\qquad \downarrow \qquad\qquad \downarrow$$

$$\text{DFT of } g(n) \qquad \text{DFT of } h(n) \qquad \text{DFT of } f(n)$$

式(5-78)和式(5-81)在图像复原算法的数学推导中经常会应用到。

练　习

5-1　图像增强和图像复原有何异同？

5-2　编写 Python 代码，给图像添加均匀分布噪声。

125

5-3 编写 Python 代码，给图像添加正弦波噪声，并利用频域滤波去除噪声。

5-4 引起图像退化的原因有哪些？常见的图像退化模型包含哪些种类？

5-5 请写出线性移不变图像退化模型的几种数学表示。

5-6 非盲去卷积方法中，如何选择一个合适的 PSF 值？

5-7 编写 Python 代码，给图像添加 45°平面均速运动模糊，并用逆滤波去除模糊。

5-8 编写 Python 代码，给图像添加大气湍流模糊以及高斯噪声，并用维纳滤波对图像进行复原。

5-9 编写 Python 代码，给图像添加方向为 60°的平面均速运动模糊以及高斯噪声，并用有约束最小二乘法进行图像复原。

第6章

图像的几何变换与几何校正

图像几何变换借鉴了图形学的几何变换理论，一个图形的基本要素是点，点构成线，线构成面，若干面构成体，因此只要改变了图形上的各点坐标位置，整个图形就完成了变换。类似的，图像几何变换(又称为图像空间变换)是将一幅图像中的坐标位置映射到另一幅图像中的新坐标位置。我们学习几何变换的关键就是要确定这种空间映射关系，以及映射过程中的变换参数。图像的几何变换通常只改变像素的空间坐标，而不改变像素的灰度值，这与在第3章学习的灰度变换截然不同，灰度变换只改变像素的灰度值，而不改变像素的空间坐标。

图像几何变换通常包含两种运算：①坐标变换，表示输出图像与输入图像之间(像素)空间坐标的映射关系；②灰度插值，通过空间坐标变换所产生的输出图像，可能会出现一些空白点，因此需要对这些空白点进行灰度级的插值处理，否则影响变换后的图像质量。

6.1 基本的坐标变换

假设有一幅定义在(x,y)坐标上的图像f经过坐标变换T后，变形产生了定义在(x',y')坐标上的图像g。f和g之间的坐标变换可以表示为

$$(x',y') = T\{(x,y)\} \tag{6-1}$$

例如，若$(x',y') = T\{(x,y)\} = (2x,2y)$，则这个变换表示缩放变换，即将图像$f$的大小在空间维度上放大一倍。图像基本的几何变换包括平移、镜像、旋转、缩放等。

6.1.1 图像平移

图像平移就是将图像中所有的像素点按照指定的平移量水平或者垂直移动。若原图像f上的像素点(x,y)，在水平和垂直方向上分别移动Δx和Δy，在目标图像g上的位置是(x',y')，如图6-1所示，则两点之间存在如下关系：

$$\begin{cases} x' = x + \Delta x \\ y' = y + \Delta y \end{cases} \tag{6-2}$$

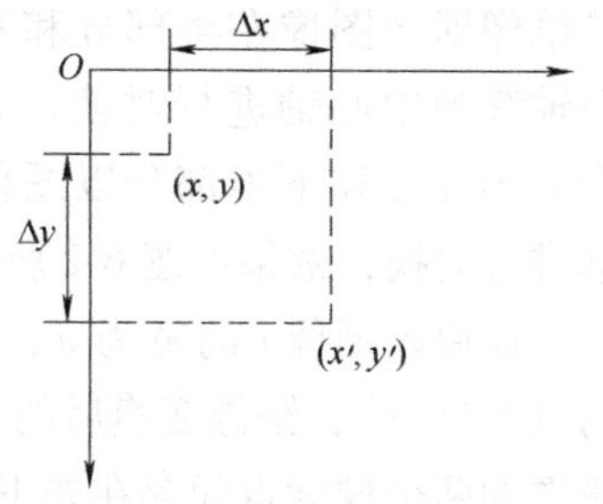

此变换只改变了像素点的坐标，像素点的灰度值未变，即$g(x',y') = f(x,y)$。将此变换表示成矩阵形式，可以得到

图6-1 图像平移示意图

$$\begin{bmatrix} x' \\ y' \\ 1 \end{bmatrix} = \begin{bmatrix} 1 & 0 & \Delta x \\ 0 & 1 & \Delta y \\ 0 & 0 & 1 \end{bmatrix} \begin{bmatrix} x \\ y \\ 1 \end{bmatrix} \tag{6-3}$$

式(6-3)中的 3×3 矩阵即平移变换矩阵。

OpenCV 工具包实现几何变换分为两个步骤：

① 生成变换矩阵；

② 使用变换矩阵完成几何变换。

OpenCV 工具包提供了两个几何变换函数：cv2. warpAffine( ) 和 cv2. warpPerspective( )，使用这两个函数可以实现所有的基本几何变换。需要注意的是，cv2. warpAffine( ) 函数接收的变换矩阵是 2×3 的矩阵，而 cv2. warpPerspective( ) 函数接收的变换矩阵是 3×3 的矩阵。例如，以下两个 Python 子函数都可以实现图像平移(dx，dy)的效果。

```
#使用 cv2. warpAffine( )函数实现图像平移的 Python 子函数
def move( img,dx=50,dy=50):
    rows,cols=img. shape[:2]
    M0=np. float32([[1,0,dx],[0,1,dy]])        #生成 2×3 的平移变换矩阵
    dst0=cv2. warpAffine(img,M0,(cols,rows))   #实现平移
    return dst0

#使用 cv2. warpPerspective( )函数实现图像平移的 Python 子函数
def move( img,dx=50,dy=50):
    rows,cols=img. shape[:2]
    M0=np. float32([[1,0,dx],[0,1,dy],[0,0,1]])    #生成 3×3 的平移变换
                                                   #矩阵
    dst0=cv2. warpPerspective(img,M0,(cols,rows))   #实现平移
    return dst0
```

图像平移后，出现的空白区域可以统一设置为 0 或 255。对于原图像中被移出图像显示区域的点通常也有两种处理方法：直接丢弃或者通过增加目标图像尺寸(将新生成的图像宽度增加 dx，高度增加 dy)的方法使新图像中能够包含这些点。

6.1.2 镜像变换

图像的镜像又分为水平镜像和垂直镜像。水平镜像即将图像左半部分和右半部分以图像垂直中轴线为中心轴进行对换，而垂直镜像则是将图像上半部分和下半部分以图像水平中轴线为中心轴进行对换，效果如图 6-2 所示。

设原始图像 f 的宽为 w，高为 h，原始图像中的点为 (x,y)，镜像变换后的点为 (x',y')，则垂直镜像的两个像素点间存在如下关系：

$$\begin{cases} x'=x \\ y'=h-y \end{cases} \qquad (6-4)$$

将此变换表示成矩阵形式，可以得到垂直镜像变换矩阵：

a) 垂直镜像   b) 水平镜像

图 6-2 图像镜像的效果图

$$\begin{bmatrix} x' \\ y' \\ 1 \end{bmatrix} = \begin{bmatrix} 1 & 0 & 0 \\ 0 & -1 & h \\ 0 & 0 & 1 \end{bmatrix}\begin{bmatrix} x \\ y \\ 1 \end{bmatrix} \tag{6-5}$$

水平镜像的两个像素点间存在如下关系:

$$\begin{cases} x' = w - x \\ y' = y \end{cases} \tag{6-6}$$

将此变换表示成矩阵形式,可以得到水平镜像变换矩阵:

$$\begin{bmatrix} x' \\ y' \\ 1 \end{bmatrix} = \begin{bmatrix} -1 & 0 & w \\ 0 & 1 & 0 \\ 0 & 0 & 1 \end{bmatrix}\begin{bmatrix} x \\ y \\ 1 \end{bmatrix} \tag{6-7}$$

利用 OpenCV 工具包中的 cv2. warpAffine( ) 和 cv2. warpPerspective( ) 函数可以实现镜像变换。

6.1.3 图像旋转

通常图像的旋转是以图像的中心为原点,旋转一定的角度,即将图像上的所有像素都旋转一个相同的角度,如图 6-3 所示。这意味着在图像旋转之前,通常会有一个图像的平移操作,将图像的坐标原点移动到图像中心。

为了方便描述旋转,采用极坐标形式来表示图像。若原始图像 f 的任意点 (x,y),其原始的角度为 α,经旋转角度 β 以后到新的位置 (x',y'),如图 6-4 所示。

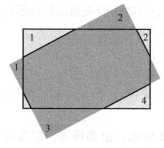

图 6-3 图像旋转示意图

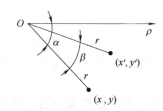

图 6-4 极坐标表示

原始图像的点 (x,y) 可用极坐标表示成如下形式:

$$\begin{cases} x = r\cos\alpha \\ y = r\sin\alpha \end{cases} \tag{6-8}$$

旋转到新位置点 (x',y') 后的极坐标如下:

$$\begin{cases} x' = r\cos(\alpha-\beta) = r\cos\alpha\cos\beta + r\sin\alpha\sin\beta \\ y' = r\sin(\alpha-\beta) = r\sin\alpha\cos\beta - r\cos\alpha\sin\beta \end{cases} \tag{6-9}$$

将式(6-8)代入式(6-9),可得

$$\begin{cases} x' = x\cos\beta + y\sin\beta \\ y' = y\cos\beta - x\sin\beta \end{cases} \tag{6-10}$$

将此变换表示成矩阵形式,可以得到旋转变换的变换矩阵:

$$\begin{bmatrix} x' \\ y' \\ 1 \end{bmatrix} = \begin{bmatrix} \cos\beta & \sin\beta & 0 \\ -\sin\beta & \cos\beta & 0 \\ 0 & 0 & 1 \end{bmatrix}\begin{bmatrix} x \\ y \\ 1 \end{bmatrix} \tag{6-11}$$

若图像旋转角 $\beta = 45°$，则变换关系如下：

$$\begin{cases} x' = 0.707x + 0.707y \\ y' = 0.707y - 0.707x \end{cases} \tag{6-12}$$

以原始图像的点(1, 1)为例，旋转以后坐标为(1.414, 0)，位置坐标出现小数，产生了位置偏差。因此，图像旋转之后，很可能会出现一些空白点，需要对这些空白点进行灰度插值处理，有关灰度插值方法将在6.2节介绍。

OpenCV 工具包提供了一个 cv2. getRotationMatrix2D( )函数，可产生旋转变换矩阵，然后再调用 cv2. warpAffine( )函数可实现旋转变换。

以下是实现图像旋转的 Python 函数：

```python
def rotate(img,angle=45):
    rows,cols=img.shape[:2]
    M1=cv2.getRotationMatrix2D((cols/2,rows/2),angle,1)   #产生旋转
                                                           #变换矩阵
    dst1=cv2.warpAffine(img,M1,(cols,rows))               #实现旋转
    return dst1
```

6.1.4 图像缩放

数字图像的全比例缩放是指将给定的图像在 x 方向和 y 方向按相同的比例 a 缩放，从而获得一幅新的图像，比例缩放前后两点(x,y)、(x',y')之间的关系用矩阵形式可以表示为

$$\begin{bmatrix} x' \\ y' \\ 1 \end{bmatrix} = \begin{bmatrix} a & 0 & 0 \\ 0 & a & 0 \\ 0 & 0 & 1 \end{bmatrix} \begin{bmatrix} x \\ y \\ 1 \end{bmatrix} \tag{6-13}$$

当 $a<1$ 时，图像被缩小(图像缩小又称为图像下采样)；当 $a>1$ 时，图像被放大(图像放大又称为上采样)。

以 $a=2$ 为例，将图像放大一倍，效果如图 6-5 所示。由图可知，图像放大后，出现了很多的空格(像素点没有灰度值)。因此，需要对放大后多出来的一些空格填入适当的像素值，也就是对图像进行插值。图 6-5 采用的是最近邻插值方法，更多灰度插值方法见6.2节。

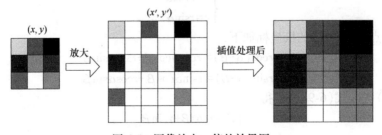

图 6-5 图像放大一倍的效果图

【例6-1】 通过编程对图 6-6a 做一些基本的几何变换，包括平移、旋转、镜像等。

相关的 OpenCV 函数：

1) M = cv2. getRotationMatrix2D(center, angle, scale)

函数功能：输出相应的旋转矩阵。

参数说明：

① center：旋转中心的点坐标；

② angle：逆时针旋转角度；

③ scale：缩放因子。

2）dst = cv2. warpAffine(src, M, dsize[, dst[, flags[, borderMode[, borderValue]]]])

函数功能：输出图像的仿射变换结果。

参数说明：

① src：输入图像；

② M：变换矩阵；

③ dsize：输出图像的大小；

④ flags：插值方法的组合(int 类型!)；

⑤ borderMode：边界像素模式(int 类型!)；

⑥ borderValue：边界填充值，默认情况下为 0。

Python 程序实现代码：

```python
img=cv2. imread( r'..\img\alphabet. jpg',0)
# 平移
dx=dy=50
rows,cols=img. shape[ :2]
M1=np. float32([ [1,0,dx],[0,1,dy] ])    #平移变换矩阵
dst1=cv2. warpAffine(img,M1,(cols,rows))
# 旋转
M2=cv2. getRotationMatrix2D((cols/2,rows/2),30,1)
dst2=cv2. warpAffine(img,M2,(cols,rows))
# 垂直镜像
M3=np. float32([ [1,0,0],[0,-1,rows] ])
dst3=cv2. warpAffine(img,M3,(cols,rows))
......
```

程序运行结果如图 6-6 所示，其中图 6-6b 是水平和垂直方向都平移 50 个像素点，图 6-6c 是将图像旋转 30°，图 6-6d 是将图像进行垂直镜像。

a）待处理灰度图像　　　　b）平移变换　　　　c）旋转30°　　　　d）垂直镜像

图 6-6　图像的基本几何变换

6.2 灰度插值运算

图像坐标变换后，有可能部分输出像素点被映射到输入图像的非整数坐标上，如图 6-7 所示。数字图像只有在整数坐标上有灰度值，因此还需要根据邻近的整数坐标上的灰度值估计出输出像素点的灰度值，这个操作叫作灰度插值运算（也叫作灰度重采样）。

除了图像几何变换时需要进行灰度插值，在从低分辨率图像生成高分辨率图像的过程中，也需要灰度插值操作用以恢复图像中所丢失的信息。传统的图像插值方法有最近邻插值、双线性插值和双三次插值等。

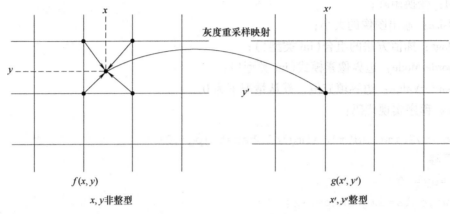

图 6-7 灰度重采样示意图

6.2.1 最近邻插值

最近邻插值又称为零阶插值。它是一种最简单，也是最原始的图像插值算法。若输出图像某像素点映射到输入图像的非整数坐标点(u_0, v_0)，则最近邻插值是从(u_0,v_0)点周围的 4 个相邻的整数坐标点(u,v)、($u+1$,v)、($u+1$,$v+1$)、(u,$v+1$)中，选择距离最近的整数坐标点(u,v)，将其灰度值取为(u_0,v_0)点的灰度值，如图 6-8 所示。

各相邻像素间灰度变化较小时，这种方法是一种简单快捷的方法，但当(u_0,v_0)点相邻像素间灰度差很大时，这种灰度估值方法会产生较大的误差。

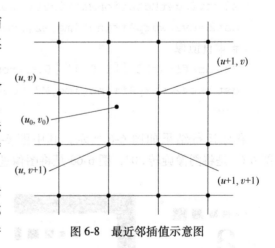

图 6-8 最近邻插值示意图

6.2.2 双线性插值

双线性插值又称为双线性内插。在数学上，双线性插值是有两个变量的插值函数的线性插值扩展，其核心思想是在两个方向分别进行一次线性插值。如图 6-9 所示，假设待求解位置(u_0,v_0)

的灰度值为 $f(u_0, v_0)$，已知点 (u_0, v_0) 在原图像
周围 4 个已知点 (u, v)、$(u+1, v)$、$(u+1, v+1)$、
$(u, v+1)$ 的灰度值为 $f(u, v)$、$f(u+1, v)$、$f(u+1, v+1)$、$f(u, v+1)$。

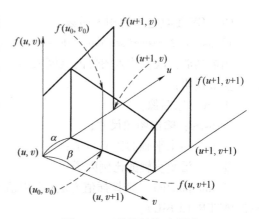

则估算 $f(u_0, v_0)$ 的值，可以分为以下几个
步骤：

1）先根据 $f(u, v)$ 和 $f(u+1, v)$ 计算出
$f(u_0, v)$：

$$f(u_0, v) = f(u, v) + \alpha[f(u+1, v) - f(u, v)]$$
(6-14)

图 6-9 双线性插值示意图

2）再根据 $f(u, v+1)$ 和 $f(u+1, v+1)$ 计算出
$f(u_0, v+1)$：

$$f(u_0, v+1) = f(u, v+1) + \alpha[f(u+1, v+1) - f(u, v+1)]$$
(6-15)

3）最后根据 $f(u_0, v)$ 和 $f(u_0, v+1)$ 计算出 $f(u_0, v_0)$：

$$f(u_0, v_0) = f(u_0, v) + \beta[f(u_0, v+1) - f(u_0, v)]$$
(6-16)

双线性内插法的计算比最近邻插值法复杂，计算量较大，但没有灰度不连续的缺点，结
果基本令人满意。双线性插值具有低通滤波性质，使高频分量受损，图像轮廓可能也会有一
点模糊。

6.2.3 双三次插值

由连续信号采样定理可知，若对采样值用插值函数 $S(x) = \sin(\pi x)/(\pi x)$ 插值，则可精
确地恢复原函数，当然也就可精确得到采样点间任意点的值。基于采样定理的双三次插值又
称为立方插值，它能得到比双线性插值更平滑的图像边缘。双三次插值采用更为复杂的多项
式插值技术对数据点做多项式插值，它不仅考虑 4 个直接邻点灰度值的影响，还考虑周围更
大邻域的灰度值对它的影响，以及各邻点间灰度值变化率的影响。常用的双三次插值考虑的
是周围 16 个像素的灰度值，越靠近插值点的像素权重越大，其权重分布如插值函数 $S(x) = \sin(\pi x)/(\pi x)$ 所示，见图 6-10。因此，双三次插值又称为立方卷积插值。

插值点周围 16 个像素的权重因子，可以按照以下公式计算：

$$W(x) = \begin{cases} (a+2)|x|^3 - (a+3)|x|^2 + 1 & 0 \leqslant |x| < 1 \\ a|x|^3 - 5a|x|^2 + 8a|x| - 4a & 1 \leqslant |x| < 2 \\ 0 & |x| > 2 \end{cases}$$
(6-17)

式中，a 取 -0.5，x 是周围 16 个像素到插值点的距
离。于是插值点的灰度值可以按照式（6-18）进行卷
积计算得到。

$$f(u_0, v_0) = \sum_{i=0}^{3} \sum_{j=0}^{3} f(u_i, v_j) W(u_0 - u_i) W(v_0 - v_j)$$
(6-18)

【例 6-2】 截取一小块子图像，然后放大子图
像，查看使用不同插值算法时的图像放大效果。

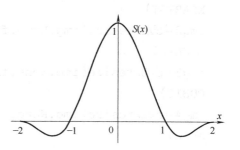

图 6-10 双三次插值的基函数示意图

OpenCV 工具包中的相关函数：

1) dst = cv2. resize(src,dsize,dst = None,fx = None,fy = None,interpolation = None)

函数功能：改变输入图像的维度大小。

参数说明：

① src：原图像；

② dsize：输出图像尺寸；

③ fx：沿水平轴的比例因子；

④ fy：沿垂直轴的比例因子；

⑤ interpolation：选择插值方法（常用值有 cv2. INTER_NEAREST、cv2. INTER_LINEAR、cv2. INTER_CUBIC）。

例：

```
res = cv2. resize(img,(a * width,b * height),interpolation = cv2. INTER_
CUBIC)#a,b 是放大比例
res = cv2. resize(img,None,fx = a,fy = b,interpolation = cv2. INTER_LINEAR)
```

2) dst = cv2. rectangle(src,pt1,pt2,color[,thickness[,lineType[,shift]]])

函数功能：在输入图像上画一个矩形。

参数说明：

① src：输入图像；

② pt1：矩形的左上顶点坐标；

③ pt2：矩形的右下顶点坐标；

④ color：颜色值，如(0, 255, 0)；

⑤ thickness：线的粗细，若为负值，意味着填充矩形；

⑥ lineType：线型；

⑦ shift：点坐标中的小数位数。

Python 实现代码：

```
img0 = cv2. imread(r'..\img\alphabet. jpg')
imgT = cv2. cvtColor(img0,cv2. COLOR_BGR2GRAY)
cv2. rectangle(img0,(160,140),(190,170),(255,0,0),3)#给截取部分加上
                                                    #红色框
img = imgT[140:170,160:190]#截取子图像
img1 = cv2. resize(img,None,fx = 10,fy = 10,interpolation = cv2. INTER_ \
NEAREST)
img2 = cv2. resize(img,None,fx = 10,fy = 10,interpolation = cv2. INTER_ \
LINEAR)
img3 = cv2. resize(img,None,fx = 10,fy = 10,interpolation = cv2. INTER_ \
CUBIC)
img4 = cv2. resize(img,None,fx = 10,fy = 10,interpolation = cv2. INTER_ \
AREA)
……
```

程序运行结果如图 6-11 所示。

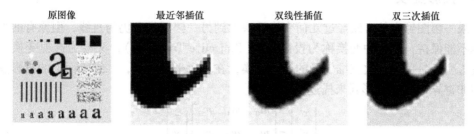

图 6-11　分别使用三种插值方法放大图像的效果比较

这里需要注意：在 OpenCV 的函数里，像素点坐标是(width，height，depth)，而 NumPy 数组下标是(height，width，depth)，因此同样的图像块在 OpenCV 和 NumPy 中的坐标表示是不同的。此外，由运行结果可知，图像放大后，使用最近邻插值，图像边缘会出现锯齿，而双线性插值会产生模糊，相比较而言，双三次插值的图像效果较好。

6.3　图像几何变换类别

根据图像几何变换的形变程度，可以将图像几何变换划分为刚体变换、仿射变换、投影变换和非线性变换等。图 6-12 是不同类别几何变换示意图。

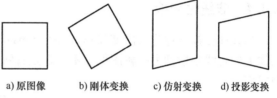

图 6-12　不同类别几何变换示意图

6.3.1　刚体变换

如果一幅图像中的两点间的距离经变换到另一幅图像中后仍然保持不变，则这种变换称为刚体变换(Rigid Transform)。刚体变换仅局限于平移、旋转和反转(镜像)。在二维空间中，点(x,y)经过刚体变换到点(x',y')的变换公式为

$$\begin{bmatrix} x' \\ y' \\ 1 \end{bmatrix} = \begin{bmatrix} \cos\beta & \sin\beta & t_x \\ -\sin\beta & \cos\beta & t_y \\ 0 & 0 & 1 \end{bmatrix}\begin{bmatrix} x \\ y \\ 1 \end{bmatrix} \tag{6-19}$$

式中，β 是旋转角度；$[t_x,t_y]^{\mathrm{T}}$是平移量。

6.3.2　仿射变换

如果一幅图像中的直线经过几何变换后映射到另一幅图像上仍为直线，并且原来的平行直线仍保持平行关系，则这种变换称为仿射变换(Affine Transform)。仿射变换适用于平移、旋转、缩放和反转(镜像)情况，可以用以下公式表示：

$$\begin{bmatrix} x' \\ y' \\ 1 \end{bmatrix} = \begin{bmatrix} a_1 & a_2 & t_x \\ a_3 & a_4 & t_y \\ 0 & 0 & 1 \end{bmatrix}\begin{bmatrix} x \\ y \\ 1 \end{bmatrix} \tag{6-20}$$

式中，$[t_x,t_y]^{\mathrm{T}}$表示平移量，而参数 a_i 则反映了图像旋转、缩放等变化。将参数 t_x、t_y、$a_i(i=1\sim4)$计算出来，即可得到两幅图像的坐标变换关系。

6.3.3 投影变换

如果一幅图像中的直线经过几何变换后映射到另一幅图像上仍为直线，但原有的平行关系基本不能保持，则这种变换称为投影变换（Projective Transform），又称为透视变换。二维平面投影变换是关于齐次三维矢量的线性变换，在齐次坐标系下，二维平面上的投影变换具体可用非奇异 3×3 矩阵形式来描述，即

$$\begin{bmatrix} x' \\ y' \\ w' \end{bmatrix} = \begin{bmatrix} m_0 & m_1 & m_2 \\ m_3 & m_4 & m_5 \\ m_6 & m_7 & m_8 \end{bmatrix} \begin{bmatrix} x \\ y \\ w \end{bmatrix} \tag{6-21}$$

则二维投影变换按照式(6-22)将像素坐标点$(x，y)$映射为像素坐标点$(x'，y')$。

$$\begin{cases} x' = \dfrac{m_0 x + m_1 y + m_2}{m_6 x + m_7 y + m_8} \\[2mm] y' = \dfrac{m_3 x + m_4 y + m_5}{m_6 x + m_7 y + m_8} \end{cases} \tag{6-22}$$

它们的变换参数 $m_i (i = 0，1，\cdots，8)$ 是依赖于场景和图像的常数。

6.3.4 非线性变换

非线性变换又称为弯曲变换（Curved Transform）或者弹性变换，经过非线性变换，一幅图像上的直线映射到另一幅图像上不一定是直线，可能是曲线，在二维空间中，可以用以下公式表示：

$$(x'，y') = F(x，y) \tag{6-23}$$

式中，F 表示把一幅图像映射到另一幅图像上的任意一种函数形式。多项式变换是典型的非线性变换，如二次、三次函数及样条函数，有时也使用指数函数。多项式变换可以用以下公式表示：

$$\begin{cases} x' = a_{00} + a_{10}x + a_{01}y + a_{20}x^2 + a_{11}xy + a_{02}y^2 + \cdots \\ y' = b_{00} + b_{10}x + b_{01}y + b_{20}x^2 + b_{11}xy + b_{02}y^2 + \cdots \end{cases} \tag{6-24}$$

这里目标图像变换后所得点坐标不一定为整像素数，此时应进行插值处理。

6.4 图像的几何校正

图像在采集或传送的过程中，很可能会产生畸变，如偏色、模糊、几何失真等。偏色、模糊失真主要是体现在显示器上，而几何失真则是在采集图像过程中产生的。图像在成像过程中，由于成像系统本身具有的非线性或者操作不当等原因，导致生成的图像比例失调或者扭曲，这类图像退化称为几何失真或几何畸变。图像畸变的几何校正，实际上是一个图像恢复的过程，是对一幅退化了的图像进行恢复。本节主要介绍图像几何畸变校正方法。目前图像畸变校正已广泛应用于各种实际工程领域，几乎所有涉及应用扫描和成像的领域都需要畸变校正。

6.4.1 图像的几何畸变描述

产生几何畸变的原因有成像系统本身具有的非线性、摄像时视角的变化、被摄对象表面

弯曲等。如图 6-13 所示，常见的几何失真主要有梯形失真、枕形失真和桶形失真等。

图像几何校正的目的是消除图像的几何畸变，恢复图像的本来面貌。假设有一幅定义在 (x,y) 坐标上的图像 f 经过几何变换 $\boldsymbol{T}$ 后，变形产生了定义在 (x',y') 坐标上的畸变图像 g，f 和 g 之间的几何变换可以表示为

$$(x',y')=\boldsymbol{T}\{(x,y)\} \tag{6-25}$$

因此，图像几何校正本质是根据畸变图像 g，假设几何变换 $\boldsymbol{T}$ 并求解参数，利用 $\boldsymbol{T}$ 的逆变换作用于畸变图像以恢复原图像。

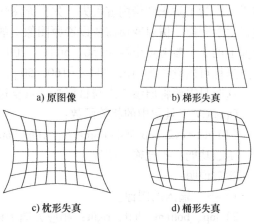

a) 原图像　　　　　b) 梯形失真

c) 枕形失真　　　　　d) 桶形失真

图 6-13　几种典型的几何失真

6.4.2　图像几何校正方法

以一副图像为基准，去校正另一幅图像的几何畸变，这种方法就叫作图像的几何畸变复原或者几何畸变校正。几何基准图像的坐标系统用 (x,y) 表示，需要校正的图像的坐标系统用 (x',y') 表示，如图 6-14 所示。

通常两个图像坐标系统之间的关系可以用多项式表示：

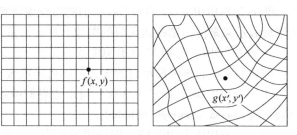

图 6-14　基准图像和几何畸变图像

$$\begin{cases} x' = \displaystyle\sum_{i=0}^{N-1}\sum_{j=0}^{N-1} a_{ij}x^i y^j \\ y' = \displaystyle\sum_{i=0}^{N-1}\sum_{j=0}^{N-1} b_{ij}x^i y^j \end{cases} \tag{6-26}$$

通常可以用线性畸变来近似较小的几何畸变，则多项式可简化为

$$\begin{cases} x' = a_0 + a_1 x + a_2 y \\ y' = b_0 + b_1 x + b_2 y \end{cases} \tag{6-27}$$

在式 (6-27) 所示的多项式方程中有 6 个参数 $(a_0,a_1,a_2,b_0,b_1,b_2)$ 需要求解。如果从基准图像上找出 3 个点 (x_1,y_1)、(x_2,y_2)、(x_3,y_3) 与畸变图像上 3 个点 (x_1',y_1')、(x_2',y_2')、(x_3',y_3') 一一对应，则可以得到由 6 个等式形成的方程组，可以求出 6 个参数 $(a_0,a_1,a_2,b_0,b_1,b_2)$ 的唯一解。再利用图像畸变的逆变换就可以恢复原图像，实现图像的几何校正。

利用二次型来近似几何畸变能更精确表示图像的畸变，对应的表达式为

$$\begin{cases} x' = a_0 + a_1 x + a_2 y + a_3 x^2 + a_4 xy + a_5 y^2 \\ y' = b_0 + b_1 x + b_2 y + b_3 x^2 + b_4 xy + b_5 y^2 \end{cases} \tag{6-28}$$

在式 (6-28) 中，有更多的未知参数，因此需要在基准图像和畸变图像中获得更多的像素点对，以形成适定（或超定）方程组，以求解未知参数，从而实现更精确的图像几何校正。

【例 6-3】　编程读入一幅灰度图像，先对图像进行仿射变换，再使用逆仿射变换对图像进行校正。

分析：在对图像进行仿射变换时，图像的一部分内容会超出图像范围，而会产生图像内

容丢失。为了防止图像内容丢失，先扩充图像大小，将图像扩充 50 个像素，然后再对图像进行仿射变换。仿射变换需要设置原图像上的 3 个参考点对应在目标图像上的坐标，假设原图像上的 3 个参考点坐标为[50，50]、[200，50]、[50，200]，对应目标图像上的 3 个参考点坐标可以设置为[10，70]、[160，50]、[40，220]。最后对仿射畸变后的图像进行校正，这时只需要将原参考点与目标参考点反过来，即可实现仿射校正。

OpenCV 工具包中的相关函数：

（1）dst = cv2. copyMakeBorder(src, top, bottom, left, right, borderType[, value])

函数功能：扩充输入图像。

参数说明：

1）src：输入的图像。

2）top、bottom、left、right：相应方向上的边框宽度。

3）borderType：定义要添加边框的类型。它可以是以下的一种：

① cv2. BORDER_CONSTANT：添加的边界像素值为常数（需要额外再给定一个参数）；

② cv2. BORDER_REFLECT：添加的边框像素将是边界元素的镜面反射，若用不同的英文字母表示像素值，则镜面反射的图像扩展可形象表示为 gfedcb | abcdefgh | gfedcba；

③ cv2. BORDER_REFLECT_101 或 cv2. BORDER_DEFAULT：和镜面反射类似，但是有一些细微的不同，该镜面反射的图像扩展可形象表示为 gfedcb | abcdefgh | gfedcba；

④ cv2. BORDER_REPLICATE：将最边界的像素值进行复制，复制边界的图像扩展可形象表示为 aaaaaa | abcdefgh | hhhhhhh；

⑤ cv2. BORDER_WRAP：以图像的左边界与右边界相连，上下边界相连，该图像扩展可形象表示为 cdefgh | abcdefgh | abcdefg。

4）value：如果 borderType 为 cv2. BORDER_CONSTANT 时需要填充的常数值。

（2）M = cv2. getAffineTransform(src, dst)

函数功能：生成仿射变换矩阵。

参数说明：

1）src：原始图像中的 3 个点坐标。

2）dst：变换后对应的 3 个点坐标。

3）M：根据三对点坐标求出的仿射变换矩阵。

Python 实现代码：

```
img0 = cv2. imread(r'..\img\alphabet. jpg',0)
img1 = cv2. copyMakeBorder(img0,50,50,50,50,cv2. BORDER_CONSTANT, \
value=0)
(cols,rows)= img1. shape
pts1=np. float32([[50,50],[200,50],[50,200]])#原图像上的 3 个参考点
pts2=np. float32([[10,70],[160,50],[40,220]])#目标图像上的 3 个参考点
M1 = cv2. getAffineTransform(pts1,pts2)   #仿射变换矩阵
dst1 = cv2. warpAffine(img1,M1,(cols,rows))   #仿射变换
M2 = cv2. getAffineTransform(pts2,pts1)     #逆仿射变换矩阵
dst2 = cv2. warpAffine(dst1,M2,(cols,rows))#仿射校正
……
```

程序运行结果如图 6-15 所示。

a) 扩展后的图像　　　b) 仿射变换图像　　　c) 仿射校正图像

图 6-15　图像仿射变换及仿射校正

练　习

6-1　请简述图像几何变换与灰度变换的区别。

6-2　请简述图像几何变换中的两种运算。

6-3　图像的刚体变换有哪几种？请编写 Python 代码实现这些变换。

6-4　某个图像如图 6-16 所示，请写出该图像的水平镜像结果、垂直镜像结果和水平且垂直镜像结果。

1	3	7	3
2	6	0	6
8	2	6	5
9	2	6	0

图 6-16　待变换灰度图

6-5　编写 Python 代码，选取图像中的一个子块，放大这个子块，比较不同插值方法的放大效果。

6-6　什么是投影变换？用矩阵形式如何表示投影变换？

6-7　编写 Python 代码，要求先将图像进行扩展（上下左右各扩展 20 个像素），然后对图像进行仿射变换（需要调试参数），最后使用相反的仿射变换校正畸变的图像。

139

第 **7** 章

形态学图像处理

形态学(Morphology)运算是依据数学形态学(Mathematical Morphology)的集合论方法发展起来的图像处理方法，是用集合论的方法定量描述图像的几何结构。本章首先介绍形态学基础知识及形态学基本运算，然后介绍一些形态学图像处理算法以及形态学在图像处理中的应用。

7.1　形态学基础

数学形态学是一门建立在严格数学理论基础上的学科，其基本思想和方法适用于与图像处理有关的各个方面，大大提高了图像处理和分析的能力。形态学一词通常代表生物学的一个分支，它是研究动物和植物的形态和结构的学科。这里使用同一词语表示数学形态学的内容，将数学形态学作为工具从图像中提取对于表达和描绘区域形状有用的图像分量，如边界、骨架以及凸壳等，也经常用于图像预处理及后处理，如形态学过滤、细化和修剪等。

数学形态学的数学基础和所用语言是集合论，因此它具有完备的数学基础，这为形态学用于图像分析和处理、形态学滤波器的特性分析提供了有力的工具。在图像的形态学运算中，图像中的不同对象用数学形态学中的集合表示。例如，在二值图像中，正被讨论的集合是二维整数空间($\mathbf{Z}^2$)的元素，在这个二维整数空间中，集合中的每个元素都是一个多元组(二维向量)，这些多元组是一个黑色(或白色，取决于事先的约定)像素在图像中的坐标(x,y)。灰度数字图像可以表示为空间($\mathbf{Z}^3$)上的集合，在这种情况下，集合中每个元素的前两个分量是像素的坐标，第三个分量对应于像素的灰度值。更高维度空间中的集合可以包含图像的其他属性，如颜色和随时间变化的分量等。

7.1.1　集合运算

形态学图像处理建立在集合论基础上，经常会使用一些基本的集合运算。

1. 二值图像的集合运算

(1) 属于、不属于、空集

令 A 是 $\mathbf{Z}$ 中的一个集合，如果 $a=(a_1,a_2)$ 是 A 的一个元素，则称 a 属于 A，并记作 $a\in A$；否则，称 a 不属于 A，并记作 $a\notin A$。如果 A 中没有任何元素，则称 A 为空集 $\varnothing$。

(2) 子集、并集、交集

如果集合 A 的元素都属于集合 B，则 A 是 B 的子集，即 $A\subseteq B$。

A 和 B 的并集包含 A 和 B 的所有元素，即 $A\cup B=\{w\,|\,w\in A \text{ or } w\in B\}$，效果如图 7-1b

所示。

A 和 B 的交集包含同时属于 A 和 B 的元素，即 $A \cap B = \{w \mid w \in A \ \text{and} \ w \in B\}$，效果如图 7-1c 所示。

（3）互斥、补集、差集

A 和 B 没有共同元素，则 A 和 B 互斥或者不相容，即 $A \cap B = \varnothing$。

A 的补集是所有不属于 A 的元素组成的集合，即 $A^c = \{w \mid w \notin A\}$，效果如图 7-1d 所示。

A 和 B 的差集定义为 $A - B = \{w \mid w \in A, \ w \notin B\} = A \cap B^c$，效果如图 7-1e 所示。

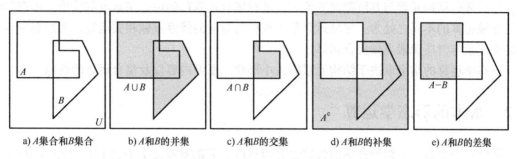

a) A集合和B集合   b) A和B的并集   c) A和B的交集   d) A和B的补集   e) A和B的差集

图 7-1　几种集合运算图示

（4）平移、反射

集合 B 平移 $z = (z_1, z_2)$ 定义为 $(B)_z = \{c \mid c = b + z, \forall b \in B\}$，效果如图 7-2a 所示。

集合 B 的反射定义为 $\hat{B} = \{w \mid w = -b, \forall b \in B\}$，效果如图 7-2b 所示。

2. 灰度图像的集合运算

二值图像的集合运算只需要考虑像素位置，而灰度图像的集合运算还需要考虑灰度值，需要定义相同位置 z 上的灰度值。

（1）灰度图像的并集

灰度图像 A 和 B 的并集包含 A 和 B 的所有元素，在相同位置 z 上的像素点的灰度值取 A 和 B 集合在 z 点的最大值，即 $A \cup B = \{\max_z(a, b) \mid a \in A, b \in B\}$。

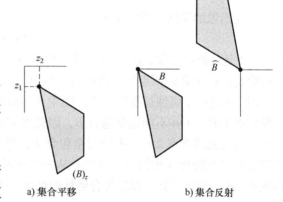

a) 集合平移   b) 集合反射

图 7-2　集合的平移与反射

（2）灰度图像的交集

灰度图像 A 和 B 的交集包含同时属于 A 和 B 的元素，在相同位置 z 上的像素点的灰度值取 A 和 B 集合在 z 点的最小值，即 $A \cap B = \{\min_z(a, b) \mid a \in A, b \in B\}$。

本章介绍的形态学图像处理的基础知识主要是二值图像的形态学处理。

7.1.2　结构元素与形态学运算

形态学图像处理表现为一种邻域运算形式，参与运算的模板称为"结构元素"（Structuring Elements，SE）。结构元素与邻域运算的滤波核非常类似，它是一个小集合或者子图像，从理论上来说，结构元素可是任意的形状和任意的大小，但结构元素必须指定原点。常用的结构元素如图 7-3 所示。结构元素与滤波核不同的地方是滤波核上各元素一般有权重值，而结构元素只有形状和大小，没有权重值。

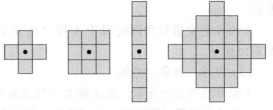

图 7-3 常用的结构元素

形态学运算与邻域运算非常类似，其运算过程是：结构元素在图像中漫游，结构元素的中心从一个像素向另一个像素移动，然后通过结构元素与其所覆盖的像素点进行集合运算得到中心像素点的输出。形态学运算与邻域运算的不同之处为：邻域运算是滤波核与对应的像素点做相关运算，而形态学运算是结构元素与对应像素点做集合运算。

形态学运算的结果取决于结构元素的大小形状、图像内容以及集合运算的性质。

7.2 基本的形态学运算

数学形态学是由一组形态学的代数运算组成的，它的基本运算有四种：腐蚀（Erosion）、膨胀（Dilation）、开运算（Open）、闭运算（Close），基于这些基本运算可以推导和组合成各种数学形态学实用算法。

7.2.1 腐蚀运算

二值图像的腐蚀运算定义为

$$E = A \ominus B = \{ (x,y) \mid B_{xy} \subseteq A \} \qquad (7\text{-}1)$$

式中，A 是待处理图像；B_{xy} 是原点移动到点 (x,y) 处的结构元素。由 B 对 A 腐蚀所产生的二值图像是：如果 B 的原点平移到点 (x,y)，B_{xy} 完全包含于 A 中时，点 (x,y) 所构成的集合。

图 7-4 是一个腐蚀运算的示例，图中 A 是待处理图像，B 是结构元素。当 B 的原点移动到像素点 1 时，A 并不能完全包含 B，因此像素点 1 不在 $A \ominus B$ 腐蚀运算结果图像中；当 B 的原点移动到像素点 2 时，A 能完全包含 B，因此像素点 2 在 $A \ominus B$ 腐蚀运算结果图像中。结构元素 B 在图像 A 中漫游，其中心从一个像素向另一个像素移动，每移动到某个像素点，都做 $A \supseteq B$ 的集合运算，根据集合运算的结果，来判断当前像素点是否属于 $A \ominus B$ 结果图像。

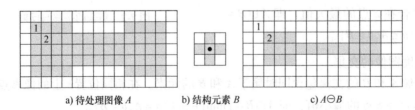

a) 待处理图像 A b) 结构元素 B c) $A \ominus B$

图 7-4 腐蚀运算示例

图 7-5 是更多的腐蚀运算示例。由图可知，当图 7-5b 所示结构元素 B_1 的大小为 $[d/4, d/4]$ 时，$A \ominus B_1$ 后，图像 A 上下左右各缩小 $d/8$，如图 7-5c 所示；当图 7-5d 所示结构元素 B_2 的大小为 $[d/4, d]$ 时，结构元素 B_2 与原图像 A 具有相同的高度，那么 $A \ominus B_2$ 后，图像 A 只留下中间一条线，如图 7-5e 所示，因为只有当 B_2 的原点移动到线上时，A 才能完全包含 B_2。

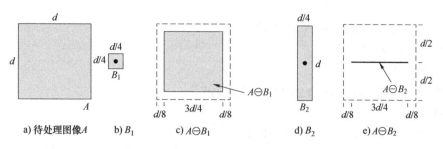

a) 待处理图像A　　　b) B_1　　　c) $A\ominus B_1$　　　d) B_2　　　e) $A\ominus B_2$

图 7-5　腐蚀运算示例

腐蚀能将连接的对象分开，效果如图 7-6a 所示；腐蚀也能去除喷溅突出，效果如图 7-6b 所示。腐蚀会缩小图像，也可以用来消除小且无意义的物体，因此腐蚀可以用来去噪。

a) 腐蚀后断开连接　　　　　　　　　b) 腐蚀后消除突出

图 7-6　腐蚀的作用

【例 7-1】　编程使用矩形结构算子对图 7-7a 所示的二值图像进行腐蚀运算，调整结构元素的大小分别为 11×11、15×15、45×45，分析腐蚀运算时不同大小结构算子对图像的影响。

OpenCV 工具包中的相关函数：

1）kernel = getStructuringElement(shape, ksize, anchor)

函数功能：生成指定大小、形状的结构元素。

参数说明：

① shape：结构元素的形状，有以下三种形状可以选择。

a. 矩形：MORPH_RECT；

b. 交叉形：MORPH_CROSS；

c. 椭圆形：MORPH_ELLIPSE。

② ksize：结构元素的尺寸。

③ anchor：锚点的位置，默认值 Point(-1，-1)，表示锚点位于中心点。

2）dst = erode(src, kernel, iteration)

函数功能：使用指定的结构元素对图像进行若干次腐蚀。

参数说明：

① src：输入图像。

② kernel：指定结构元素。

③ iteration：迭代的次数（腐蚀次数）。

Python 实现代码：

```
img=cv2.imread(r'.\img\wirebond-mask.tif',0)
_,img_binary=cv2.threshold(img,128,255,cv2.THRESH_BINARY+cv2\
THRESH_OTSU)
```

143

```
plt.figure(figsize=(12,6))
plt.subplot(141)
plt.axis("off")
plt.imshow(img_binary,cmap="gray")
i=1
for kernelSize in [11,15,45]:
    kernel=cv2.getStructuringElement(cv2.MORPH_RECT,(kernelSize,\
kernelSize))
    img_result=cv2.erode(img_binary,kernel,iterations=1)
    i+=1
    plt.subplot(1,4,i)
    plt.axis("off")
    plt.imshow(img_result,cmap="gray")
plt.show()
```

程序运行结果如图7-7所示。

分析：通过例题的程序运行结果，可以发现腐蚀运算会将图像中小于结构算子的细节去除掉。例如，当结构算子为11×11时，腐蚀运算会将原图像中最细的线消除掉，效果如图7-7b所示；而随着结构算子的增大，腐蚀运算消除掉的图像内容越多，效果如图7-7c和图7-7d所示。

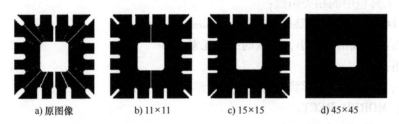

a) 原图像　　　　b) 11×11　　　　c) 15×15　　　　d) 45×45

图7-7　使用不同大小的矩形结构元素对图像进行腐蚀运算

7.2.2　膨胀运算

二值图像的膨胀运算定义为

$$D=A\oplus B=\left\{(x,y)\,\big|\,\widehat{B}_{xy}\cap A\neq\varnothing\right\} \tag{7-2}$$

式中，A是待处理图像，B_{xy}是原点移动到点(x,y)处的结构元素，$\widehat{B}_{xy}$是B_{xy}的映射。由B对A膨胀所产生的二值图像是：如果$\widehat{B}_{xy}$的原点平移到点(x,y)，$\widehat{B}_{xy}$与A的交集非空时，点(x,y)所构成的集合。注意，当B_{xy}对称时，$\widehat{B}_{xy}=B_{xy}$。

图7-8是膨胀运算示例。由图可知，当图7-8b所示结构元素B_1的大小为$[d/4,\ d/4]$时，$A\oplus B_1$后，图像A上下左右各扩大$d/8$，如图7-8c所示；当图7-8d所示结构元素B_2的大小为$[d/4,\ d]$时，结构元素B_2与原图像A具有相同的高度，那么$A\oplus B_2$后，图像A上下各扩大$d/2$，左右各扩大$d/8$，如图7-8e所示。

膨胀可修复图像断裂部分，效果如图7-9a所示；膨胀也可修复侵入突出，效果如图7-9b

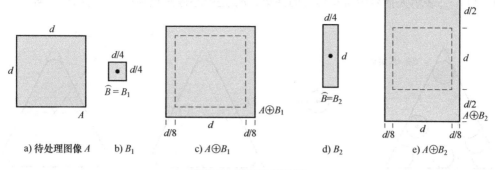

图 7-8　膨胀运算示例

所示。膨胀会放大图像，因此膨胀常用来填充内部孔洞。

a) 膨胀后连接断裂部分　　　　　b) 膨胀后可修复侵入突出

图 7-9　膨胀的作用

腐蚀与膨胀是对偶的，因此具有以下特性：

$$(A \ominus B)^c = A^c \oplus \widehat{B} \tag{7-3}$$

$$(A \oplus B)^c = A^c \ominus \widehat{B} \tag{7-4}$$

式(7-4)的证明：

$$(A \oplus B)^c = \{(x, y) \mid \widehat{B}_{xy} \cap A \neq \varnothing\}^c$$

$$= \{(x, y) \mid \widehat{B}_{xy} \cap A = \varnothing\}$$

$$= \{(x, y) \mid \widehat{B}_{xy} \subseteq A^c\}$$

$$= A^c \ominus \widehat{B}$$

式(7-4)说明，当结构元素对称时，对图像前景的膨胀就是对背景的腐蚀，反之亦然。

7.2.3　开运算

腐蚀运算使图像缩小，而膨胀运算使图像扩大，为保持图像大小，膨胀与腐蚀通常成对出现，由此产生了开运算和闭运算。

二值图像的开运算定义为

$$A \circ B = (A \ominus B) \oplus B \tag{7-5}$$

开运算就是先用 B 对 A 腐蚀，然后用 B 对结果进行膨胀。开运算有一个简单的几何解释，如图 7-10 所示。假设将结构元素 B 看成是一个（扁平的）"转球"，如图 7-10b 所示，$A \circ B$ 的边界是 B 在 A 的边界内滚动时，所能到达的最远处 B 的边界所构成，如图 7-10d 所示。开运算可以表示为一个拟合操作，用 B 对 A 进行开运算是 B 在拟合 A 时保证 $B_{xy} \subseteq A$ 所得到集合的并集，表示公式为

$$A \circ B = \cup \{B_{xy} \mid B_{xy} \subseteq A\} \tag{7-6}$$

145

式中，∪{·}表示大括号中所有集合的并集，B_{xy}是中心像素点在(x,y)的结构元素。

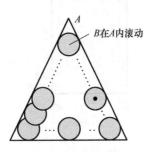

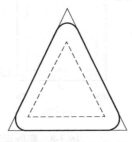
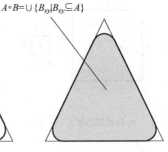

$$A \circ B = \cup \{ B_{xy} | B_{xy} \subseteq A \}$$

a) 结构元素B沿着A内部边界　　　b) 结构元素B　　　c) 粗线是开运算的外部边界　　　d) 开运算结果(阴影部分)
转动(点表示B的圆心)

图 7-10　开运算几何解释

显然，开运算会消除外尖角，使对像的轮廓变得光滑，并且开运算会断开狭窄的间断和消除细小的突出物。开运算还满足下列性质：

1) $A \circ B$ 是 A 的子集合(子图)，也就是开运算的结果图像会比原图像略小。

2) 如果 C 是 D 的子集，则 $C \circ B$ 是 $D \circ B$ 的子集。

3) $(A \circ B) \circ B = A \circ B$ 说明开运算应用一次后，同一个集合进行多次开运算都不会有变化。

图 7-11 是一个开运算示例。图 7-11a 是待处理二值图像 A，A 中有不同大小的正方形方块，各方块的大小分别为 1×1、3×3、5×5、7×7、9×9 和 15×15；图 7-11b 是用大小为 13×13 的正方形结构元素对原图像 A 进行一次腐蚀运算的结果；图 7-11c 是用同样的结构元素对图 7-11b 所示图像进行一次膨胀运算的结果。由此例可知，开运算可去除图像中较小的细节，而保留较大的信息。

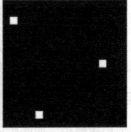

a) 待处理二值图像 A　　　b) 腐蚀后图像　　　c) 开运算图像

图 7-11　开运算示例

7.2.4　闭运算

二值图像的闭运算定义为

$$A \cdot B = (A \oplus B) \ominus B \tag{7-7}$$

闭运算就是先用 B 对 A 膨胀，然后用 B 对结果进行腐蚀。

闭运算有与开运算相似的几何解释，如图 7-12 所示。假设将结构元素 B 看作一个"转球"，闭运算的结果是 B 在 A 的边界外转动时，如图 7-12a 所示，能到达的 B 的内边界，如

图 7-12c 所示。从几何上讲，若点 z 是 $A \cdot B$ 中的一个元素，当且仅当包含 z 的 B_{xy} 与 A 的交集非空，即 $B_{xy} \cap A \neq \varnothing$。

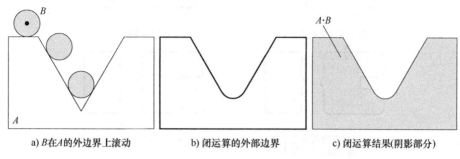

a) B 在 A 的外边界上滚动   b) 闭运算的外部边界   c) 闭运算结果(阴影部分)

图 7-12 闭运算几何解释

显然，闭运算能消除内尖角，具有填充物体内细小空洞、连接邻近物体、在不明显改变物体面积的情况下平滑其边界的作用。闭运算还满足下列性质：

1) A 是 $A \cdot B$ 的子集(子图)，也就是闭运算的结果图像会比原图像略大。

2) 如果 C 是 D 的子集，则 $C \cdot B$ 是 $D \cdot B$ 的子集。

3) $(A \cdot B) \cdot B = A \cdot B$ 说明闭运算应用一次后，再进行多少次闭运算都不会有变化。

开运算和闭运算是对偶操作，即

$$(A \cdot B)^c = A^c \circ \hat{B} \tag{7-8}$$

$$(A \circ B)^c = A^c \cdot \hat{B} \tag{7-9}$$

式(7-9)的证明：

$$(A \circ B)^c = (A \ominus B \oplus B)^c = (A \ominus B)^c \ominus \hat{B}$$
$$= A^c \oplus \hat{B} \ominus \hat{B} = A^c \cdot \hat{B}$$

【例 7-2】 对图 7-13 所示的待处理二值图像 A 用圆形结构元素 B 分别做开运算和闭运算，并对比开、闭运算效果。

用圆形结构元素 B 对图像 A 做开、闭运算的效果如图 7-14 所示。

图 7-14a 显示了在腐蚀过程中圆形结构元素的各个位置，当腐蚀完成时，得到图 7-14b

a) 待处理二值图像 A b) 结构元素 B

图 7-13 待处理二值图像 A 和结构元素 B

所示的腐蚀图像。注意，两个主要部分之间的桥接部分消失了，这部分的宽度与结构元素的直径相比更细，也就是说，这部分集合不能完全包含结构元素，因此无法满足式(7-1)的条件。对象最右边的两个部分也是如此，圆形无法拟合的突出部分被消除掉了。图 7-14c 显示了对腐蚀后的集合进行膨胀的操作，图 7-14d 显示了开运算的结果。注意，方向向外的拐角变圆滑了，而方向向内的拐角未受影响。

同样，图 7-14e ~ 图 7-14h 显示了使用同样的结构元素 B 对图像 A 进行闭运算的结果。注意，方向向内的拐角变圆滑了，而方向向外的拐角没有变化。在 A 的边界上，最左边的侵入部分在尺寸上明显减小了，因为在这个位置上圆形无法拟合。同时也要注意，在使用圆形结构元素对集合 A 进行开运算和闭运算后，所得对象的各个部分得到了平滑处理。

【例 7-3】 编程实现用圆形结构元素对图 7-15 所示图像进行膨胀、腐蚀、开运算、闭运

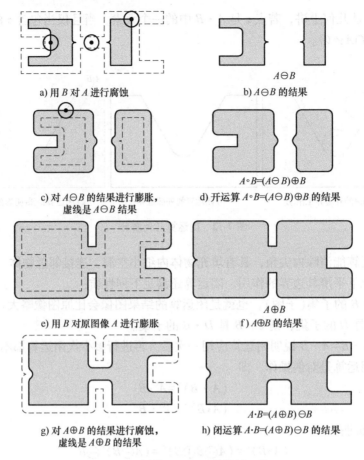

a) 用 B 对 A 进行腐蚀

b) $A \ominus B$ 的结果

c) 对 $A \ominus B$ 的结果进行膨胀，
虚线是 $A \ominus B$ 结果

d) 开运算 $A \circ B = (A \ominus B) \oplus B$ 的结果

e) 用 B 对原图像 A 进行膨胀

f) $A \oplus B$ 的结果

g) 对 $A \oplus B$ 的结果进行腐蚀，
虚线是 $A \oplus B$ 的结果

h) 闭运算 $A \cdot B = (A \oplus B) \ominus B$ 的结果

图 7-14　图像开、闭运算效果比较

算操作，观察形态学运算图形的变化，特别是内尖角和外尖角的变化。

OpenCV 工具包中的相关函数：

1）dst = dilate(src, kernel, iteration)

函数功能：使用指定的结构元素对图像进行若干次膨胀。

参数说明：

① src：输入图像；

② kernel：指定结构元素；

③ iteration：膨胀次数。

图 7-15　待处理二值图像

2）dst = cv2. morphologyEx(src, type, kernel)

函数功能：形态学扩展的一组函数，用于实现若干形态学运算，dst 表示处理的结果。

参数说明：

① src：原图像；

② type：形态学运算类型，有以下几种选择。

a. cv2. MORPH_ OPEN：开运算；

b. cv2. MORPH_ CLOSE：闭运算；

c. cv2. MORPH_ GRADIENT：梯度运算；

d. cv2. MORPH_ TOPHAT：顶帽运算；

e. cv2. MORPH_ BLACKHAT：黑帽运算。

③ kernel：指定结构元素。

Python 程序实现代码：

```
img=cv2.imread(r'.\img\morphology.png',0)
_,img_binary=cv2.threshold(img,128,255,cv2.THRESH_BINARY+cv2.\
THRESH_OTSU)
kernelSize=33
kernel=cv2.getStructuringElement(cv2.MORPH_ELLIPSE,(kernelSize,\
kernelSize))
img_erode=cv2.erode(img_binary,kernel,iterations=1)
img_dilate=cv2.dilate(img_binary,kernel,iterations=1)
img_open=cv2.morphologyEx(img_binary,cv2.MORPH_OPEN,kernel)
img_close=cv2.morphologyEx(img_binary,cv2.MORPH_CLOSE,kernel)
……
```

程序运行结果如图 7-16 所示。

　　a) 二值图像　　　　b) 腐蚀运算结果　　　c) 膨胀运算结果　　　d) 开运算结果　　　e) 闭运算结果

图 7-16　图像的腐蚀、膨胀、开运算、闭运算

　　分析：使用相同大小的圆形结构算子对图 7-16a 做腐蚀、膨胀、开运算、闭运算，结果如图 7-16b~e 所示。通过运行结果可以发现，腐蚀后图像的前景变小了，膨胀后图像的前景变大了，而开运算和闭运算后图像的前景大小变化不大，并且存在关系：闭运算后前景⊇原图像前景⊇开运算后前景；腐蚀后内尖角消失，膨胀后外尖角消失，开运算后外尖角消失，闭运算后内尖角消失。

【例 7-4】　利用形态学方法对图 7-17 所示的指纹图像 A 在尽可能不产生畸变的情况下，去除噪声。

图 7-17a 中的二值图像是受噪声污染的指纹图像。在这里，噪声表现为黑色背景上的亮元素和亮指纹部分的暗元素。本例的目的是在消除噪声的同时，使图像失真尽可能减小。

　　a) 待处理指纹图像 A　　　　　　b) 结构元素 B

图 7-17　待处理指纹图像及结构元素

　　形态学运算可以用于构造与空间滤波概念相类似的滤波器，一个简单的形态学滤波方法就是对图像开运算后，接着一个闭运算，效果如图 7-18 所示。图 7-18b 显示了使用结构元

素 B 对图像 A 进行腐蚀的结果。背景噪声在腐蚀过程中被完全消除了，因为在这种情况下，图像中噪声部分的物理尺寸均比结构元素小。而包含于指纹中的噪声元素（黑点）的尺寸却有增大，这种增大在图 7-18c 进行膨胀的过程中基本被抵消了，并且已消除的噪声并没有因为膨胀而再出现。

腐蚀和膨胀两种操作构成了 B 对 A 的开运算，如图 7-18d 所示。需注意的是，开运算的实际效果是消除背景和指纹中的所有噪声，然而，在指纹纹路间产生了新的间断。为了去除这种不希望的影响，在开运算的基础上进行再膨胀，如图 7-18e 所示。大部分间断被恢复了，但指纹的纹路变粗了，因此需要通过腐蚀来弥补出现的这种情况。图 7-18f 所示的结果构成了对图 7-18d 中开运算的闭运算。最后结果显示噪声斑点清除得相当干净，但这种方法的缺点是有些指纹纹路没有被完全修复，并还有间断，需要利用一些先验信息进一步改进。

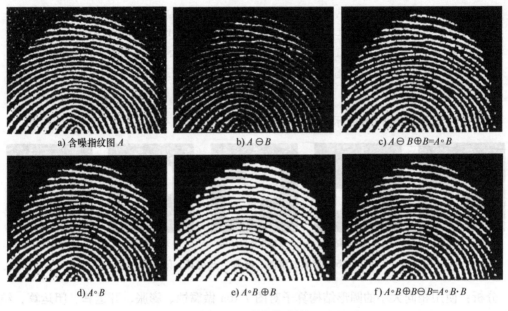

a) 含噪指纹图 A　　　　b) $A \ominus B$　　　　c) $A \ominus B \oplus B = A \circ B$

d) $A \circ B$　　　　e) $A \circ B \oplus B$　　　　f) $A \circ B \oplus B \ominus B = A \circ B \cdot B$

图 7-18　形态学滤波

7.3　形态学算法

基于形态学的基本运算可以推导和组合成各种数学形态学实用算法，用这些算法可以进行图像形状和结构的分析与处理。

7.3.1　边界提取

集合 A 的边界表示为 $\beta(A)$，它可以通过 A 减去用结构元素腐蚀 A 后的图像得到，用公式表示为

$$\beta(A) = A - (A \ominus B) \tag{7-10}$$

式中，B 是一个适当的结构元素。这种运算又称为形态学梯度运算。

图 7-19 说明了边界提取的机理。图 7-19a 显示了一个简单的二值对象 A，图 7-19b 显示了一个 3×3 的结构元素 B，图 7-19c 是用 B 腐蚀 A 的结果，图 7-19d 显示了利用 $\beta(A) = A - (A \ominus B)$ 提取

的图像边界。

本例使用的是最常用的结构元素，但它绝对不是唯一的。例如，若使用5×5大小的结构元素将得到2~3个像素宽的边界。

注意，当 B 的原点位于集合的边线上时，结构元素的一部分将处在图像的外面。对于这种情况的一般处理方法是假设处于图像边界外部部分的值为0。

【例7-5】 编程使用形态学梯度运算来提取图像轮廓，并分析不同大小的结构算子对生成图像轮廓的影响。

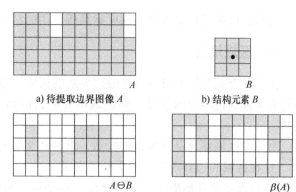

a) 待提取边界图像 A b) 结构元素 B

c) $A \ominus B$ 的结果   d) $\beta(A)=A-(A \ominus B)$ 提取的边界

图 7-19 边界提取示例

Python 实现代码：

```python
img=cv2.imread(r'.\img\mapleleaf.tif',0)
_,img_binary=cv2.threshold(img,128,255,cv2.THRESH_BINARY+cv2\
THRESH_OTSU)
plt.subplot(141)
plt.axis("off")
plt.imshow(img_binary,cmap="gray")
i=1
for kernelSize in [3,9,15]:
    kernel=cv2.getStructuringElement(cv2.MORPH_RECT,(kernelSize,\
kernelSize))
    img_result=cv2.morphologyEx(img_binary,cv2.MORPH_GRADIENT,\
kernel)
    i+=1
    plt.subplot(1,4,i)
    plt.axis("off")
    plt.imshow(img_result,cmap="gray")
plt.show()
```

程序运行结果如图 7-20 所示。

a) 原图像   b) 3×3   c) 9×9   d) 15×15

图 7-20 不同大小的结构算子所提取的轮廓

151

分析：由运行结果可知，梯度运算所使用的结构算子越大，所提取的轮廓线越粗。

7.3.2 区域填充

区域填充就是填充具有 8 连通边界点的区域。若 A 表示一个包含子集的集合，其子集均是具有 8 连通边界点的区域，则区域填充的目的是从边界内的一个点开始，用 1 填充整个区域。

形态学区域填充是以集合的膨胀、求补和交集为基础，具体的区域填充步骤为：

① 在区域的边界内确定一个种子点 X_0；

② 从种子点开始膨胀，并通过与 A^c 的交集，限制膨胀在边界内，公式表示为

$$X_k = (X_{k-1} \oplus B) \cap A^c, \quad k = 1, 2, 3, \cdots \tag{7-11}$$

③ 这样的膨胀过程不断进行下去，直到 $X_k = X_{k-1}$ 为止。

如果在区域填充过程中，对膨胀不加限制，则不断膨胀下去，将填满整幅图像。因此在每一步的膨胀过程中，用与 A^c 的交集将得到的结果限制在感兴趣的区域内，上述膨胀称为条件膨胀。

图 7-21 显示了按照式(7-11)进行区域填充的过程。其中，图 7-21a 显示了具有 8 连通边界的区域 A，图 7-21b 显示了 A 的补集，图 7-21c 是结构元素 B，图 7-21d 显示了边界内的种子点 X_0；然后从种子点开始，按照式(7-11)不断地条件膨胀，其过程如图 7-21e ~ 图 7-21h 所示；最后将条件膨胀结果图 7-21h 与原边界图 7-21a 做并集，得到区域填充结果图 7-21i。尽管这个例子仅有一个子集，但如果假设在每个边界内都有一个种子点，然后从种子点开始进行条件膨胀，则可以对有限个这样的子集的区域填充。

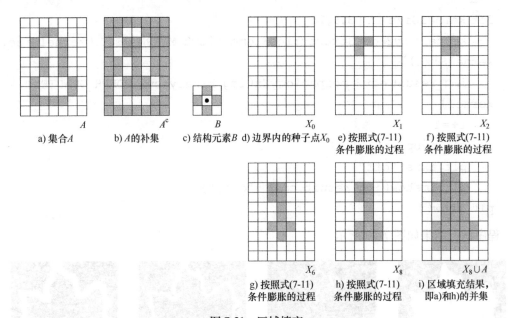

a) 集合 A b) A 的补集   c) 结构元素 B d) 边界内的种子点 X_0 e) 按照式(7-11) 条件膨胀的过程   f) 按照式(7-11) 条件膨胀的过程

g) 按照式(7-11) 条件膨胀的过程   h) 按照式(7-11) 条件膨胀的过程   i) 区域填充结果，即 a)和 h)的并集

图 7-21 区域填充

【例 7-6】 用形态学区域填充方法对图 7-22a 中的多个区域进行填充。

分析：图 7-22a 显示了一幅由白色圆圈和其内部的黑色点组成的图像，每个白色圆圈都是 8 连通边界，本例的目的是通过区域填充消除圆圈内部的黑色点。图 7-22b 显示了将一个

区域进行填充的结果。图 7-22c 显示了所有区域填充后的结果。另外，黑色点到底是背景点还是圆圈内部点，必须是已知的，因此这个过程要完全自动化需要在算法中附加"智能"。

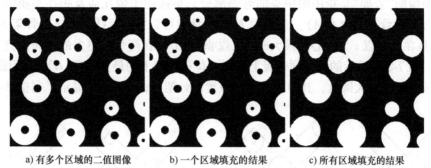

a) 有多个区域的二值图像　　　b) 一个区域填充的结果　　　c) 所有区域填充的结果

图 7-22　区域填充示例

7.3.3　连通分量提取

在二值图像处理中，提取连通分量是许多自动图像分析应用中的核心任务。令 Y 表示一个包含于集合 A 中的连通分量，并假设 Y 中的一个点 p 是已知的。然后，用以下迭代表达式生成 Y 的所有元素：

$$X_k=(X_{k-1}\oplus B)\cap A,\quad k=1,2,3,\cdots \tag{7-12}$$

这里 $X_0=p$，B 是一个适当的结构元素。式(7-12)不断迭代，直到 $X_k=X_{k-1}$，则算法收敛，并且令 $Y=X_k$。

提取连通分量式(7-12)在形式上与区域填充式(7-11)相似，仅有的差别是使用 A 代替了 A^c。图 7-23 是一个提取连通分量的示例。由于寻找的所有元素(即连通分量的元素)都被标记为 1 了，在每一步迭代操作中，与 A 的交集消除了标记为 0 的元素。

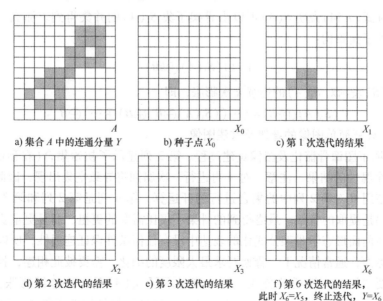

a) 集合 A 中的连通分量 Y　　b) 种子点 X_0　　c) 第 1 次迭代的结果

d) 第 2 次迭代的结果　　e) 第 3 次迭代的结果　　f) 第 6 次迭代的结果，
此时 $X_6=X_5$，终止迭代，$Y=X_6$

图 7-23　连通分量提取

7.3.4 骨架提取

一幅图像的"骨架"是指图像中央的骨骼部分，是描述图像几何及拓扑性质的重要特征之一。集合 A 的骨架记为 $S(A)$，观察图 7-24 的骨架可以推断：①如果 z 是骨架 $S(A)$ 上的点，$(D)_z$ 是在 A 内以 z 为中心的最大圆盘；②圆盘 $(D)_z$ 在两个或更多的不同位置上与 A 的边界接触。图 7-24b 显示的是不同位置上的中心位于骨架上的最大圆盘 $(D)_z$；而图 7-24c 显示的是其他位置的最大圆盘，其中心在不同位置的骨架上；图 7-24d 显示了完整骨架。

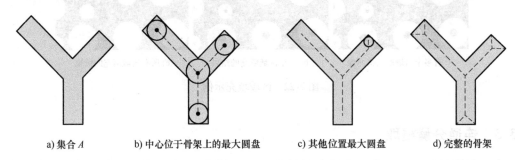

a) 集合 A　　　　b) 中心位于骨架上的最大圆盘　　　　c) 其他位置最大圆盘　　　　d) 完整的骨架

图 7-24　骨架提取

A 的骨架可用腐蚀和开运算表达，即骨架可以表示为

$$S(A) = \bigcup_{k=0}^{K} S_k(A) \tag{7-13}$$

$$S_k(A) = (A \ominus kB) - (A \ominus kB) \circ B \tag{7-14}$$

式中，B 是一个结构元素。$(A \ominus kB)$ 表示对 A 的连续 k 次腐蚀：

$$(A \ominus kB) = (\cdots((A \ominus B) \ominus B) \ominus \cdots) \ominus B \tag{7-15}$$

第 K 次是 A 被腐蚀为空集合前进行的最后一次迭代，也就是说：

$$K = \max\{k \mid (A \ominus kB) \neq \varnothing\} \tag{7-16}$$

式 (7-13) 和式 (7-14) 说明 $S(A)$ 可以由骨架子集 $S_k(A)$ 的并集得到。那么，A 可以通过下列公式由这些子集重构：

$$A = \bigcup_{k=0}^{K} (S_k(A) \oplus kB) \tag{7-17}$$

这里 $(S_k(A) \oplus kB)$ 表示对 $S_k(A)$ 的连续 k 次膨胀，即

$$(S_k(A) \oplus kB) = (\cdots((S_k(A) \oplus B) \oplus B) \oplus \cdots) \oplus B \tag{7-18}$$

【例 7-7】　计算简单图像的骨架及重建图像。

图 7-25 说明了图像骨骼化及图像重建过程。第 2 列显示了初始集合（在顶部）和使用结构元素 B 的两个腐蚀的结果。注意，对 A 再进行一次腐蚀将导致空集出现，因此这里 $K=2$。第 3 列显示了使用 B 对第 2 列中的集合进行的开运算。第 4 列是第 2 列和第 3 列间集合的差。第 5 列底部是提取的骨架。最终得到的骨架不仅比需要的更粗，而且更重要的是它是不连通的。由于在前面形态学骨架公式化的表达中没有任何条件保证连通性，所以这个结果是所预料到的。然而，通常情况下，骨架要求最大限度的细化，需要彼此相连，且受到最小的腐蚀，那么需要增加试探性质的公式。第 6 列显示了 $S_k(A)$ 的 k 次连续膨胀，即 $S_0(A)$、$S_1(A) \oplus B$ 和 $S_2(A) \oplus 2B = (S_2(A) \oplus B) \oplus B$。最后一列显示的是骨架子集膨胀后的并集，其底部是重构的集合 A。

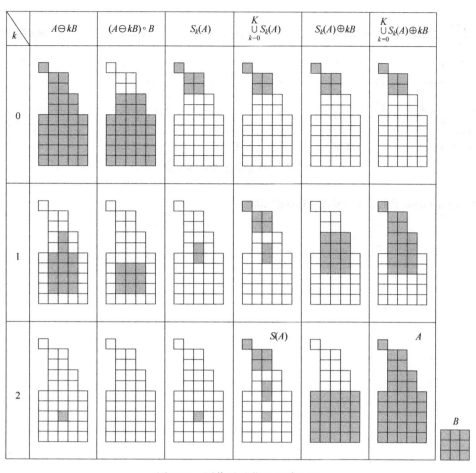

图 7-25 图像骨骼化及重建过程

练 习

7-1 数学形态学有哪些基本运算？各自的特点是什么？

7-2 请画出 5 种以上形态学运算的结构元素。

7-3 请画出用一个半径为 1 的圆形结构元素对半径为 4 的圆和边长为 4 的正方形分别做膨胀和腐蚀运算的结果。

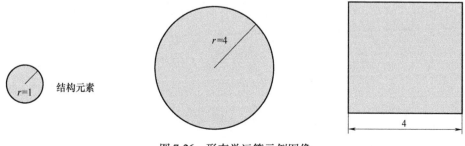

图 7-26 形态学运算示例图像

7-4 请用一个圆形结构元素对图 7-27a 分别做膨胀、腐蚀、开运算、闭运算，请画出运算的结果，特别注意区分圆角与直角。

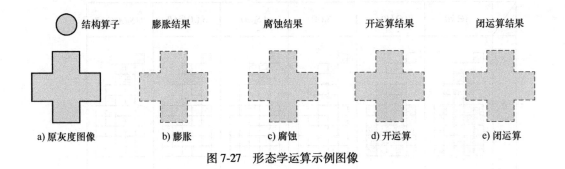

图 7-27 形态学运算示例图像

7-5 编写 Python 代码，实现对图像边界的提取。

第 8 章

图 像 分 割

图像分割是计算机视觉研究中的经典难题，已经成为图像理解领域关注的一个热点。在对图像的研究与应用中，人们往往仅对图像中的某些部分感兴趣，这些部分常常称为目标或前景(其他部分称为背景)，它们一般对应图像中特定的、具有独特性质的区域。为了识别和分析图像中的目标，需要将它们从图像中分离提取出来，在此基础上才有可能进一步对目标进行分析和理解。图像分割就是指把图像分成各具特征的区域并提取出感兴趣目标的技术和过程。图 8-1 显示了几个图像分割示例。

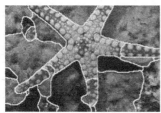

图 8-1   图像分割示例

本章首先介绍图像分割的意义和图像分割方法类别，然后分别介绍阈值分割、边缘检测、区域分割等基本图像分割原理。

8.1   图像分割技术简介

一般的图像处理过程如图 8-2 所示，包括图像输入、图像预处理、图像分割、图像识别、图像理解等几个步骤。其中图像分割是从图像预处理到图像识别和分析理解的关键步骤，在图像处理中占据重要的位置。一方面，它是目标表达的基础，对特征提取有重要的影响；另一方面，图像分割以及基于图像分割的目标表达、特征提取等将原始图像转化为更为抽象、更为紧凑的形式，使得更高层的图像识别、分析和理解成为可能。

所谓图像分割就是根据图像的灰度、色彩、空间纹理、几何形状等特征把图像划分成若干个互不相交的区域，使得这些特征在同一区域内表现出一致性或相似性，而在不同区域间表现出明显的不同。从数学角度来看，图像分割是将图像划分成互不相交的区域的过程。从画面上来看，图像分割就是在一幅图像中，把目标从背景中分离出来。

图像分割是图像处理中的一项关键技术，也是经典难题，每年都有许多新的图像分割方法出现，特别是随着深度学习技术的进步，图像分割技术也得到了突飞猛进的发展。基本的

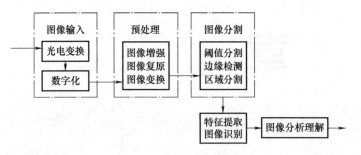

图 8-2　一般的图像处理过程

图像分割方法有灰度阈值分割、区域分割、边缘检测等，而更多的图像分割技术还有：基于聚类的分割、基于模型拟合的分割、基于概率的分割、基于图论的分割、基于能量泛函的分割、基于小波的分割、基于神经网络的分割等。本章仅介绍基本的图像分割原理。

8.2　阈值分割

8.2.1　直方图阈值法

阈值法的基本思想是基于图像的灰度特征来计算一个或多个灰度阈值，并将图像中每个像素的灰度值与阈值做比较，最后将像素根据比较结果分到合适的类别中。

一般图像包括目标、背景和噪声，如果图像处于目标或背景内部相邻像素间的灰度值是高度相关的，但处于目标和背景交界处两边的像素在灰度值上有很大的差别，满足这样条件的图像，它的灰度直方图基本上可看作是分别对应目标和背景的两个峰值直方图混合构成的。进一步，如果这两个分布大小（数量）接近且相距足够远，而且两部分的方差也足够大，则直方图应为较为明显的双峰，如图 8-3a 所示；如果目标或背景有多个对象，则可能出现三峰或多峰直方图，如图 8-3b 所示。这类图像常可用阈值方法来较好地进行分割。

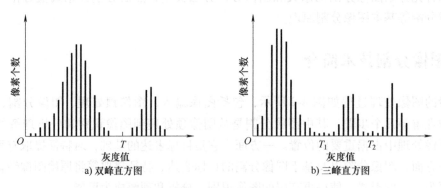

a) 双峰直方图　　　　　　　　　　　　　b) 三峰直方图

图 8-3　适合阈值分割的图像直方图

对于具有双峰直方图的图像，仅需要一个阈值 T，可设置在谷底。阈值分割时将根据阈值 T 将图像的数据分成两部分：大于 T 的像素群和小于 T 的像素群。例如，输入图像为 $f(x,y)$，输出图像为 $f'(x,y)$，则

$$f'(x,y)=\begin{cases}0 & f(x,y)<T \\ 1 & f(x,y)\geqslant T\end{cases} \tag{8-1}$$

如果是具有三峰直方图的图像，将需要两个阈值，分别为T_1和T_2，阈值分割的公式为

$$f'(x,y)=\begin{cases}0 & f(x,y)<T_1 \\ 1 & T_1\leqslant f(x,y)<T_2 \\ 2 & f(x,y)\geqslant T_2\end{cases} \qquad (8\text{-}2)$$

阈值分割最为关键的一步就是按照某个准则函数来求解最佳灰度阈值T，并用T将图像$f(x,y)$分成目标物和背景等部分。

怎样进行阈值选择是一个比较困难的问题，因为在数字化的图像数据中，无用的背景数据和对象数据常常混在一起。除此之外，在图像中还含有各种噪声。图8-4是添加了不同强度高斯噪声后的图像及其直方图。由图可知，在无噪声的情况下，目标和背景的灰度值截然不同，可以方便地进行阈值分割；在添加了较小的高斯噪声（方差为0.05）后，根据直方图仍然可以得到分割阈值；然而在添加了较大的高斯噪声（方差为0.5）后，直方图中已无法获得分割阈值。

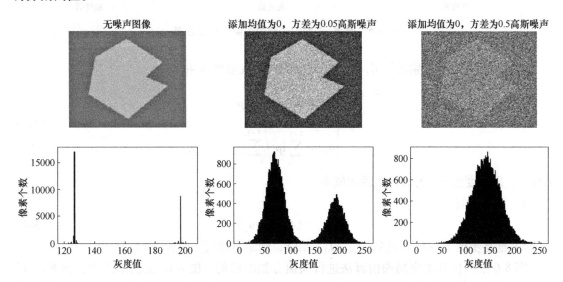

图8-4　添加了不同强度高斯噪声后的图像及其直方图

更一般的情况是图像既有噪声的干扰，也有不均匀光照的影响，图8-5显示当图像有噪声与不均匀光照的干扰时，即使噪声较小，也无法直接从图像的直方图确定分割阈值。

确定阈值是阈值分割的关键，通常需要根据图像的统计性质，从概率的角度来选择合适的阈值。根据确定阈值的方法的不同，从而产生了一些阈值分割算法。

8.2.2　基本全局阈值法

全局阈值分割就是在一幅图像中所有像素点共享同一个阈值T，根据此阈值T将图像的数据分成两部分：大于T的像素群和小于T的像素群。在确定阈值时，通常使用一种能基于图像数据自动地选择阈值的算法，为了自动选择阈值，需要采用迭代过程不断地优化更新阈值。基本全局阈值算法的执行步骤如下：

1）选择初始估计阈值T_0，设置阈值容差ΔT。

2）在第k次迭代，用阈值T_k分割图像，产生两组像素：G_1由所有灰度值介于$[0, T_{k-1}]$的像素组成，G_2由所有灰度值介于$[T_k, L-1]$的像素组成，其中L是图像的灰度级。

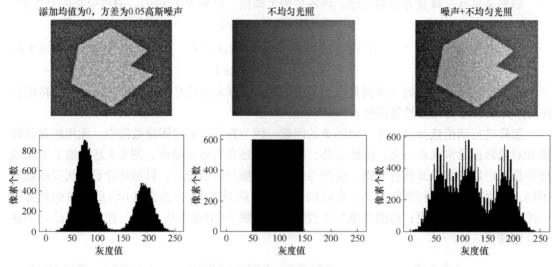

图 8-5 噪声+不均匀光照的图像及其直方图

3）根据式(8-3)分别计算 G_1 和 G_2 区域内的平均灰度值 u_1 和 u_2。

$$\begin{cases} u_1 = \sum_{i=0}^{T_{k-1}} ip_i \bigg/ \sum_{i=0}^{T_k} p_i \\ u_2 = \sum_{i=T_k}^{L-1} ip_i \bigg/ \sum_{i=T_k}^{L-1} p_i \end{cases} \tag{8-3}$$

式中，p_i 是灰度值为 i 的像素出现的概率。

4）更新阈值：

$$T_{k+1} = 1/2(u_1 + u_2) \tag{8-4}$$

5）重复步骤 2）~4），直到 $|T_{k+1} - T_k| \leqslant \Delta T$，则结束迭代，输出 $T = T_{k+1}$。

图 8-6 是采用基本全局阈值算法进行阈值分割的示例。图 8-6a 是灰度图像，图 8-6b 是对应的直方图，通过基本全局阈值算法可求得阈值 $T = 125$，图 8-6c 是根据求得的阈值对灰度图像进行二值化所得到的图像。

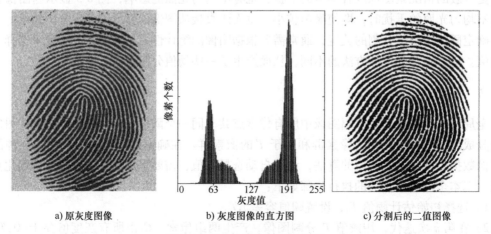

a) 原灰度图像   b) 灰度图像的直方图   c) 分割后的二值图像

图 8-6 基本全局阈值算法示例

8.2.3 最大类间方差法

最大类间方差法也称为大津阈值法（Otsu threshold method，OTSU），是由日本学者 OTSU 于 1979 年提出的一种对图像进行二值化的高效算法，是一种自适应的阈值确定方法，是最小二乘法意义下的最优分割。

OTSU 算法根据图像的灰度特性，将图像分为前景和背景两个部分，当取最佳阈值时，两部分之间的差别应该是最大的。在 OTSU 算法中所采用的衡量差别的标准就是较为常见的最大类间方差。前景和背景之间的类间方差越大，说明构成图像的两个部分之间的差别越大，当部分目标被错分为背景或部分背景被错分为目标时，都会导致两部分差别变小，当所取阈值的分割使类间方差最大时就意味着错分概率最小。

假设一幅图像的灰度值介于 $[0,L-1]$ 之间，灰度值为 i 的像素数为 n_i，此时得到像素总数为

$$N = \sum_{i=0}^{L-1} n_i \tag{8-5}$$

各灰度值像素出现的概率是

$$p_i = \frac{n_i}{N} \tag{8-6}$$

然后用阈值 T 将图像分成两组 G_0 和 G_1，G_0 的像素灰度值介于 $[0,T]$ 之间，G_1 的像素灰度值介于 $[T+1,L-1]$ 之间，各组像素出现的概率如下：

G_0 的概率：

$$w_0 = \sum_{i=0}^{T} p_i \tag{8-7}$$

G_1 的概率：

$$w_1 = \sum_{i=T+1}^{L-1} p_i = 1-w_0 \tag{8-8}$$

根据各灰度值像素出现的概率，可以求出 G_0 和 G_1 两组像素的灰度平均值：
G_0 的平均值：

$$u_0 = \sum_{i=0}^{T} \frac{ip_i}{w_0} \tag{8-9}$$

G_1 的平均值：

$$u_1 = \sum_{i=T+1}^{L-1} \frac{ip_i}{w_1} \tag{8-10}$$

整个图像的均值可以表示为

$$\mu = \sum_{i=0}^{L-1} ip_i = \sum_{i=0}^{T} ip_i + \sum_{i=T+1}^{L-1} ip_i = w_0u_0+w_1u_1 \tag{8-11}$$

两组间的方差可用下式求出：

$$\sigma^2(T) = w_0(u_0-\mu)^2+w_1(u_1-\mu)^2 = w_0w_1(u_1-u_0)^2 \tag{8-12}$$

$\sigma^2(T)$ 叫作阈值选择函数。编程时，使用穷尽法让 T 从 $0 \sim (L-1)$，找到方差最大时的 T，即 $\sigma^2(T)$ 最大时的 T^* 值，此时 T^* 便是最佳阈值。

图 8-7 是基本全局阈值算法与 OTSU 算法的比较。图 8-7b 是灰度图像的直方图，在直方

图没有明显的双峰的情况下，基本全局阈值算法的分割效果较差，如图 8-7c 所示；而 OTSU 算法仍能得到较满意的结果，如图 8-7d 所示。因此，OTSU 算法是阈值自动选择的最优方法之一。

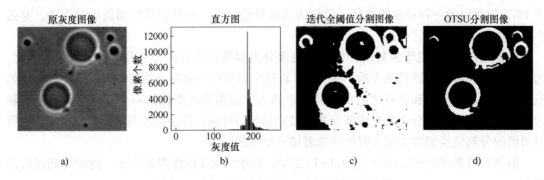

图 8-7 基本全局阈值算法与 OTSU 算法的比较

在图像带噪声的情况下，通常在阈值分割前需要对图像进行平滑，这样可以极大消除噪声的影响。图 8-8 显示了图像平滑对阈值分割的影响。图 8-8a 是一幅带噪声的灰度图像，图 8-8b 是对应的直方图，图 8-8c 显示了用 OTSU 算法对带噪声图像的阈值化，可以看到，由于噪声的影响阈值化图像出现了许多噪声点。图 8-8d 是对带噪声的图像进行了高斯平滑处理后的图像，图 8-8e 是平滑后图像的直方图，图 8-8f 显示了用 OTSU 算法对平滑后图像的阈值化，可见图像平滑后，图像阈值化的效果较好。显然，图像平滑可有效消除噪声对阈值分割的影响。

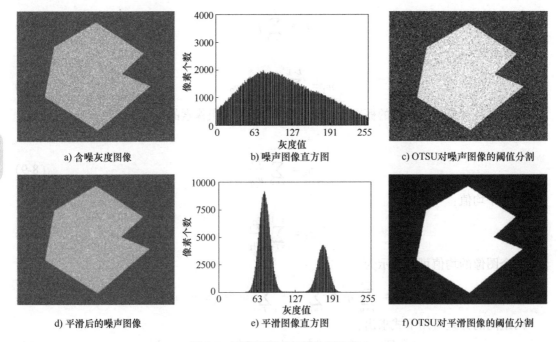

图 8-8 图像平滑对阈值分割的影响

可以将单阈值的 OTSU 算法推广到多阈值的图像分割中，假设将图像直方图分为 $m+1$ 类，对应的阈值为 T_1，T_2，$\cdots$，T_m，应用这些阈值可以将图像分成 $m+1$ 个像素组，各像素

组的概率为 $p(T_0, T_1)$，$p(T_1, T_2)$，$\cdots$，$p(T_m, T_{m+1})$，各像素组的均值为 $u(T_0, T_1)$，$u(T_1, T_2)$，$\cdots$，$u(T_m, T_{m+1})$，整个图像的均值为 μ，则多阈值 OTSU 算法的阈值选择函数为

$$\sigma^2(T_1, T_2, \cdots, T_m) = p(T_0, T_1)[(u(T_0, T_1) - \mu)^2 + \\ p(T_1, T_2)[(u(T_1, T_2) - \mu)^2 + \cdots + p(T_m, T_{m+1})[(u(T_m, T_{m+1}) - \mu)^2 \tag{8-13}$$

求解阈值的表达式为

$$(T_1^*, T_2^*, \cdots, T_m^*) = \max_{0 \leqslant T_1 \leqslant T_2, \cdots, \leqslant T_m \leqslant L-1} \{\sigma^2(T_1, T_2, \cdots, T_m)\} \tag{8-14}$$

为求得最优阈值，需要使用穷举搜索，随着 m 增大，计算量骤增。若使用牛顿迭代等优化搜索方法，容易陷入局部最优解。图 8-9 是两个阈值的 OTSU 阈值分割效果。由图 8-9b 所示的直方图可以发现图像应该有两个阈值，通过 OTSU 算法进行迭代求解，得到的阈值为 $T_1 = 80$，$T_2 = 177$，阈值分割的效果较好，如图 8-9c 所示。

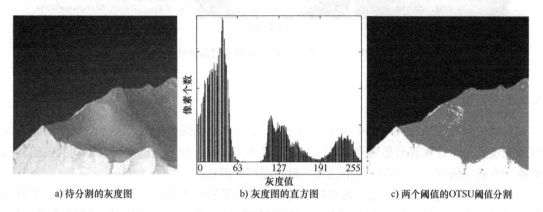

a) 待分割的灰度图   b) 灰度图的直方图   c) 两个阈值的OTSU阈值分割

图 8-9 两个阈值的 OTSU 阈值分割

8.2.4 移动平均变阈值法

前面介绍的两种求阈值的方法都是全局阈值法。全局阈值法是指根据整个图像计算出一个固定的阈值，图像中的每个像素如果大于这个值就认为是前景，否则就是背景。可变阈值法是相对于全局阈值法来说的，可变阈值法是指图像中每个位置的像素点或像素块中有着不同的阈值，如果该像素点大于其对应的阈值则认为是前景。

移动平均法是可变阈值法的一种，移动平均法一般沿行、列或 Z 字形扫描整个图像，每个点处都会产生一个阈值，用该点处的灰度值和该点处计算出的阈值比较来分割图像。移动平均法的执行步骤如下：

1）沿行、列或 Z 字形扫描整个图像。

2）z_{k+1} 是扫描序列中第 $k+1$ 个像素点的灰度值，此像素点的滑动平均值为

$$m(k+1) = \frac{1}{n} \sum_{i=k+2-n}^{k+1} z_i = m(k) + \frac{1}{n}(z_{k+1} - z_{k+1-n}) \tag{8-15}$$

式中，n 是滑动窗口大小。

3）将像素灰度值与滑动平均值进行比较，如果该像素点灰度值大于（或小于）其阈值则认为是目标，否则是背景。

移动平均变阈值法常用于文档图像的处理，用于消除不均匀光照的影响。

图 8-10 是 OTSU 算法与移动平均变阈值法的比较。当图像有不均匀光照时，如图 8-10a

所示，用 OTSU 算法进行阈值分割所得到的分割效果不尽如人意，如图 8-10b 所示。因为 OTSU 算法是全局阈值算法，图像中的所有像素共享同一个阈值，这显然不符合渐变灰度值的实际情况。而移动平均变阈值法，其每个像素的阈值都是窗口内的灰度均值，阈值会随着光照的变化而变化，因此，移动平均变阈值法获得了较好的分割效果，如图 8-10c 所示。

| a) 不均匀光照的灰度图像 | b) OTSU分割 | c) 移动平均变阈值分割 |

图 8-10　OTSU 算法与移动平均变阈值法的比较

8.2.5　自适应阈值法

自适应阈值(Adaptive Threshold)法的思想不是计算全局图像的阈值，而是根据图像不同区域亮度分布，计算其局部阈值，所以对于图像不同区域，能够自适应计算不同的阈值，因此称为自适应阈值法，自适应阈值法其实就是局部阈值法。

那么如何确定局部阈值呢？通常是利用图像的局部特性来确定局部阈值。例如，可以计算区域的均值、中值、高斯加权平均值(高斯滤波)等，以此来确定阈值。值得说明的是，如果用局部的均值作为局部阈值，就是常说的移动平均变阈值法。

在 OpenCV 工具包中，adaptiveThreshold( )函数可实现自适应阈值分割，该函数的格式为：

```
dst=cv2.adaptiveThreshold(src,maxval,thresh_type,type,Block Size,C)
```

函数功能：使用自适应阈值法对图像进行二值化。

参数说明：

1）src：输入图像，只能输入单通道图像，通常来说为灰度图像。

2）dst：输出的二值图像。

3）maxval：当像素值超过了阈值(或者小于阈值，根据 type 来决定)时，所赋予的值。

4）thresh_type：阈值的计算方法，包含以下两种类型。

① cv2.ADAPTIVE_THRESH_MEAN_C 是以局部均值作为阈值；

② cv2.ADAPTIVE_THRESH_GAUSSIAN_C 是以局部的高斯加权均值作为阈值。

5）type：二值化操作的类型，常用的有：

① cv2.THRESH_BINARY(超过阈值，灰度值设为最大值，否则为 0)；

② cv2.THRESH_BINARY_INV(超过阈值，灰度值为 0，否则为最大值)。

6）Block Size：图像中分块的大小。

7）C：阈值计算方法中的常数项。

除了利用局部均值、中值等作为局部阈值外，也有算法是根据像素点邻域的其他特征来计算图像中每个像素的阈值的，例如，利用邻域的均值(m_{xy})或标准差(σ_{xy})来确定局部阈值：

$$g(x,y) = \begin{cases} 1 & f(x,y) > a\sigma_{xy} \text{且} f(x,y) > bm_{xy} \\ 0 & \text{其他} \end{cases} \qquad (8\text{-}16)$$

式中，a、b 是设置的经验值。当像素点的灰度值 $f(x,y)$ 大于 $a\sigma_{xy}$ 和 bm_{xy} 时，则该像素点阈值化后的值为 1，否则为 0。

自适应阈值法可以减少移可变图像退化（随着空间位置的改变而改变的图像退化）的影响，如不均匀光照的影响，能更精确地提取图像中的相关信息。

8.3 边缘检测与连接

8.3.1 边缘检测

在本教材 3.6 节介绍的一些空域锐化滤波，常用来进行边缘检测。图像边缘是由于相邻像素间灰度值剧烈变化引起的。一阶的梯度算子通过对图像空域上的差分来求取一阶导数，在两块不同灰度区域的边缘上，一阶导数的模达到最大，通过设定的阈值，将梯度值大于阈值的位置确定为边缘。常见的一阶梯度算子有 Prewitt、Roberts、Sobel，人们通过选用不同的滤波核与图像进行卷积可以得到图像边缘。

但是，一阶梯度算子存在检出边缘较多的问题，采用二阶微分的梯度算子，能取得更好的效果。因为一阶导数的局部极大值对应着二阶导数中的零交叉点，通过找出二阶导数的零交叉点就能确定精确的边缘点。常用的二阶梯度算子是拉普拉斯算子，但是这种二阶梯度算子对噪声非常敏感，二阶差分运算起着双倍加强噪声影响的作用。因而，更好的二阶梯度算子是将有着图像平滑效果的 Gaussian 滤波器和拉普拉斯算子结合，一定程度上减弱噪声的影响，同时较好地提取边缘。这就是 LoG（Laplacian of Gaussian）算法。

John F. Canny 于 1986 年提出了一个边缘检测算子的目标集，根据 Canny 的说法，一个边缘算子必须满足三个准则：

1）低错误率：边缘算子应该只对边缘响应，并能找到所有的边，而对于非边缘应能舍弃。

2）定位精度：被边缘算子找到的边缘像素与真正的边缘像素间的距离应尽可能小。

3）单边响应：在单边存在的地方，检测结果不应出现多边。

Canny 根据上面的三个准则，试图找到能够使目标最优的滤波器，最后证明了高斯函数的一阶导数是该优化的边缘检测滤波器的有效近似。因此，提出了 Canny 算法，算法的基本执行步骤为：

1）用高斯滤波器去除图像的噪声。

2）用一阶偏导数来计算梯度的幅值及其方向。

3）对梯度幅值进行非极大值抑制，即比较某像素位置梯度的 4 邻域，若其不是 5 个值中的最大值，则将其置 0。

4）使用双阈值检测和连接边缘。设置一高一低两个阈值，将梯度值大于高阈值的标记为强边缘，梯度值只大于低阈值的标记为弱边缘。强边缘都是目标边缘，在此基础上，寻找其 8 邻域内是否存在弱边缘，若有则将其连入边缘中形成最终结果。

Canny 算法得到的是单像素连通的边缘，由于对梯度幅值的非极大值抑制，使得面对图像纹理较复杂的情况时，往往会丢失边缘信息。

其他基于边缘的图像分割算法还有小波多尺度边缘检测，其利用二进小波变换（对连续小波变换的频域抽样），在大尺度下抑制噪声，小尺度定位边缘，抗噪能力比较好。形态学的 top-hat 变换（顶帽变换）能提取出灰度图像中的亮边缘，通过改变形态学结构元素的大小与形状还能控制边缘的精细程度。

8.3.2 边界连接

在非理想情况下，边缘检测算法所得到的边缘常存在断裂现象，图 8-11b 是检测的边缘，其右上角存在断裂。

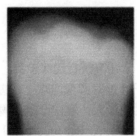
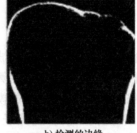

a) 原灰度图像　　　　　　　b) 检测的边缘

图 8-11　存在断裂的边缘

若边界存在断裂，对图像分割或连通域分析都非常不利，因此需要对断裂的边界进行连接。常用边界连接方法有三类：局部的边界连接、区域的边界连接、全局的边界连接（Hough 变换）。

下面分别介绍这三类边界连接方法。

1. 局部的边界连接

局部的边界连接是利用连接点邻域的信息进行边界连接。一个基本的局部连接算法步骤如下：

1）计算图像 $f(x,y)$ 梯度的幅值和相位矩阵 $M(x,y)$ 和 $A(x,y)$。

2）若 S_{xy} 代表像素点 (x,y) 的邻域，如果在邻域 S_{xy} 中的一个像素点 (s,t) 满足式(8-17)所示的条件，则 (s,t) 与 (x,y) 相连接。

$$|M(x,y)-M(s,t)|<T_M 且 |A(x,y)-A(s,t)|<T_A \tag{8-17}$$

式中，T_M 是梯度幅值差的阈值，T_A 是梯度方向差的阈值。

3）当 S_{xy} 模板中心移动时，记录保存连接点。

该算法因为要判断邻域中所有点是否与中心像素点相连接，所以计算复杂度高。一种改进的方法是利用梯度方向的先验信息，向指定的方向进行边界连接，具体的操作步骤是：

1）计算图像 $f(x,y)$ 梯度的幅值和相位矩阵 $M(x,y)$ 和 $A(x,y)$。

2）形成一幅二值图像 $g(x,y)$，其值为

$$g(x,y)=\begin{cases} 1 & M(x,y)>T_M 且 |A(x,y)-\theta|<T_A \\ 0 & 其他 \end{cases} \tag{8-18}$$

式中，T_M 是一个阈值；θ 是一个指定的角度方向；T_A 是 θ 方向差可接受的阈值。

3）扫描 $g(x,y)$ 的行，并在不超过指定长度 K 的每一行中填充（置 1）所有缝隙（0 的集合）。注意，按照定义，缝隙一定要限制在一个 1 或多个 1 的两端。

4）为了在任何其他方向 θ 上检测缝隙，以该角度旋转 $g(x,y)$，并应用步骤 3）中的水平扫描过程，然后将结果以 $-\theta$ 旋转回来。

例如，关于竖直方向的边缘连接，可以将图像旋转 90°，并应用步骤 3）中的水平扫描过程，再旋转回来。在要求多方向角度连接时，把步骤 3）、4）组合成单个放射状扫描过程。注意，使用此算法，要求事先有梯度方向的先验信息。

2. 区域的边界连接

区域的边界连接是利用区域边界上的点信息来进行边界连接。一种常用的方法是用多边形拟合的方法逼近区域边界，使用此方法要求：

1）获得区域边界上的若干点。

2）这些点必须按顺序排列（如顺时针）。

3）指定需要连接的两个端点（如最左和最右的点）。

多边形拟合算法是通过依次连接多边形顶点来逼近边界曲线，具体的执行步骤如下：

1）指定两个起始端点 A 和 B，连接 AB，计算其他点到直线 AB 的垂直距离，如图 8-12a 所示。

2）如果这些垂直距离超过了指定的阈值 T，则寻找到最大距离，将最大距离点 C 作为新的顶点。

3）连接 AC 和 BC，然后继续迭代，如图 8-12b 所示，直到计算的所有垂直距离小于阈值 T。

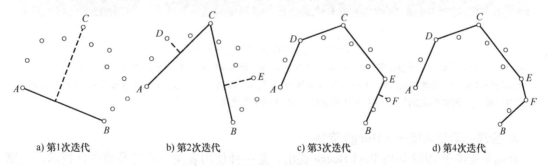

a）第1次迭代　　b）第2次迭代　　c）第3次迭代　　d）第4次迭代

图 8-12　多边形拟合算法迭代说明

具体在实现多边形拟合方法时，需要用到堆栈技术来分别存放终顶点和过渡期间的顶点，通过栈来存储顶点，以保证各顶点的按序连接。此外，多边形拟合方法在处理开放及闭合曲线时，连接方法略有不同。

图 8-13 是一个多边形拟合的边界连接示例。图 8-13a 是一个牙齿的 X 射线图像，图 8-13b 是其梯度图像，图 8-13c 是 Majority 滤波结果，图 8-13d 是形态学收缩结果，图 8-13e 是形态学去噪结果，图 8-13f 是形态学提取骨骼结果，图 8-13g 是杂散抑制结果，图 8-13h～图 8-13j 是阈值分别为 $T=3$，6，12 时的多边形拟合边界连接结果，图 8-13k 是用 1×31 的窗口对图 8-13j 的平滑滤波，图 8-13l 是用 1×31 的窗口对图 8-13h 的平滑滤波。

比较图 8-13h～图 8-13j 可以发现，阈值 T 越小，多边形拟合得到的曲线就越光滑，但边界上的噪声点也较多。在此例中不仅用到了多边形拟合技术，还用到了形态学和空域滤波等相关技术。

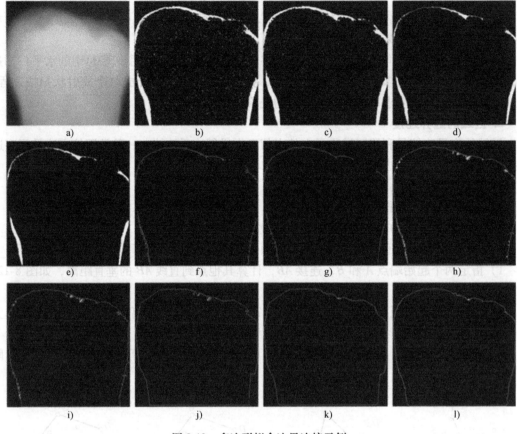

图 8-13　多边形拟合边界连接示例

a) X 射线牙齿图像　b) 梯度图像　c) Majority 滤波结果　d) 形态学收缩结果　e) 形态学去噪结果　f) 形态学提取骨骼结果　g) 杂散抑制结果　h)~j) 阈值分别为 $T=3$、6、12 时的多边形拟合边界连接结果　k) 用 1×31 的窗口对　j) 图的平滑滤波　l) 用 1×31 的窗口对 h) 图的平滑滤波

3. 全局的边界连接——Hough 变换

Hough 变换于 1962 年由 Paul Hough 提出，是一种使用表决方式的参数估计技术，其原理是利用图像空间和 Hough 参数空间的线-点对偶性，把图像空间中的检测问题转换到参数空间中进行。利用 Hough 变换可以检测图像上的直线或形状，若图像因为污损而在线段上产生了断裂或缝隙，则可以使用此方法进行修补连接。

Hough 变换是把二值图像空间变换到 Hough 参数空间，在参数空间用极值点的检测来完成目标的检测。已知一条直线在直角坐标系下可以用 $y=ax+b$ 表示，Hough 变换的主要思想是将该方程的参数和变量交换，即用 x、y 作为已知量，a、b 作为变量坐标，也就是一个直角坐标可以变换为参数坐标，如图 8-14 所示。图 8-14a 直角坐标系下的直线 $y=a'x+b'$，在图 8-14b 参数空间中表示为点 (a',b')；而直角坐标系下的一个点 (x_i,y_i) 在参数空间下表示为一条直线 $b=-x_ia+y_i$，同样，直角坐标系中的点 (x_j,y_j) 对应参数空间中的直线 $b=-x_ja+y_j$。在直角坐标系中一条直线上的所有点在参数空间中所对应的直线，都会通过同一个点。例如，(x_i,y_i) 和 (x_j,y_j) 都在直线 $y=a'x+b'$ 上，在参数空间中它们对应的直线 $b=-x_ia+y_i$ 和 $b=-x_ja+y_j$ 都会通过同一个点 (a',b')。因此，若要检测直线，则可以将在直角坐标下直线上的所有点，在参数坐标中画出所对应的直线，然后统计经过各点的直线数量，经过直线最多的点，对应的直线最长。

在这个 Hough 变换中，a 表示直线的斜率，当直线是垂直方向时，斜率会趋向无穷，因此该算法难以在计算机上实现。

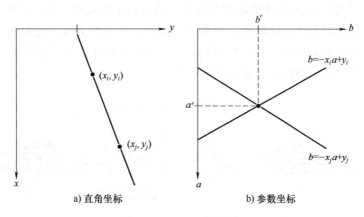

图 8-14　Hough 变换原理

为了解决参数无穷问题，一种改进的方法是用极坐标代替直角坐标，如图 8-15 所示。在图 8-15a 极坐标空间中的一条直线 $x\cos\theta'+y\sin\theta'=\rho'$，对应图 8-15b 参数空间中的一个点 (ρ',θ')；在极坐标空间中的一个点 (x_i,y_i)，对应参数空间中的一条曲线 $x_i\cos\theta+y_i\sin\theta=\rho$，同样，极坐标空间中的点 (x_j,y_j) 对应参数空间中的曲线 $x_j\cos\theta+y_j\sin\theta=\rho$。在极坐标系中一条直线上的所有点在参数空间中所对应的曲线，都会通过同一个点。例如，(x_i,y_i) 和 (x_j,y_j) 都在直线 $x\cos\theta'+y\sin\theta'=\rho'$ 上，在参数空间中它们对应的曲线 $x_i\cos\theta+y_i\sin\theta=\rho$ 和 $x_j\cos\theta+y_j\sin\theta=\rho$ 都会通过同一个点 (ρ',θ')。因此，可以统计通过各像素点的曲线数量，形成累加矩阵，如图 8-15c 所示，然后采用投票的方法来检测直线。注意，这里的参数坐标分别为半径 ρ 和角度 θ，它们的取值都是有限的，因此可以使用计算机实现极坐标的 Hough 变换。

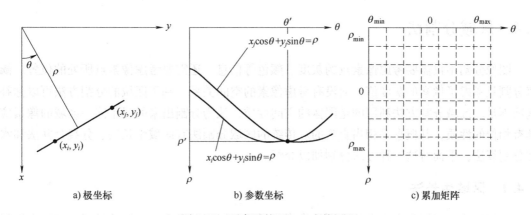

图 8-15　可实现的 Hough 变换原理

Hough 变换检测直线的步骤如下：

1）先将图像进行二值化。

2）初始化二维累加矩阵 $\boldsymbol{A}$。

3）对于二值图像上的每个非零坐标点(x_i, y_i)，让θ依次变化，按式$x_i\cos\theta + y_i\sin\theta = \rho$计算得到$(\rho, \theta)$对。

4）累加过点(ρ, θ)的个数：$A(\rho, \theta) = A(\rho, \theta) + 1$。

5）找到A中最大值的点，就对应了最长的直线。

图8-16是一个用Hough变换检测直线并进行倾斜纠正的示例。其中，图8-16a是倾斜的表单，图8-16b是对应的二值化图像，图8-16c是通过改进的Hough变换得到的累加矩阵，通过查找累加矩阵中的最大值，可以检测到表格中的最长直线，然后根据最长直线的倾斜角度，即可以对表格进行倾斜纠正，如图8-16d所示。

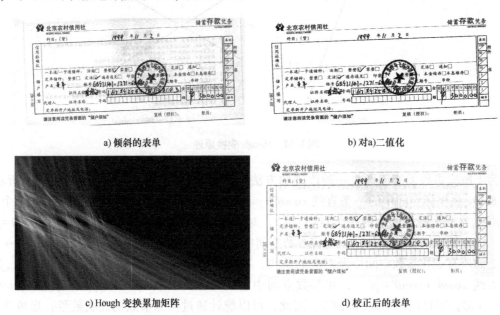

a) 倾斜的表单　　　　　　　　　　　　　　　b) 对a)二值化

c) Hough 变换累加矩阵　　　　　　　　　　　d) 校正后的表单

图 8-16　Hough 检测直线并进行倾斜纠正的示例

8.4　区域分割法

图像分割不仅需要考虑像素点的灰度、颜色等信息，还需要考虑像素点所处的位置。阈值分割只考虑了像素的灰度值，而没有考虑像素的空间关系，基于区域的分割方法可以弥补这项不足。区域分割方法利用的是图像的空间性质，认为分割出来的属于同一区域的像素应具有相似的性质，其概念是相当直观的。传统的区域分割法有区域生长法、分裂合并法和水域分割算法，下面对这三种方法分别加以介绍。

8.4.1　区域生长法

区域生长是根据事先定义的准则将像素或者子区域聚合成更大区域的过程。其基本思想是从一组生长点（生长点可以是单个像素，也可以是某个小区域）开始，将与该生长点性质相似的相邻像素或者区域与生长点合并，形成新的生长点，重复此过程直到不能生长为止。生长点和相邻像素的相似性判断依据可以是灰度值、纹理、颜色等图像信息，所以区域生长算法需要做以下三项工作：

① 选择合适的生长点；

② 确定相似性准则即生长准则；

③ 确定生长停止条件。

区域生长的关键是选择合适的生长或相似性准则，生长准则可根据不同原则制定，而使用不同的生长准则会影响区域生长的过程，下面介绍基于区域灰度差、基于区域内灰度分布统计性质、基于区域形状这三种基本的生长准则和方法。

1. 基于区域灰度差的生长

基于区域灰度差的生长主要有以下几个步骤：

1）扫描所有像素，找出尚没有归属的像素，并确定生长点。

2）以生长点为中心扫描它的 8 邻域像素，即将邻域中的像素逐个与它比较，如果灰度差小于预先确定的阈值，则将它们合并。

3）将新合并的像素作为新的生长点，返回到步骤 2），检查新生长点的邻域，直到区域不能进一步扩张。

4）返回到步骤 1），继续扫描，直到所有像素都有归属，则结束整个生长过程。

图 8-17 是一个区域生长的示例。图 8-17a 是原始图像，数字表示像素的灰度。若设置灰度值为 8 的像素点是初始的生长点，记为 $f(i,j)$。在生长过程中，判断生长点 8 邻域内的每个像素是否与生长点相似，若相似，则生长。在此例中的生长准则是待测点灰度值与生长点灰度值相差为 1 或 0。图 8-17b 是第一次区域生长后的结果，在生长点的 8 邻域内，$f(i-1,j)$、$f(i,j-1)$、$f(i+1,j)$ 和生长点灰度值相差都是 1，因而被合并生长。第一次生长结束后，生长点变为 $f(i-1,j)$，然后进入第二次生长，图 8-17c 是第二次生长后的结果，在新的生长点的 8 邻域内，未处理的像素中 $f(i,j+1)$ 与新生长点的灰度差等于 1，因此 $f(i,j+1)$ 被合并生长。同理，更新生长点为 $f(i,j+1)$，进入第三次生长，图 8-17d 是第三次生长后的结果，$f(i-1,j+1)$、$f(i,j+2)$ 被合并生长，至此，已经不存在满足生长准则的像素点，生长停止。

a) 初始生长点　　　b) 第一次区域生长　　　c) 第二次区域生长　　　d) 第三次区域生长

图 8-17 区域生长示例

采用上述方法得到的结果对区域生长起点的选择有较大的依赖性。为克服这个问题可以将方法做以下改进：将灰度差的阈值设为 0，这样具有相同灰度值的像素便合并到一起，然后比较所有相邻区域之间的平均灰度差，合并灰度差小于某一阈值的区域。这种改进仍然存在一个问题，即当图像中存在灰度缓慢变化的区域时，有可能会将不同区域逐步合并而产生错误分割结果。一个比较好的做法是：在进行生长时，不用新像素的灰度值与邻域像素的灰度值比较，而是用新像素所在区域的平均灰度值与各邻域像素的灰度值进行比较，将小于某一阈值的像素合并进来。

2. 基于区域内灰度分布统计性质的生长

基于区域内灰度分布统计性质的生长方法是以灰度分布相似性作为生长准则来决定区域合并的，具体步骤为：

1）把像素分成互不重叠的小区域。

2）比较邻接区域的累积灰度直方图，根据灰度分布的相似性进行区域合并。

3）设定终止准则，通过反复进行步骤2）中的操作，将各个区域依次合并直到满足终止准则。

检测灰度分布的相似性可以采用以下方法。假设 $h_1(X)$ 和 $h_2(X)$ 为相邻的两个区域的灰度直方图，X 为灰度值变量，根据式(8-18)求出直方图的累积灰度直方图 $H_1(X)$ 和 $H_2(X)$。

$$H(X)=\sum_{i=0}^{X}h(i) \tag{8-19}$$

然后根据以下两个准则判断灰度分布相似性。

1）Kolmogorov-Smirnov 检测：

$$\max_{X}|H_1(X)-H_2(X)|<T \tag{8-20}$$

2）Smoothed-Difference 检测：

$$\sum_{X}|H_1(X)-H_2(X)|<T \tag{8-21}$$

式中，T 是设置的阈值。如果检测结果小于给定的阈值，就把两个区域合并。需要说明的是：

① 小区域的尺寸对结果影响较大，尺寸太小时检测可靠性降低，尺寸太大时得到的区域形状不理想，可能漏掉小的目标。

② 式(8-21)比式(8-20)在检测直方图相似性方面较优，因为它考虑了所有灰度值。

3. 基于区域形状的生长

在决定对区域的合并时也可以利用对目标形状的检测结果，常用的方法有两种：

1）把图像分割成灰度固定的区域，设相邻区域的周长为 P_1 和 P_2，把两区域共同边界线两侧灰度差小于给定值的那部分设为 L，如果(T_1 为预定的阈值)

$$\frac{L}{\min\{P_1,P_2\}}>T_1 \tag{8-22}$$

则合并两区域。

2）把图像分割成灰度固定的区域，设两邻接区域的共同边界长度为 B，把两区域共同边界线两侧灰度差小于给定值的那部分长度设为 L，如果(T_2 为预定的阈值)

$$\frac{L}{B}>T_2 \tag{8-23}$$

则合并两区域。

上述两种方法的区别：第一种方法是合并两邻接区域的共同边界中对比度较低的部分占整个区域边界份额较大的区域，第二种方法则是合并两邻接区域的共同边界中对比度较低的部分比较多的区域。

图 8-18 是区域生长分割示例。图 8-18a 是待处理的灰度图像，图 8-18b 是对应的二值图像。进行区域生长操作时，先用鼠标在二值图像的左肺选取一个种子点，从种子点开始进行区域生长；然后在二值图像的右肺选取一个种子点，再进行区域生长；最后将两次生长得到的结果做"或"运算，合并两个分割结果，并与灰度图像做"与"运算得到最终分割结果，如图 8-18c 所示。

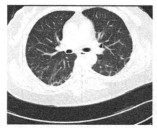 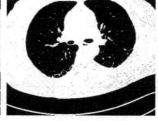 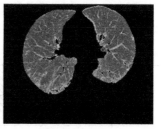

a) 原灰度图像　　　　　　b) 原图像对应的二值图像　　　　　c) 区域生长分割结果

图 8-18　区域生长分割示例

8.4.2　分裂合并法

上节介绍的区域生长法是先从单个种子像素开始，通过不断接纳新像素最后得到完整的区域。分裂合并法采用与区域生长法相反的过程，它是先从整幅图像开始通过不断分裂得到各个区域。实际中常先把图像分成任意大小且不重叠的区域，然后再合并或分裂这些区域以满足分割的要求。

在这类方法中，常需要根据图像的统计特性设定图像区域属性的一致性测度，其中最常用的测度多基于灰度统计特征，如同属性区域中的方差（Variance Within Homogeneous Region，VWHR）。算法根据 VWHR 的数值合并或分裂各个区域。为得到正确的分割结果，需要根据先验知识或对图像中噪声的估计来选择 VWHR，它选择的精度对算法性能影响很大。

假设以 VWHR 为一致性测度，令 $V(R)$ 代表区域 R 内的 VWHR 值，阈值设为 T，下面介绍一种利用图像四叉树（Quadtree，QT）表达方法的简单分裂合并算法。如图 8-19 所示，设 R_0 代表整个四方形图像区域，从最高层开始，如果 $V(R_0)>T$，就将其四等分，得到 4 个子区域 R_i。如果 $V(R_i)>T$，则将该区域四等分，依此类推，直到 R_i 为单个像素。

如果仅仅使用分裂，最后有可能出现相邻的两个区域属于同一个目标但并没有合并成一个整体的情况。为解决这个问题，每次分裂后允许其根据一致性测度进行合并，即相邻的 R_i 和 R_j，如果 $V(R_i \cup R_j) \leqslant T$，则将二者合并。

综上所述，分裂合并算法的步骤可以简单描述如下：

1）对于任一 R_i，如果 $V(R_i)>T$，则将其分裂成互不重叠的四等分。

2）对相邻区域 R_i 和 R_j，如果 $V(R_i \cup R_j) \leqslant T$，则将二者合并。

3）如果进一步的分裂或合并都不可能了，则终止算法。

图 8-19 给出一个简单分裂合并图像各步骤的例子。设图中阴影区域为目标，白色区域为背景，它们都具有常数灰度值，设 $T=0$（该例子比较特殊）。对于整个图像 R_0，因 $V(R_0)>T$，所以将其四等分，如图 8-19a 所示。由于左上角区域满足一致性测度，所以停止分裂，其他 3 个区域则继续四等分，得到图 8-19b。接下来根据分裂合并准则将相邻的满足一致性准则的区域合并，同时将不满足一致性测度的区域继续分裂，得到图 8-19c，再执行一次分裂合并过程后得到最终结果，如图 8-19d 所示。

8.4.3　图像水域分割

水域分割又称 Watershed 变换，是一种借鉴了形态学理论的分割方法，其本质是利用图

173

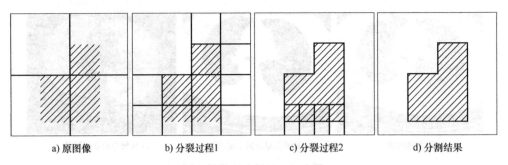

a) 原图像　　　　　b) 分裂过程1　　　　　c) 分裂过程2　　　　　d) 分割结果

图 8-19　分裂合并法分割图像示例

像的区域特性来分割图像，它将边缘检测与区域生长的优
点结合起来，能够得到单像素宽的、连通的、封闭的且位
置准确的轮廓。水域分割的基本思想是基于局部极小值和
积水盆(Catchment Basin)的概念。积水盆是地形中局部极
小值的影响区(Influence Zones)，水平面从这些局部极小值
处上涨，在水平面浸没地形的过程中，每一个积水盆被筑
起的"坝"所包围，这些坝用来防止不同积水盆里的水混合
到一起，在地形完全浸没到水中之后，这些筑起的坝就构
成了分水岭。这个过程可以用图 8-20 说明。

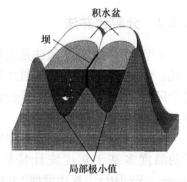

图 8-20　地形浸没过程说明

　　现在将水域的概念应用到图像分割中。假设被分割的
图像由目标和背景组成，这样，图像的背景和目标的内部区域将对应梯度图中灰度较低的位
置，而目标边缘则对应了梯度图中的亮带，称梯度图像中具有均匀低灰度值的区域为极小值
区域(一般分布在目标内部及背景处)。水面从这些极小值区域开始上涨，当不同流域中的
水面不断升高到将要汇合在一起时(目标边界处)，便筑起一道堤坝，最后得到由这些坝组
成的分水线，图像也就完成了分割。

　　由于待分割的图像中存在噪声和一些微小的灰度值起伏波动，在梯度图像中可能存在许
多假的局部极小值，如果直接对梯度图进行生长会造成过分割的现象。即使在 Watershed 变
换前对梯度图进行滤波，存在的极小点也往往会多于原始图像中目标的数目，因此必须加以
改进。实际中应用 Watershed 变换的有效途径是首先确定图像中目标的标记或种子，然后再
进行生长，并且在生长的过程中仅对具有不同标记的标记点建筑防止溢流汇合的堤坝，产生
分水线，这就是基于标记的 Watershed 变换。基于标记的 Watershed 变换大体可分为三个
步骤：

　　1）对原图像进行梯度变换，得到梯度图。

　　2）用合适的标记函数把图像中相关的目标及背景标记出来，得到标记图。

　　3）将标记图中的相应标记作为种子点，对梯度图像进行 Watershed 变换，产生分水线。

　　由于目标标记的正确与否直接影响分割结果，所以利用 Watershed 变换进行图像分割的
关键是标记提取。到目前为止，标记提取还没有一个统一的方法，一般依赖于图像的先验知
识，如图像极值、平坦区域或纹理等。

　　【例 8-1】　利用直方图峰值特性提取标记的水域分割。

　　图 8-21 是一个利用直方图峰值特性提取标记的水域分割示例。图 8-21a 是待分割灰度图
像；图 8-21b 是对应的直方图，算法将直方图中的三个峰所对应的像素作为标记，分别对应

核仁、细胞核及背景三类目标；图 8-21c 是提取的标记图；图 8-21d 是原图像的梯度图像，以标记点作为种子，在梯度图上进行水域生长；最后水域分割的结果如图 8-21e 所示。

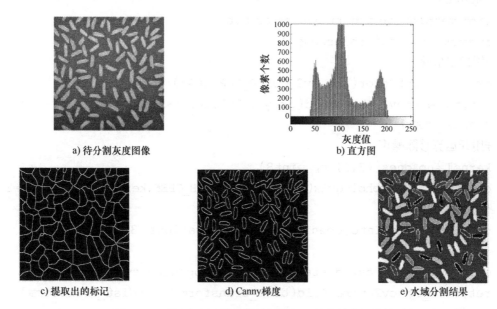

a) 待分割灰度图像   b) 直方图

c) 提取出的标记   d) Canny梯度   e) 水域分割结果

图 8-21 利用直方图峰值特性提取标记的水域分割结果

【例 8-2】 利用前景的连通域提取标记的水域分割。

利用前景的连通域提取标记的水域分割效果如图 8-22 所示。本例首先需要提取前景，当图像内的各个子图没有连接时，可以直接使用形态学的腐蚀操作确定前景对象，但是如果图像内的子图连接在一起时，就很难确定前景对象了。此时，可借助于距离变换函数 cv2. distanceTransform( ) 将前景对象提取出来，如图 8-22b 所示。接着利用 cv2. connectedComponents( ) 函数对前景的连通域进行标记，不同连通域使用不同的标记，如图 8-22c 所示。最后从前景的连通域中提取种子(也就是所谓的注水点)，对图像上其他的像素点根据分水岭算法规则进行判断，并对每个像素点的区域归属进行划定，直到处理完图像上所有像素点。而区域与区域之间分界处的值被置为"−1"，以做区分，本例中将边界处的灰度值设置为白色，如图 8-22d 所示。

175

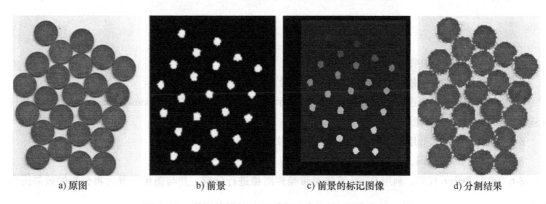

a) 原图   b) 前景   c) 前景的标记图像   d) 分割结果

图 8-22 利用前景的连通域提取标记的水域分割实例

水域分割的 Python 代码如下：

```python
import numpy as np
import cv2
from matplotlib import pyplot as plt
img=cv2.imread('coins.png')
#图像二值化
gray=cv2.cvtColor(img,cv2.COLOR_BGR2GRAY)
ret,thresh=cv2.threshold(gray,0,255,cv2.THRESH_BINARY_INV+cv2.\
THRESH_OTSU)
#用开运算移除噪声
kernel=np.ones((3,3),np.uint8)
opening=cv2.morphologyEx(thresh,cv2.MORPH_OPEN,kernel,iterations=2)
#确定背景区域
sure_bg=cv2.dilate(opening,kernel,iterations=3)
#确定前景
dist_transform=cv2.distanceTransform(opening,cv2.DIST_L2,5)
ret,sure_fg=cv2.threshold(dist_transform,0.7*dist_transform.\
max(),255,0)
#寻找不确定区域
sure_fg=np.uint8(sure_fg)
unknown=cv2.subtract(sure_bg,sure_fg)
#对前景的不同连通域进行标记
ret,markers=cv2.connectedComponents(sure_fg)
markers=markers+1
markers[unknown==255]=0
#以 markers 的各连通域为注水点,进行水域分割
markers=cv2.watershed(img,markers)
img[markers==-1]=[255,255,255]
```

176

练 习

8-1 举例说明分割在图像处理中的实际应用。

8-2 边缘检测的理论依据是什么?有哪些边缘检测算子?

8-3 根据 4 连通或 8 连通准则,判断图 8-23 所示图像中的目标,并调用 skimage. measure. label 函数按 4 连通或 8 连通方式对图像进行标注。

8-4 阈值分割技术适用于什么场景下的图像分割?

8-5 编写 Python 代码,利用基本的全局阈值算法对图像进行分割。

8-6 编写 Python 代码,利用 OTSU 算法对带噪声图像进行分割,并与图像平滑后再分割的效果进行比较。

8-7 编写 Python 代码,利用移动平均算法对非均匀光照图像(见图 8-24)进行分割,分析移动平均方向与光照方向的关系。

8-8 简述区域生长法实现的三个关键点。

1	1	1	0	0	0	0	0
1	1	1	0	1	1	0	0
1	1	0	0	1	1	0	0
1	1	0	0	0	1	1	0
0	1	0	0	0	0	1	0
1	0	1	0	0	0	1	0
1	1	1	0	0	1	1	0
1	1	1	0	0	0	0	0

图 8-23 待判断目标图像

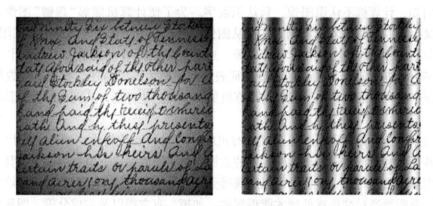

图 8-24 非均匀光照图像

8-9 设计一个利用 Sobel 算子、Roberts 算子、LoG 算子进行边缘检测的程序，比较各边缘检测算子检测的视觉效果与运算量。

第 **9** 章

图像描述与特征提取

众所周知，计算机不认识图像，只认识数字。为了使计算机能够"理解"图像，从而具有真正意义上的"视觉"，本章将研究如何从图像中提取有用的数据或信息，得到图像的"非图像"表示或描述，如数值、向量和符号等。这一过程就是特征提取，而提取出来的这些"非图像"表示或描述就是特征，用这些特征表示图像称为图像描述。有了这些数值或向量形式的特征，就可以通过训练过程教会计算机如何懂得这些特征，从而使计算机具有识别图像的本领。

特征是某一类对象区别于其他类对象的相应（本质）特点或特性，或是这些特点和特性的集合。特征是通过测量或处理能够抽取的数据。对于图像而言，每一幅图像都具有能够区别于其他图像的自身特征，有些是可以直观感受到的自然特征，如亮度、边缘、纹理和色彩等；有些则是需要通过变换或处理才能得到的，如矩、直方图以及主成分等。图像的本质特征应具有平移不变性、旋转不变性、尺度不变性等基本特性，并且可以有效地区别不同类别图像。

实际上，图像特征提取属于图像分析的范畴，是图像识别的开始。本章将首先介绍一些常用的基本统计描述，包括图像灰度描述、几何形状描述、区域描述、纹理描述等；然后再介绍一些经典的图像特征提取方法，如方向梯度直方图（Histogram of Oriented Gradient, HOG）等。

9.1 灰度描述

9.1.1 幅度特征

最基本的图像特征是图像的幅度特征。对于空域图像，其幅值特征是图像在某一像素点或其邻域内做出幅度的测量，如在 $N \times N$ 区域内的平均幅度，即

$$\bar{f}(x,y) = \frac{1}{N^2} \sum_{i=0}^{N} \sum_{j=0}^{N} f(i,j) \tag{9-1}$$

式中，$f(i,j)$ 是像素点 (i,j) 的灰度值。可以直接从图像像素的灰度值，或从某些线性、非线性变换后构成新的图像幅度的空间来求得各式各样图像的幅度特征，如灰度最大值、最小值、方差等特征。

图像的幅度特征对于分离目标物的描述等具有十分重要的作用。

9.1.2　变换系数特征

对于频域图像，傅里叶变换系数反映了变换后图像在频率域的分布情况，因此常常用傅里叶变换系数作为一种图像特征的提取方法。

根据傅里叶变换的平移性，即在空域中的平移(x_0, y_0)相当于在频域中乘以复指数$e^{-j2\pi(ux_0+vy_0)/N}$，则存在以下傅里叶变换对：

$$f(x-x_0, y-y_0) \leftrightarrow F(u,v)e^{-j2\pi(ux_0+vy_0)/N} \tag{9-2}$$

显然，$|F(u,v)e^{-j2\pi(ux_0+vy_0)/N}| = |F(u,v)|$。因此可以说，当$f(x,y)$的原点位移时，其幅值谱$A(u,v) = |F(u,v)|$和功率谱$M(u,v) = |F(u,v)|^2$保持不变。这种性质称为位移不变性，其在应用中是非常有用的特性。此外，需要注意幅值谱$A(u,v)$、功率谱$M(u,v)$与其傅里叶变换$F(u,v)$并不是一一对应的。

如果把幅值谱$A(u,v)$或功率谱$M(u,v)$在某些规定区域内的累计值求出，可以突出图像的某些特征。这些规定的区域如图9-1所示，其中图9-1a是水平切口，图9-1b是垂直切口，图9-1c是环形切口，图9-1d是扇形切口。

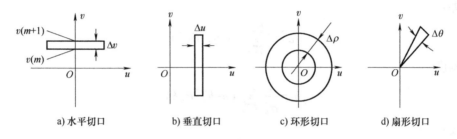

a) 水平切口　　b) 垂直切口　　c) 环形切口　　d) 扇形切口

图9-1　不同类型的切口

不同切口规定的特征度量可由下面各式来定义。

水平切口：

$$S_1(m) = \int_{v(m)}^{v(m+1)} A(u,v)\,\mathrm{d}v \tag{9-3}$$

垂直切口：

$$S_2(m) = \int_{u(m)}^{u(m+1)} A(u,v)\,\mathrm{d}u \tag{9-4}$$

环形切口：

$$S_3(m) = \int_{\rho(m)}^{\rho(m+1)} A(\rho,\theta)\,\mathrm{d}\rho \tag{9-5}$$

扇形切口：

$$S_4(m) = \int_{\theta(m)}^{\theta(m+1)} A(\rho,\theta)\,\mathrm{d}\theta \tag{9-6}$$

式中，$A(\rho, \theta)$是$A(u, v)$的极坐标形式。

功率谱与幅值谱具有类似的特征。这些特征说明了图像中含有这些切口的频谱成分的含量，提取的特征可以作为模式识别或分类系统的输入信息，已成功地运用到土地情况分类、病情诊断等方面。

9.1.3　直方图特征

一幅数字图像可以看作是二维随机过程的一个样本，可以用联合概率分布来描述。通过图像的各像素幅度值可以估计出图像的概率分布，从而形成图像的直方图特征。

1. 一阶直方图特征

图像的一阶直方图是图像灰度值的一阶概率分布，其定义为

$$P(b)=P\{f(x,y)=b\} \quad (0\le b\le L-1) \tag{9-7}$$

式中，b 是量化灰度值，L 是量化灰度值范围。

图像的直方图特征可以提供图像信息的许多特征。例如，若直方图密集地分布在很窄的区域之内，说明图像的对比度很低；若直方图有两个峰值，则说明图像存在着两种不同亮度的区域。

根据图像的一阶直方图，可以得到图像的一些特征参数。

平均值：

$$\bar{b}=\sum_{b=0}^{L-1}bP(b) \tag{9-8}$$

方差：

$$\sigma_b^2=\sum_{b=0}^{L-1}(b-\bar{b})^2P(b) \tag{9-9}$$

倾斜度：

$$b_n=\frac{1}{\sigma_b^3}\sum_{b=0}^{L-1}(b-\bar{b})^3P(b) \tag{9-10}$$

峭度：

$$b_k=\frac{1}{\sigma_b^4}\sum_{b=0}^{L-1}(b-\bar{b})^4P(b)-3 \tag{9-11}$$

能量：

$$b_N=\sum_{b=0}^{L-1}[P(b)]^2 \tag{9-12}$$

熵：

$$b_E=-\sum_{b=0}^{L-1}P(b)\text{lb}[P(b)] \tag{9-13}$$

2. 二阶直方图特征

图像的二阶直方图是以像素对的联合概率分布为基础得出的。若两个像素 $f(i,j)$ 及 $f(m,n)$ 分别位于 (i,j) 点和 (m,n) 点，两者的水平和垂直间距为 $|i-m|$、$|j-n|$，那么其幅度值的联合分布为

$$P(a,b)\triangleq P\{f(i,j)=a,f(m,n)=b\} \tag{9-14}$$

式中，a、b 是量化的幅度值。若用极坐标 ρ、θ 表示像素对之间的关系，$N(a,b)$ 表示在 θ 方向上径向间距为 ρ 的像素对 $f(i,j)=a$、$f(m,n)=b$ 出现的频数，那么图像的二阶概率分布为

$$P(a,b)\approx\frac{N(a,b)}{M} \tag{9-15}$$

式中，M 是测量窗口中像素的总数。

根据图像的二阶直方图，可以得到图像的一些特征参数，可用来描述图像能量扩散的

情况。

自相关量:

$$B_A = \sum_{a=0}^{L-1} \sum_{b=0}^{L-1} abP(a,b) \tag{9-16}$$

协方差:

$$B_c = \sum_{a=0}^{L-1} \sum_{b=0}^{L-1} (a-\overline{a})(b-\overline{b})P(a,b) \tag{9-17}$$

惯性矩:

$$B_I = \sum_{a=0}^{L-1} \sum_{b=0}^{L-1} (a-b)^2 P(a,b) \tag{9-18}$$

绝对值:

$$B_V = \sum_{a=0}^{L-1} \sum_{b=0}^{L-1} |a-b| P(a,b) \tag{9-19}$$

能量:

$$B_N = \sum_{a=0}^{L-1} \sum_{b=0}^{L-1} [P(a,b)]^2 \tag{9-20}$$

熵:

$$B_E = -\sum_{a=0}^{L-1} \sum_{b=0}^{L-1} P(a,b) \mathrm{lb}[P(a,b)] \tag{9-21}$$

9.2 边界描述

为了描述目标物的形状,通常采用的方法是利用目标物的边界来表示物体,即所谓的边界描述。当一个目标区域边界上的点已被确定时,就可以利用这些边界点来区别不同区域的形状。这样做既可以节省存储信息,又可以准确地确定物体。下面介绍两种常用的边界描述方法。

9.2.1 链码描述

在数字图像中,边界或曲线是由一系列离散的像素点组成的,其最简单的表示方法是由美国学者 Freeman 提出的链码方法。

链码实质上是一串指向符的序列,有 4 链码、8 链码等。图 9-2a 和图 9-2b 分别是 4 链码、8 链码的链码指向符。对于 8 链码,任一像素点 P 有 8 个邻近像素,指向符共有 8 个方向,分别用 0、1、2、3、4、5、6、7 表示。链码表示就是从某一起点开始沿曲线观察每一段的走向并用相应的指向符来表示,结果形成一个数列。因此可以用链码来描述任意曲线或者闭合的边界,利用链码来表示和存储物体信息是很方便和节省空间的。

边界的链码计算方法主要分为 4 个步骤:

① 将水平和垂直方向坐标分成等间隔的网格;

② 从在物体边界上任意选取某个起始点的坐标开始;

③ 对每一个网格中的线段用一个最接近的方向码来表示;

④ 按照顺时针方向沿着边界将这些方向码连接起来。

边界的链码依赖起始点,例如,在图 9-3a 中,选取像素 A 作为起点,所形成的 8 链码

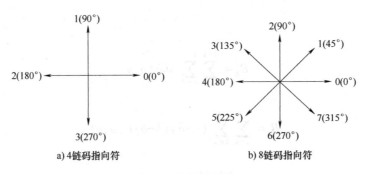

a) 4链码指向符　　　　b) 8链码指向符

图 9-2　链码指向符

为 0112223310000076555 6706。

显然，起始点不同，得到的链码可能不同。边界链码关于起始点归一化的方法通常是将链码看成方向编号的循环序列，并对起始点重新定义，使得到的编号序列的整数值为最小值。此外，如果目标平移，链码不会发生变化，而如果目标旋转则链码会发生变化。为适应边界形状的旋转变化，实现链码旋转归一化，可以用链码的

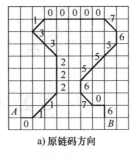 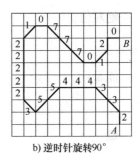

a) 原链码方向　　　　b) 逆时针旋转90°

图 9-3　边界的链码表示

一次差分来代替链码自身。链码的一次差分通过计算链码相邻两个元素的方向变化的数值得到，即差分链码可用相邻两个方向数按反方向相减（后一个减去前一个），并对结果做模 8 运算得到。例如：

图 9-3a 中曲线的 8 链码为 0112223310000076555 6706，其差分链码为 10100106 70000777001116。

图 9-3b 是图 9-3a 中曲线逆时针旋转 90°后得到的，图 9-3b 中曲线的 8 链码为 23344455322222107770120，其差分链码为 1010010670000777001116。

在此例中，一条曲线旋转90°后，将得到不同的 8 链码，但其差分链码不变，说明差分链码具有旋转不变的特性。

当改变轮廓大小时，其边界链码也会发生变化，可通过改变采样网格的大小实现边界链码尺寸的归一化。

9.2.2　傅里叶描述

边界上像素点的离散傅里叶变换表达可以作为定量描述边界形状的基础。方法是将平面中的曲线段转化为复平面上的一个序列。具体就是将 xOy 平面与复平面 uOv 重合，即实部 u 轴与 x 轴重合，虚部 v 轴与 y 轴重合。这样可用复数 $u+jv$ 的形式来表示给定边界上的每个点 (x,y)。这两种表示在本质上是一致的，是点点对应的，如图 9-4 所示。

傅里叶边界描述的一个特点是将二维的问题简化为一维问题。现在考虑一个由 N 点组成的封闭边界，从任一点开始绕边界一周就得到一个复数序列，即

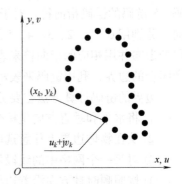

图 9-4　边界点的两种表示方法

$$s(k) = u(k) + jv(k), \quad k = 0, 1, \cdots, N-1 \tag{9-22}$$

$s(k)$ 的离散傅里叶变换是

$$S(w) = \frac{1}{N^2} \sum_{k=0}^{N-1} s(k) \exp\left(-j\frac{2\pi wk}{N}\right), \quad w = 0, 1, \cdots, N-1 \tag{9-23}$$

$S(w)$ 可称为边界的傅里叶描述，它的傅里叶反变换是

$$s(k) = \sum_{w=0}^{N-1} S(w) \exp\left(-j\frac{2\pi wk}{N}\right), \quad k = 0, 1, \cdots, N-1 \tag{9-24}$$

可见，离散傅里叶变换是可逆线性变换，在变换过程中信息没有任何增减，这为人们有选择地描述边界提供了方便。若只取 $S(w)$ 最大的前 P 个系数来重构 $s(k)$，即可得到一个近似的 $s(k)$：

$$\bar{s}(k) = \sum_{w=0}^{P-1} S(w) \exp\left(-j\frac{2\pi wk}{N}\right), \quad k = 0, 1, \cdots, N-1 \tag{9-25}$$

需注意，式(9-25)中 k 的范围不变，即在近似边界上的点数不变，但 w 的范围缩小了，即重建边界点的频率阶数减少了。

傅里叶变换的高频分量对应一些细节而低频分量对应总体形状，因此用一些低频分量的傅里叶系数足以近似描述边界形状。通过傅里叶描述子重建边界时，所使用的系数个数 P 值越小，所重构的边界细节越少；而系数个数 P 值越大，则重构的边界细节越丰富。

在图 9-5 中，原图是一个正方形，其边界上有 64 个像素点。用傅里叶描述子所重构的边界也都是由 64 个像素点构成的边界，然而随着系数个数 P 值的增加，所重构的边界越来越逼近正方形(原图)。

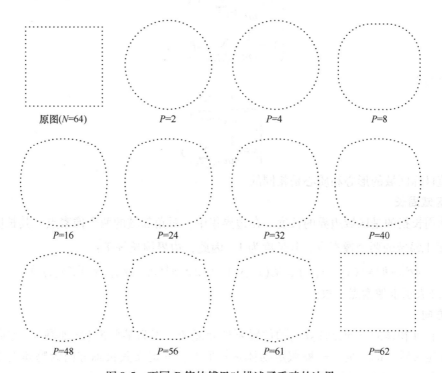

图 9-5　不同 P 值的傅里叶描述子重建的边界

9.3 区域描述

对一幅灰度图像或者彩色图像运用图像分割的方法进行处理，把其中感兴趣的像素分离出来作为目标像素，取值为1，而把不感兴趣的其余部分作为背景像素，取值为0，就可以得到一幅二值图像。提取了目标区域后，需要对目标区域进行进一步的分析，以了解目标区域的特性。二值图像中包含了目标区域的位置、形状、结构等很多重要信息，是图像分析和目标识别的依据。本节将分析二值目标区域的几何特征和不变矩。

9.3.1 几何特征

1. 区域面积

二值图像中目标物的面积 A 就是目标物所占像素点的数目，即区域的边界内包含的像素点数。若目标区域为 S，则面积 A 的计算公式为

$$A = \sum_{(x,y) \in S} f(x,y) \tag{9-26}$$

对二值图像而言，若用1表示目标，用0表示背景，其目标区域面积就是统计 $f(x,y)=1$ 的个数。

2. 位置

由于目标在图像中总有一定的面积大小，因此有必要定义目标在图像中的精确位置。目标的位置有形心、质心之分，形心为目标形状的中心，质心为目标质量的中心。

对 $m \times n$ 大小的目标区域 S，其灰度值为 $f(x,y)$，质心 $(\bar{X}, \bar{Y})$ 为

$$\begin{cases} \bar{X} = \dfrac{1}{mn} \sum_{(x,y) \in S} x f(x,y) \\ \bar{Y} = \dfrac{1}{mn} \sum_{(x,y) \in S} y f(x,y) \end{cases} \tag{9-27}$$

形心 $(\bar{x}, \bar{y})$ 为

$$\begin{cases} \bar{x} = \dfrac{1}{mn} \sum_{(x,y) \in S} x \\ \bar{y} = \dfrac{1}{mn} \sum_{(x,y) \in S} y \end{cases} \tag{9-28}$$

二值目标区域的形心和质心是相同的。

3. 区域周长

区域周长指的是区域边界的长度。在边界集中，对角邻域的两个像素点，其长度需要乘以 $\sqrt{2}$，而4邻域的两个像素点，其长度为1。因此，边界周长等于：

$$\|B\| = \#\{k \mid (x_{k+1}, y_{k+1}) \in N_4(x_k, y_k)\} + \sqrt{2} \#\{k \mid (x_{k+1}, y_{k+1}) \in N_D(x_k, y_k)\} \tag{9-29}$$

式中，$\#\{\}$ 表示求像素点个数。

4. 方向

计算目标物体的方向比计算它的位置要稍微复杂，因为某些形状（如圆）的方向并不唯一。为了定义唯一的方向，一般假定物体是长形的，并定义其长轴方向为物体的方向，如图9-6所示。在图像二维平面上，常定义最小二阶矩轴为物体的方向。

图像中目标区域 S 的二阶矩轴定义如下：

$$\chi^2 = \sum_{(x,y) \in S} r_{xy}^2 f(x,y) \qquad (9\text{-}30)$$

式中，χ^2 是二阶矩轴，r_{xy} 是在目标区域中任一点 (x,y) 到二阶矩轴的距离。χ^2 的最小值为最小二阶矩轴，它是这样一条线，物体上的全部点到该轴线的距离二次方和最小。因此，给出一幅二值图像 $f(x,y)$，计算目标区域的最小二乘拟合直线，可以使所有像素点到该直线的距离二次方和最小。

图 9-6　目标区域方向

5. 距离

两个区域的距离，可以用它们的质心距离来表示。常用的像素点（即质心点）距离有欧氏距离、D_4 距离、D_8 距离和 D_m 距离。

6. 圆形度

圆形度是描述连通域与圆形相似程度的量。根据圆周长与圆面积的计算公式，定义圆形度的计算公式为

$$\rho_c = \frac{4\pi A_s}{L_s^2} \qquad (9\text{-}31)$$

式中，A_s 是连通域 S 的面积；L_s 是连通域 S 的周长。圆形度 ρ_c 值越大，表明目标与圆形的相似度越高。

7. 矩形度

与圆形度类似，矩形度是描述连通域与矩形相似程度的量。矩形度的计算公式为

$$\rho_R = \frac{A_s}{A_R} \qquad (9\text{-}32)$$

式中，A_s 是连通域 S 的面积；A_R 是包含该连通域的最小矩形的面积。对于矩形目标，矩形度 ρ_R 取最大值 1；对于细长而弯曲的目标，则矩形度的值变得很小。

8. 长宽比

长宽比是将细长目标与近似矩形或近似圆形目标进行区分时采用的形状度量。长宽比的计算公式为

$$\rho_{WL} = \frac{W_R}{L_R} \qquad (9\text{-}33)$$

式中，W_R 是包围连通域的最小矩形的宽度；L_R 是包围连通域的最小矩形的长度。

9.3.2　矩

从图像中计算出来的矩通常描述了图像不同种类的特征，如大小、灰度、方向、形状等。良好的特征应该不受光线、噪点、几何形变的干扰。由于图像的某些矩对于平移、旋转、尺度缩放等几何变换具有一些不变的特性，因此，图像矩在模式识别、目标分类、目标识别与防伪估计、图像编码与重构等方面具有重要意义。

1. 矩的定义

对于二维连续函数 $f(x,y)$，其 $j+k$ 阶矩定义为

$$m_{jk} = \int_{-\infty}^{\infty} \int_{-\infty}^{\infty} x^j y^k f(x,y)\,\mathrm{d}x\mathrm{d}y, \quad j,k = 0,1,2\cdots \qquad (9\text{-}34)$$

由于 j 和 k 可取所有的非负整数值，因此形成了一个矩的无限集。而且，这个集合完全可以确定函数 $f(x,y)$ 本身。也就是说，集合 $\{m_{jk}\}$ 对于函数 $f(x,y)$ 是唯一的，也只有 $f(x,y)$ 才具有这种特定的矩集。

针对一幅图像，可以把像素的坐标看成是一个二维随机变量 (x,y)，那么一幅灰度图可以用二维灰度图密度函数来表示，因此可以用矩来描述灰度图像的特征。对于数字图像 $f(x,y)$，其 $j+k$ 阶矩定义为

$$m_{jk} = \sum_x \sum_y x^j y^k f(x,y), \quad j,k=0,1,2\cdots \tag{9-35}$$

参数 $j+k$ 称为矩的阶。特别地，零阶矩可以计算目标区域的面积，即

$$m_{00} = \sum_x \sum_y f(x,y) \tag{9-36}$$

当 $j=1$，$k=0$ 时，m_{10} 是目标区域上所有点的 x 坐标的总和。类似地，m_{01} 就是目标区域上所有点的 y 坐标的总和。令

$$\begin{cases} \bar{x} = \dfrac{m_{10}}{m_{00}} \\[2mm] \bar{y} = \dfrac{m_{01}}{m_{00}} \end{cases} \tag{9-37}$$

则 $(\bar{x},\bar{y})$ 是二值图像中一个目标区域的质心坐标。

在矩定义的基础上，可以进一步定义目标区域的 $j+k$ 阶中心矩：

$$\mu_{jk} = \sum_x \sum_y (x-\bar{x})^j (y-\bar{y})^k f(x,y) \tag{9-38}$$

式中，$(\bar{x},\bar{y})$ 是目标区域的质心坐标。

2. 不变矩

不变矩（Invariant Moments）是一种高度浓缩的图像特征，具有平移、灰度、尺度缩放、旋转等不变性，由 M. K. Hu 在 1961 年首先提出，因此又称为 Hu 不变矩。不变矩是由三阶以下的归一化中心矩，经过不同组合构成的。$j+k$ 阶归一化中心矩定义为

$$\eta_{jk} = \frac{\mu_{jk}}{(\mu_{00})^\gamma}, \quad \gamma = \left(\frac{j+k}{2}+1\right) \tag{9-39}$$

利用归一化的中心矩，可以获得对平移、缩放、镜像和旋转都不敏感的 7 个不变矩，分别定义如下：

$$\phi_1 = \eta_{20} + \eta_{02} \tag{9-40}$$

$$\phi_2 = (\eta_{20}-\eta_{02})^2 + 4\eta_{11}^2 \tag{9-41}$$

$$\phi_3 = (\eta_{30}-\eta_{12})^2 + (3\eta_{21}-\eta_{03})^2 \tag{9-42}$$

$$\phi_4 = (\eta_{30}+\eta_{12})^2 + (3\eta_{21}+\eta_{03})^2 \tag{9-43}$$

$$\phi_5 = (\eta_{30}-3\eta_{12})^2(\eta_{30}+3\eta_{12})[(\eta_{30}+3\eta_{12})^2-3(\eta_{21}+\eta_{03})^2] +$$
$$(3\eta_{21}-\eta_{03})(\eta_{21}+\eta_{03})[3(\eta_{30}+\eta_{12})^2-(\eta_{21}+\eta_{03})^2] \tag{9-44}$$

$$\phi_6 = (\eta_{20}-\eta_{02})[(\eta_{30}+3\eta_{12})^2-(\eta_{21}+\eta_{03})^2]+4\eta_{11}(\eta_{30}+\eta_{12})(\eta_{21}+\eta_{03}) \tag{9-45}$$

$$\phi_7 = (3\eta_{21}-\eta_{03})(\eta_{30}+\eta_{12})[(\eta_{30}+\eta_{12})^2-3(\eta_{21}+\eta_{03})^2] +$$
$$(3\eta_{12}-\eta_{30})(\eta_{21}+\eta_{03})[3(\eta_{30}+\eta_{12})^2-(\eta_{21}+\eta_{03})^2] \tag{9-46}$$

需要注意的是，较高阶的矩对于成像过程中的误差、微小的变形等因素非常敏感，所以

相应的不变矩基本上不能用于有效的物体识别。

OpenCV 提供了 moments( )函数来计算图像的中心矩，HuMoments( )函数用于由中心矩计算 Hu 不变矩。Hu 不变矩在图像旋转、缩放、平移等操作后，仍能保持矩的不变性，因此 Hu 不变矩具有区别图像的本质特征。

【例 9-1】 分别对图像进行各种几何变换，然后运用式(9-40)~式(9-46)计算这些图像的 7 个不变矩，观察图像经过几何变换后的不变矩的值。

图像经过旋转、缩放、平移后的效果如图 9-7 所示。调用 moment_invariants( )子函数可以求得图像的 7 个不变矩，在子函数中为了减小动态范围，将计算得到的不变矩取对数。各图像的不变矩如表 9-1 所示，可见图像经过各种几何变换后所求得的不变矩具有较好的一致性。

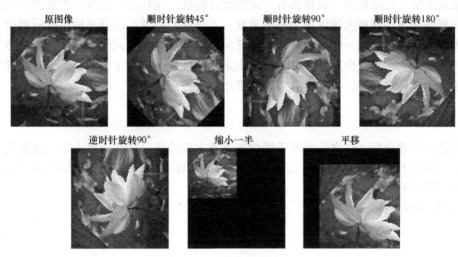

图 9-7 几何变换的图像

表 9-1 几何变换图像的 7 个不变矩

不变矩($\|\log\|$)	ϕ_1	ϕ_2	ϕ_3	ϕ_4	ϕ_5	ϕ_6	ϕ_7
原图像	6.55	16.95	24.88	25.23	52.37	36.78	50.30
顺时针旋转 45°	6.62	16.89	25.19	25.86	51.87	37.10	51.62
顺时针旋转 90°	6.55	16.95	24.88	25.23	52.37	36.78	50.30
顺时针旋转 180°	6.55	16.95	24.88	25.23	52.37	36.78	50.30
逆时针旋转 90°	6.55	16.95	24.88	25.23	52.37	36.78	50.30
缩小一半	6.55	16.96	24.89	25.24	52.32	36.87	50.31
平移	6.63	16.94	23.57	23.99	48.80	32.46	47.84

注：$\|\log\|$表示表中数值为取对数后的幅值。

求图像不变矩的 Python 代码如下：

```
def moment_invariants(img):
    m_ =cv2.moments(img)
    hu=cv2.HuMoments(m_)
    #标准化 Hu 不变矩
```

```
hu=np.abs(hu)
hu=np.log(hu)
hu=np.abs(hu)
return hu
```

9.4 纹理描述

纹理一般是指人们所观察到的图像像素（或子区域）的灰度变化规律。习惯上把图像中这种局部不规则而宏观有规律的特性称为纹理。一般来说纹理图像中的灰度分布具有周期性，即使灰度变化是随机的，它也具有一定的统计特性。纹理的标志有三个要素：一是某种局部的序列性在该序列更大的区域内不断重复；二是序列由基本部分非随机排列组成；三是各部分大致都是均匀的统一体，纹理区域内任何地方都有大致相同的结构尺寸。当然，以上这些也只从感觉上看来是合理的，并不能得出定量的纹理测定。正因为如此，对纹理特征的研究方法也是多种多样的。本节将介绍一些常用的纹理分析方法。

9.4.1 矩分析法

最简单的纹理分析方法之一是基于图像灰度直方图的矩分析法。令 k 为一代表灰度级的随机变量，并令 $f(k_i)(i=0,1,2,\cdots,N-1)$ 为对应的灰度直方图，这里 N 是可区分的灰度级数目，则常用的矩评价参数有：

1. 均值（Mean）:

$$\mu = \sum_{i=0}^{N-1} k_i f(k_i) \tag{9-47}$$

均值给出了该图像区域平均灰度水平的估计值，它一般不反映什么具体纹理特征，但可以反映纹理的"光密度值"。

2. 方差（Variance）:

$$\sigma^2 = \sum_{i=0}^{N-1} (k_i-\mu)^2 f(k_i) \tag{9-48}$$

方差则表明区域灰度的离散程度，它一般反映图像纹理的幅度。

3. 扭曲度（Skewness）:

$$\mu_3 = \frac{1}{\sigma^3} \sum_{i=0}^{N-1} (k_i-\mu)^3 f(k_i) \tag{9-49}$$

扭曲度反映直方图的对称性，它表示偏离平均灰度的像素的百分比。

4. 峰度（Kurtosis）:

$$\mu_4 = \frac{1}{4} \sum_{i=0}^{N-1} (k_i-\mu)^4 f(k_i) - 3 \tag{9-50}$$

峰度反映直方图是倾向于聚集在增值附近还是散布在尾端。式（9-50）减 3 的目的是为保证峰度的高斯分布为 0。

5. 熵（Entropy）:

$$H = -\sum_{i=0}^{N-1} f(k_i)\,\mathrm{lb}f(k_i) \tag{9-51}$$

由图像灰度直方图的不唯一性可知，图像纹理相差很大的两幅图像其直方图可能相同。因此，基于灰度直方图的矩分析法也不能完全反映这两幅图像的纹理差异，难以完整表达纹理的空间域特征信息。

9.4.2 灰度差分统计法

灰度直方图中，各像素的灰度是独立进行处理的，故不能很好地给纹理赋予特征。因此，如果研究图像两像素组合中灰度配置的情况，就能很好地给纹理赋予特征，这样的特征叫二阶统计量，代表性的方法有灰度差分统计法和灰度共生矩阵法等。

灰度差分统计法通过计算图像中一对像素间灰度差分直方图来反映图像的纹理特征。

令 $\delta = (\Delta x, \Delta y)$ 为两个像素间的位移矢量，$f_{\delta}(x, y)$ 是位移量为 δ 的灰度差分：

$$f_{\delta}(x, y) = \left| f(x, y) - f(x + \Delta x, y + \Delta y) \right| \tag{9-52}$$

若 p_{δ} 为 $f_{\delta}(x, y)$ 的灰度差分直方图，如果图像有 m 个灰度级，p_{δ} 为 m 维向量，它的第 i 个分量是 $f_{\delta}(x, y)$ 值为 i 的概率。当图像是粗纹理时，位移相差为 δ 的两像素通常有相近的灰度等级，因此，$f_{\delta}(x, y)$ 值一般较小，p_{δ} 值集中在 $i = 0$ 附近；当图像是细纹理时，位移相差为 δ 的两像素的灰度有较大变化，$f_{\delta}(x, y)$ 值一般较大，p_{δ} 值会趋于发散。该方法采用以下参数描述纹理图像的特征。

对比度：

$$\text{CON} = \sum_{i=0}^{m-1} i^2 p_{\delta}(i) \tag{9-53}$$

能量：

$$\text{ASM} = \sum_{i=0}^{m-1} \left[p_{\delta}(i) \right]^2 \tag{9-54}$$

熵：

$$\text{ENT} = -\sum_{i=0}^{m-1} p_{\delta}(i) \text{lb} p_{\delta}(i) \tag{9-55}$$

均值：

$$\text{MEAN} = \sum_{i=0}^{m-1} i p_{\delta}(i) \tag{9-56}$$

能量（ASM）是灰度差分均匀性的度量，当 $p_{\delta}(i)$ 值较平坦时，ASM 值较小；而当 $p_{\delta}(i)$ 大小不均时，ASM 值较大。熵反映差分直方图的一致性，对于均匀分布的直方图，熵值较大，均值较小，说明 $p_{\delta}(i)$ 值分布在 $i = 0$ 附近，纹理较粗糙；反之，均值较大，说明 $p_{\delta}(i)$ 值分布远离原点，纹理较细。

如果图像纹理有方向性，则 $p_{\delta}(i)$ 值的分布会随着 δ 方向矢量的变化而变化。可以通过比较不同方向上 $p_{\delta}(i)$ 的统计量来分析纹理的方向性。例如，一幅图像在某一方向上灰度变化很小，则在该方向上得到的 $f_{\delta}(x, y)$ 较小，$p_{\delta}(i)$ 值多集中在 $i = 0$ 附近，它的均值较小，熵值也较小，ASM 值较大。

可见，差分直方图分析方法不仅计算简单，而且能够反映纹理的空间组织情况，克服了基于灰度直方图的矩分析法不能表达纹理空间域特征的某些不足。

9.4.3 灰度共生矩阵法

灰度共生矩阵（Gray Level Co-occurrence Matrix）是由 Haralick 提出的一种用来分析图像

纹理特征的重要方法，是常用的纹理统计分析方法之一，它能较精确地反映纹理粗糙程度和重复方向。灰度共生矩阵是建立在图像的二阶组合条件概率密度函数基础上的，即通过计算图像中特定方向和特定距离的两像素间从某一灰度过渡到另一灰度的概率，反映图像在方向、间隔、变化幅度及快慢的综合信息。

设 $f(x,y)$ 为一幅 $N×N$ 的灰度图像，$d=(d_x,d_y)$ 是一个位移矢量，其中 d_x 是行方向上的位移，d_y 是列方向上的位移，L 为图像的最大灰度级数。灰度共生矩阵定义为从 $f(x,y)$ 的灰度为 i 的像素出发，统计与距离为 $\delta=(d_x^2+d_y^2)^{1/2}$、灰度为 j 的像素同时出现的概率 $P(i,j|d,\theta)$。其数学表达式为

$$P(i,j|d,\theta) = \{(x,y)\,|\,f(x,y)=i,f(x+d_x,y+d_y)=j\} \tag{9-57}$$

根据这个定义，灰度共生矩阵的第 i 行第 j 列元素表示图像上两个相距为 δ、方向为 θ、分别具有灰度级 i 和 j 的像素点对出现的次数。一般而言，θ 取 $0°$、$45°$、$90°$、$135°$。对于不同的 θ，矩阵元素的定义如下：

$$P(i,j|d,0°) = \{(x,y)\,|\,f(x,y)=i,f(x+d_x,y+d_y)=j,|d_x|=d,|d_y|=0\} \tag{9-58}$$

$$P(i,j|d,45°) = \{(x,y)\,|\,f(x,y)=i,f(x+d_x,y+d_y)=j,(d_x=d,d_y=-d)\,\text{or}\,(d_x=-d,d_y=d)\} \tag{9-59}$$

$$P(i,j|d,90°) = \{(x,y)\,|\,f(x,y)=i,f(x+d_x,y+d_y)=j,d_x=0,|d_y|=d\} \tag{9-60}$$

$$P(i,j|d,135°) = \{(x,y)\,|\,f(x,y)=i,f(x+d_x,y+d_y)=j,(d_x=d,d_y=d)\,\text{or}\,(d_x=-d,d_y=-d)\} \tag{9-61}$$

显然，灰度共生矩阵为一个对称矩阵，其维数由图像中的灰度级数决定。若图像的最大灰度级数为 L，则灰度共生矩阵为 $L×L$ 矩阵。若图像大小为 $N×N$，则 d_x、d_y 的取值范围为 $[-N-1,N+1]$，此图像共有 $(2N-1)×(2N-1)$ 个共生矩阵。这个矩阵是距离和方向的函数，在规定的计算窗口或图像区域内统计符合条件的像素对数。

【例9-2】 对于图9-8a所示 $6×6$ 的灰度图像，其灰度级为4，求其 $0°$、$45°$、$90°$、$135°$ 四个方向上距离为1的灰度共生矩阵，并根据灰度共生矩阵分析图像纹理。

0	1	2	3	0	1
1	2	3	0	1	2
2	3	0	1	2	3
3	0	1	2	3	0
0	1	2	3	0	1
1	2	3	0	1	2

a) 图像

	0	1	2	3
0	$P(0,0)$	$P(0,1)$	$P(0,2)$	$P(0,3)$
1	$P(1,0)$	$P(1,1)$	$P(1,2)$	$P(1,3)$
2	$P(2,0)$	$P(2,1)$	$P(2,2)$	$P(2,3)$
3	$P(3,0)$	$P(3,1)$	$P(3,2)$	$P(3,3)$

b) 灰度共生矩阵(4×4)

图9-8 图像及其共生矩阵

根据式(9-58)~式(9-61)可以分别计算出 $d=1$ 时，$0°$、$45°$、$90°$、$135°$ 的灰度共生矩阵：

$$P(0°)=\begin{bmatrix} 0 & 8 & 0 & 7 \\ 8 & 0 & 8 & 0 \\ 0 & 8 & 0 & 7 \\ 7 & 0 & 7 & 0 \end{bmatrix}_{4×4} \qquad P(45°)=\begin{bmatrix} 12 & 0 & 0 & 0 \\ 0 & 14 & 0 & 0 \\ 0 & 0 & 12 & 0 \\ 0 & 0 & 0 & 12 \end{bmatrix}_{4×4}$$

$$P(90°) = \begin{bmatrix} 0 & 8 & 0 & 7 \\ 8 & 0 & 8 & 0 \\ 0 & 8 & 0 & 7 \\ 7 & 0 & 7 & 0 \end{bmatrix}_{4×4} \qquad P(135°) = \begin{bmatrix} 0 & 0 & 13 & 0 \\ 0 & 0 & 0 & 12 \\ 13 & 0 & 0 & 0 \\ 0 & 12 & 0 & 0 \end{bmatrix}_{4×4}$$

通过上述计算结果可以看出，图像在 0°、90°、135° 方向上的灰度共生矩阵的对角线元素全为 0，表明图像在该方向上灰度无重复、变化快，纹理细；而图像在 45° 方向上灰度共生矩阵的对角线元素值较大，表明图像在该向上灰度变化慢，纹理较粗。

灰度共生矩阵反映了图像灰度分布关于方向、邻域和变化幅度的综合信息，但它并不能直接提供区别纹理的特性。因此，有必要进一步从灰度共生矩阵中提取描述图像纹理的特征，用来定量描述纹理特性。设在取定 d、θ 参数下的灰度共生矩阵为 $P(i,j|d,\theta)$，则最常用的三种特征量计算公式如下：

1. 对比度：

$$\text{CON} = \sum_i \sum_j (i-j)^2 P(i,j|d,\theta) \tag{9-62}$$

图像的对比度可以理解为图像的清晰度，即纹理清晰程度。在图像中，纹理的沟纹越深，其对比度越大，图像的视觉效果越清晰。

2. 能量：

$$\text{ASM} = \sum_i \sum_j \left[P(i,j|d,\theta) \right]^2 \tag{9-63}$$

能量是图像灰度分布均匀性的度量。当灰度共生矩阵的元素分布集中于主对角线时，说明从局部区域观察图像的灰度分布是较均匀的。从图像的整体来观察，纹理较粗，ASM 值较大，即粗纹理含有较多的能量；反之，细纹理则 ASM 值较小，含有较少的能量。

3. 熵：

$$\text{ENT} = -\sum_i \sum_j P(i,j|d,\theta) \text{lb} P(i,j|d,\theta) \tag{9-64}$$

熵是图像所具有信息量的度量，纹理信息也属于图像的信息。若图像没有任何纹理，则灰度共生矩阵几乎为零矩阵，熵值接近 0；若图像有较多的细小纹理，则灰度共生矩阵中的数值近似相等，该图像的熵值较大；若图像中分布着较少的纹理，则该图像的熵值较小。

9.5 常用的特征提取算法

常常将某一类对象的多个或多种特性组合在一起，形成一个特征向量来代表该类对象。如果只有单个数值特征，则特征向量为一个一维向量；如果是 n 个特性的组合，则为一个 n 维特征向量。

选取的特征向量不仅要能够很好地描述图像，更重要的是还要能够很好地区分不同类别的图像。因此，希望选择那些在同类图像之间差异较小（较小的类内距），在不同类别的图像之间差异较大（较大的类间距）的图像特征，称之为最具有区分能力的特征。

选取的特征还应对噪声和不相关转换不敏感，比如识别车牌号码，车牌照片可能是从各个角度拍摄的，而人们关心的是车牌上字母和数字的内容，因此就需要得到对几何失真变形等转换不敏感的描绘子，从而得到旋转不变或是投影失真不变的特征。

根据产生图像特征的方法不同，可以简单地将图像特征分为传统的手工特征和深度特征。传统的手工特征是基于图像自身的属性所提取的特征，如图像的颜色、纹理、形状、梯度等。这种手工特征相对简单，无需学习与训练，仅需简单计算与统计即可生成，但这种手工特征的使用需要借助人们的经验，手工特征所提供的区别性具有一定的随机性。一些常用的手工特征有方向梯度直方图（Histogram of Oriented Gradient，HOG）、局部二值模式（Local Binary Pattern，LBP）、Haar-like 特征、高斯函数的差分（Difference of Gaussian，DoG）、尺度不变特征变换（Scale-invariant Features Transform，SIFT）、加速稳健特征（Speeded Up Robust Feature，SURF）等。深度特征是通过深度神经网络模型挖掘得到的图像特征，是更深、更为抽象的特征。深度特征无需手工参与，受光照、姿态等影响较小，深度神经网络可以通过网络反馈来控制模型提取指定的区别特征。此外，也有将手工特征与深度特征相结合的使用方法。

下面较详细地介绍一下 HOG 特征，后面的示例中将使用 HOG 特征来进行图像识别。

HOG 特征是一种在计算机视觉和图像处理中用来进行物体检测的特征描述子。它通过计算和统计图像局部区域的梯度方向直方图来构成特征。

在一幅图像中，局部目标的表象和形状能够被梯度或边缘的方向密度分布很好地描述。具体的实现方法是：首先将图像分成小的连通区域，称它为细胞单元，然后采集细胞单元中各像素点的梯度的或边缘的方向直方图，最后把这些直方图组合起来就可以构成特征描述器。为进一步提高性能，还需要把这些局部直方图在图像的更大范围（把它叫区间或 block）内进行对比度归一化，所采用的方法是：先计算各直方图在这个区间（block）中的密度，然后根据这个密度对区间中的各个细胞单元做归一化。通过这个归一化后，能对光照变化和阴影获得更好的效果。

HOG 特征提取的实现过程：

1）标准化 Gamma 空间和颜色空间。为了减少光照因素的影响，首先需要将整个图像进行规范化（归一化）。在图像的纹理强度中，局部表层曝光贡献的比重较大，所以，这种压缩处理能够有效地降低图像局部的阴影和光照变化。因为颜色信息作用不大，通常先转化为灰度图。

2）计算图像每个像素点的梯度，包括梯度大小和梯度方向。在式（9-65）中 $G_x(x,y)$ 是像素点 (x,y) 的水平方向梯度，在式（9-66）中 $G_y(x,y)$ 是像素点 (x,y) 的垂直方向梯度，式（9-67）获得像素点 (x,y) 的梯度大小，式（9-68）获得像素点 (x,y) 处的梯度方向。

$$G_x(x,y)=f(x+1,y)-f(x-1,y) \tag{9-65}$$

$$G_x(x,y)=f(x,y+1)-f(x,y-1) \tag{9-66}$$

$$|G(x,y)|=\sqrt{G_x(x,y)^2+G_y(x,y)^2} \tag{9-67}$$

$$\theta(x,y)=\arctan\frac{G_y(x,y)}{G_x(x,y)} \tag{9-68}$$

求取图像梯度主要是为了捕获轮廓信息，同时进一步弱化光照的干扰。

3）将图像划分成小的细胞单元 cells，如将图像划分为（10，10）维的细胞单元，如图 9-9 所示。

4）统计每个 cell 的梯度直方图（不同梯度的个数），即可形成每个 cell 的描述子。方法是将 cell 的梯度方向 360°分成若干个方向块，如 16 个方向块，如图 9-10 所示。如果某个像素的梯度方向是 22.5°~45°，直方图第 2

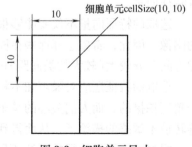

图 9-9　细胞单元尺寸

个 bin 的计数就加 1，这样对 cell 内每个像素用梯度方向在直方图中进行加权投影（权值为梯度大小），就得到这个 cell 的梯度方向直方图，就是该 cell 对应的 16 维特征向量（因为有 16 个 bin）。

5）将每几个 cell 组成一个 block（如 2×2 个 cell/block），一个 block 内所有 cell 的特征描述子串联起来便得到该 block 的 HOG 特征描述。

6）将图像内的所有 block 的 HOG 特征描述串联起来就可以得到该图像的 HOG 特征描述。这个就是最终的可供分类使用的特征向量。

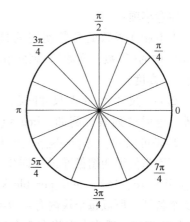

图 9-10　梯度方向划分成 16 个方向块

scikit-image 工具包中的 hog( ) 函数可提取图像的 HOG 特征，此函数的原型为：

```
from skimage import feature as ft
features,hog_image=ft.hog(image,
                orientations=ori,
                pixels_per_cell=ppc,
                cells_per_block=cpb,
                block_norm='L1',
                transform_sqrt=True,
                feature_vector=True,
                visualise=False)
```

函数功能：获得图像的 HOG 特征。

返回值：features 是输入图像的 HOG 特征；hog_image 是输入图像的梯度图。

参数说明：

① image：输入图像。

② orientation：指定每个细胞单元 cells 中方向的个数。scikit-image 实现的只有无符号方向，也就是说把所有的方向都转换为 0°~180° 内，然后按照指定的 orientation 数量划分 bins。比如选定的 orientation=9，则 bin 一共有 9 个，每 20° 一个：$[0°~20°,\ 20°~40°,\ 40°~60°,\ 60°~80°,\ 80°~100°,\ 100°~120°,\ 120°~140°,\ 140°~160°,\ 160°~180°]$。

③ pixels_per_cell：每个 cell 的像素数，是一个元组（tuple）类型数据，如（20，20）。

④ cells_per_block：每个 block 内有多少个 cell，tuple 类型，如（2，2），是将 block 均匀划分为 2×2 的块。

⑤ block_norm：block 内部采用的归一化类型，可选项包括 {'L1'，'L1-sqrt'，'L2'，'L2-Hys'}。

⑥ transform_sqrt：是否进行 Gamma 校正，可以将较暗的区域变亮，减少阴影和光照变化对图像的影响。

⑦ feature_vector：是否将输出转换为一维向量。

⑧ visualise：是否输出梯度图。

注意事项:

① hog()函数的参数使用的是类似 OpenCV 的参数格式,即(宽度,高度),而不是 NumPy 中的(行数,列数),因此 pixels_per_cell=(像素宽度,像素高度),cells_per_block=(宽度,高度)。

② cell 尺寸和 block 尺寸问题:cell 尺寸的倍数只能比 block 小,不能比之大,否则就会越界,返回空列表。例如,img=(11, 11),pixels_per_cell=(5, 5),cells_per_block=(2, 2)是可以的。将 pixels_per_cell 设置为(6, 6),其他不变,就会返回空列表。

下面举例说明图像通过这样生成的 HOG 特征维数。对于 64×128 的图像而言,pixels_per_cell=(16, 16),cells_per_block=(2, 2),每个 cell 中分为 9 个梯度方向,这样每个 cell 有 9 个特征,所以每个块内有 4×9=36 个特征,以 16 个像素为步长,那么,水平方向将有 3 个扫描窗口,垂直方向将有 7 个扫描窗口。也就是说,64×128 的图像,总共有 36×3×7=756 个特征。

提取 HOG 特征的示例代码:

```
img=cv2.imread('./img/lena.bmp',0)[0:64,0:128]
print(img.shape)
features,hog_image=hog(img,orientations=9,pixels_per_cell=(16,\
16),cells_per_block=(2,2),block_norm='L2-Hys',visualize=True)
print(features.shape)
cv2.imshow("hog_image",hog_image)
cv2.waitKey(0)
```

HOG 特征在粗的空域抽样、精细的方向抽样以及较强的局部光学归一化等条件下,对图像几何和光学形变都能保持很好的不变性,比较适用于轮廓清晰的图像处理。

9.6 MNIST 手写数字识别系统

MNIST 数据集是机器学习领域中非常经典的一个数据集,由 60000 个训练样本和 10000 个测试样本组成,每个样本都是一张 28×28 像素的灰度手写数字图片,图 9-11 是 MNIST 训练集中的一些样本。

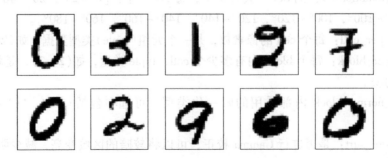

图 9-11 MNIST 训练集中的样本

在机器学习、深度学习领域,手写数字识别是一个很经典的学习例子。本节通过 MNIST 手写数字识别来介绍图像识别的一般处理流程,通常包括以下几个步骤:

① 数据集预处理；

② 图像特征提取；

③ 建立并训练模型对象(分类、聚类、回归等)；

④ 用模型进行图像识别；

⑤ 模型评价。

MNIST 手写数字识别的具体工作流程如下：

1. 图像预处理

图像采集后，一般都要经过预处理过程，使图像数据标准化，让图像更容易被机器理解。图像预处理一般包括图像去噪、图像复原、图像校正、图像分割、图像标注等步骤，图像预处理技术与图像处理课程的教学内容高度相关。然而，MNIST 手写数字集是公开的标准数据集，数据集中的图像已经经过图像预处理，并且规范化了，因此，在 MNIST 手写数字识别系统中这一步的工作已经完成，可以直接读取 MNIST 手写数字集中的图片形成训练集和测试集。

以下代码中，load_mnist(path, labelfile, datafile)函数用于读取 MNIST 数据集中的数据，其中有三个参数：path(MNIST 数据集路径)，labelfile(标签文件名)，datafile(样本文件名)。

图像识别系统首先调用 load_mnist( )读取 MNIST 训练集，训练集标签文件名为"train-labels. idx1-ubyte"，训练集样本文件名为"train-images. idx3-ubyte"，然后选取前 6000 张图片做训练样本(为了降低数据规模，提高训练速度)，接着显示出训练集的维度以及训练集中第一张图片。

```
from sklearn. externals import joblib
from sklearn import datasets
from skimage. feature import hog
from sklearn. svm import LinearSVC
import numpy as np
import os,math,cv2,struct
import matplotlib. pyplot as plt
%matplotlib inline
%config InlinBackend. figure_format="retina"
plt. rcParams['font. sans-serif']=['SimHei'] #用来正常显示中文标签
plt. rcParams['axes. unicode_minus']=False #用来正常显示负号

#读取 MNIST 数据
#path 是数据文件夹的路径,labelfile 是图像标注文件名,datafile 是数据文件名
def load_mnist(path,labelfile,datafile):     #读取数据函数
    #Load MNIST data from path
    labels_path=os. path. join(path,labelfile)
    images_path=os. path. join(path,datafile)

    with open(labels_path,'rb')as lbpath:
        magic,n=struct. unpack('>II',lbpath. read(8))
        labels=np. fromfile(lbpath,dtype=np. uint8)
```

195

```
    with open(images_path,'rb')as imgpath:
        magic,num,rows,cols=struct.unpack(">IIII",imgpath.read(16))
            images = np.fromfile( imgpath,dtype = np.uint8).reshape(len
            (labels),784)
    return images,labels
```

```
#读取训练集,features 是图片数据,labels 是对应的标注
features,labels=load_mnist(r"./mnist",'train-labels.idx1-ubyte',\
'train-images.idx3-ubyte')
features=features0[0:6000,:]       #仅使用前 6000 张图片
labels=labels0[0:6000]
print('训练集行数:%d,列数:%d'%(features.shape[0],features.shape[1]))
x=np.array(features[0,:])       #提取第一行数据
x=x.reshape([28,28])
plt.imshow(x,cmap="gray_r")     #显示训练集中的第一张图片
plt.show()
```

程序运行结果如图 9-12 所示。

读取测试集与训练集的方法类似,区别在于测试集标签文件名为"t10k-labels.idx1-ubyte",测试集样本文件名为"t10k-images.idx3-ubyte",同样可以降低测试集的规模,以提高系统的测试速度。

2. 图像特征提取

在图像识别系统中,可以直接使用图像的像素特征进行图像识别,但更多的时候是使用更具有描述性、更具有区分性的图像本质特征来进行图像识别,如 HOG 特征、LBP 特征、Haar 特征等,或者用深度网络提取的深度特征等。本节例题提取了训练集和测试集的 HOG 特征,送入模型中进行训练和测试。

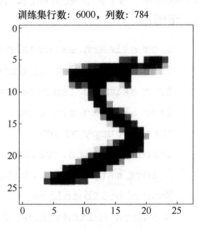

图 9-12　训练集中第一个样本

以下代码提取了训练集 HOG 特征,28×28 的图像被分成 4 个 cell,每个 cell 的大小为 14×14,每个 cell 中分为 9 个梯度方向,因此输出的特征维度为 4×9=36,训练集的数据维度为(6000,36)。可以采用相似的方法提取测试集的 HOG 特征。

```
#提取训练集 HOG 特征
list_hog_fd=[]
for feature in features:
    fd=hog(feature.reshape((28,28)),       #HOG 特征
            orientations=9,
            pixels_per_cell=(14,14),
            cells_per_block=(1,1),
```

196

```
               visualize=False)
        list_hog_fd.append(fd)
hog_features=np.array(list_hog_fd,'float64')
print(hog_features.shape)
```

程序输出结果为:

```
(6000,36)
```

3. 建立并训练模型对象

基于数据驱动的方法建立并训练图像识别模型对象,可以是机器学习模型,也可以是深度学习模型等。机器学习中常用的图像分类模型有 K 近邻(K-Nearest Neighbor, KNN)分类、随机森林分类、支持向量机(Support Vector Machine, SVM)、逻辑回归等。HOG 特征结合 SVM 分类器已经广泛应用于图像识别中,HOG+SVM 是较为经典的搭配,因此,本节使用 HOG+SVM 作为手写数字识别的方案。

以下代码调用了 sklearn 工具包中的函数建立 SVM 模型,采用了 LinearSVC( )函数的默认参数,然后将训练集的 HOG 特征输入到模型中训练模型,最后用训练好的模型对测试集进行测试。

```
#使用 SVM 支持向量机分类器进行分类
from sklearn.svm import LinearSVC
#建立并训练 SVM 模型
svm_model=LinearSVC()                    #建立 SVM 模型
svm_model.fit(hog_features,labels)       #训练 SVM 模型
#测试 SVM 模型
#测试单个图像,输出结果为图像所属类别
testnumber=svm_model.predict(hog_testfeatures)
SVMscore=svm_model.score(hog_testfeatures,testlabels)
print("测试集第一个图像数字是:",testnumber[0])
print("HOG+SVM 分类精度:",SVMscore)   #平均分类精度
```

程序运行结果如图 9-13 所示。

提示:

本例可以使用 sklearn.svm.LinearSVC( )函数来建立 SVM 模型, sklearn.svm.LinearSVC( )函数原型为:

测试集第一个图像数字是: 7
HOG+SVM分类精度: 0.8555

图 9-13 HOG+SVM 的手写数字识别结果

```
sklearn.svm.LinearSVC(penalty='l2',loss='squared_hinge',dual=
True,tol=0.0001,C=1.0,multi_class='ovr',fit_intercept=True,
intercept_scaling=1,class_weight=None,verbose=0,random_state=None,
max_iter=1000)
```

函数功能:建立线性支持向量机模型。
主要参数说明:

① penalty：string，'l1' 或 'l2'（default＝'l2'），该参数指定惩罚中使用的规范。'l2'惩罚是 SVC 中使用的标准，'l1' 导致稀疏的 coef_向量。

② loss：string，'hinge '或'squared_hinge '（default＝'squared_hinge '），该参数指定损失函数。"hinge"是标准的 SVM 损失（如由 SVC 类使用），而"squared_hinge"是 hinge 损失的二次方。

③ dual：bool，default＝True，该参数选择算法以解决双优化或原始优化问题。当 n_samples>n_features 时，首选 dual＝False。

④ tol：float，optional（default＝1e-4），该参数指定误差停止标准。

⑤ C：float，optional（default＝1.0），错误项的惩罚参数。

⑥ multi_class：string，'ovr '或'crammer_singer '（default＝'ovr '），该参数确定多类策略。"ovr"训练 n_classes one-vs-rest 分类器，而"crammer_singer"优化所有类的联合目标。

⑦ fit_intercept：bool，optional（default＝True），该参数确定是否计算此模型的截距。如果设置为 false，则不会在计算中使用截距（即预期数据已经居中）。

⑧ max_iter：int，default＝1000，该参数确定要运行的最大迭代次数。

4. 图像识别与评价

用训练集训练好模型后，就可以对测试集中的手写数字进行识别了。在机器学习中，通常使用混淆矩阵（Confusion Matrix）来衡量一个分类器分类的准确程度。混淆矩阵适用于包含多个分类器的问题，图 9-14 是二元分类的混淆矩阵，其中 TP 是正例样本中正确分类的样本数，TN 是负例样本中正确分类的样本数，FP 是正

混淆矩阵		预测值	
		正例(Positive)	负例(Negative)
真实值	正例(Positive)	真正例TP	假正例FP
	负例(Negative)	假负例FN	真负例TN

图 9-14　混淆矩阵

例样本中错误分类的样本数，FN 是负例样本中错误分类的样本数。因此，对角线上的 TP 和 TN 是正确分类样本数，非对角线上的 FP 和 FN 是错误分类样本数。

根据混淆矩阵可以得到评估图像分类性能的几个常用指标：

① 精确率/查准率：被分类器判定正例中的正样本的比重。

② 召回率/查全率：被预测为正例的占总的正例的比重。

③ f1 分数（f1-score）：精确率和召回率的调和平均数（见式（9-69）），最大为 1，最小为 0。在一些多分类问题的机器学习竞赛中，常常将 f1-score 作为最终测评的方法。

$$\text{f1-score}=2\frac{\text{precision}\times\text{recall}}{\text{precision}+\text{recall}} \tag{9-69}$$

式中，precision 是精确率，recall 是召回率。

Python 代码：

```
import sklearn.metrics as metrics
print("-----------混淆矩阵-----------")
print(metrics.confusion_matrix(testlabels,test_est,labels=[0,\
1]))  #混淆矩阵
print("-----------分类评估报告-----------")
print(metrics.classification_report(testlabels,test_est))
```

运行结果如图 9-15 和图 9-16 所示。

------混淆矩阵-------

```
[[ 913    5    9    2    3    4    4    6    7   27]
 [   7 1079    5    0   13    0   12   11    3    5]
 [  13    0  935   35   23    2    3   10    7    4]
 [   6    0   76  830   18   21    3    8   18   30]
 [  19    6   19    8  836    7   43    7   16   21]
 [   4    4    5   34    7  752   17    4   43   22]
 [  43    7    3    1   25   28  831    0   14    6]
 [  11    7   59   12   14    1    0  863   14   47]
 [  10    4   18   33   25   19   37   14  794   20]
 [  82   11   13   58   31   16   14   33   29  722]]
```

图 9-15　HOG+SVM 手写数字分类的混淆矩阵

------分类评估报告-------

	precision	recall	f1-score	support
0	0.82	0.93	0.87	980
1	0.96	0.95	0.96	1135
2	0.82	0.91	0.86	1032
3	0.82	0.82	0.82	1010
4	0.84	0.85	0.85	982
5	0.88	0.84	0.86	892
6	0.86	0.87	0.86	958
7	0.90	0.84	0.87	1028
8	0.84	0.82	0.83	974
9	0.80	0.72	0.75	1009
accuracy			0.86	10000
macro avg	0.86	0.85	0.85	10000
weighted avg	0.86	0.86	0.85	10000

图 9-16　HOG+SVM 的性能评价指标

以上 Python 代码显示 HOG+SVM 方案的分类指标，图 9-15 是混淆矩阵，图 9-16 是 10 个类别的分类精确率、召回率、f1 分数以及各类样本数。

练　习

9-1　编写 Python 代码，根据图像的一阶直方图，计算得到图像的一些特征参数。

9-2　首先画出图 9-17 中曲线从 A 点到 B 点的 8 链码指向符，并写出对应的 8 链码和差分链码。

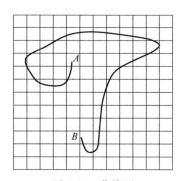

图 9-17　曲线图

9-3 求图 9-18 所示二值图像区域的面积、周长、质心、圆形度、矩形度、长宽比等几何特征。

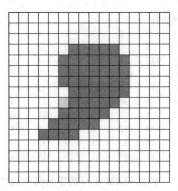

图 9-18 二值图像

9-4 对于图像矩阵，如图 9-19 所示，求其 $d=1$，$\theta=45°$的共生矩阵。

$$
\begin{matrix}
0 & 0 & 0 & 0 & 1 & 1 \\
0 & 0 & 0 & 0 & 1 & 1 \\
0 & 0 & 0 & 0 & 1 & 1 \\
0 & 0 & 0 & 0 & 1 & 1 \\
2 & 2 & 2 & 2 & 3 & 3 \\
2 & 2 & 2 & 2 & 3 & 3 \\
\end{matrix}
$$

图 9-19 待处理图像矩阵

9-5 改进 9.6 节手写数字识别的代码，以提高图像识别精度和泛化能力，可能的方法有增加训练集中的数据量、修改 SVM 的参数、提高图片 HOG 特征大小等。

第 **10** 章

车牌识别系统

为了让读者对图像处理系统有一个较为系统的认识，本章将较为详细地介绍一个经典的图像处理系统——车牌识别系统。车牌识别系统可以迅速准确地对汽车牌照进行自动定位并识别，从而监控各个车辆的情况，对机动车进行统一管理，提高汽车的安全管理水平及管理效率。车牌识别系统目前已广泛地应用到智能交通领域，如交通流量检测、小区车辆管理、闯红灯等违章车辆监控、不停车自动收费等，产生了巨大的社会效益和经济效益。

10.1 车牌识别系统的主要组成和工作流程

车牌识别系统是以车辆牌照的照片作为目标，使用图像处理技术以及机器学习算法对车牌照片中的车牌字符进行提取和识别，是现代智能交通系统中的重要组成部分。

车牌识别系统通常包括图像预处理、车牌检测定位、字符分割、特征提取和字符识别等部分。由于自然环境下，汽车图像背景复杂，存在光照不均匀、模糊、遮挡等现象，因此车牌识别系统首先要利用一些图像增强或者图像复原技术对采集到的车牌图像进行预处理，去除图像中的噪声、模糊、光照不均匀、遮挡等问题。其次要从具有复杂背景的汽车图像中检测并定位车牌的位置，需要对汽车图像进行大范围相关搜索，找到符合汽车牌照特征的若干区域作为候选区，然后对这些候选区域做进一步分析、评判，最后选定一个最佳的区域作为牌照区域，并将其从图像中分离出来。然后将分离出来的车牌区域进一步分割成若干个单字符图像，车牌一般由 7 个字符组成，因此通常是分割成 7 个子图像，用于后面的字符识别。特征提取是提取易于区分字符的特征，用于字符识别。最后是图像识别部分，此部分包括模型训练和车牌识别两个阶段。模型训练阶段通常需要大量的分割后车牌字符图像，这些图像是带标签的，用于模型的有监督学习。模型训练好后，就可以对分割后的子图像进行字符识别，包括汉字字符、英文字符和数字字符。

综上所述，车牌识别系统的主要工作流程如图 10-1 所示。

输入图像 → 图像预处理 → 车牌检测 → 车牌分割 → 特征提取 → 车牌识别 → 输出结果

图 10-1　车牌识别系统的主要工作流程

10.2 车牌检测与定位模块

车牌检测与定位的出发点是利用车牌区域的特征来判断牌照，将车牌区域从整幅车辆图像中分割出来。车牌自身具有许多固有特征,这些特征对于不同的国家是不同的。从人的视觉角度出发,我国车牌具有以下可用于定位的特征:

① 车牌底色一般与车身颜色、字符颜色有较大差异;

② 车牌有一个连续或由于磨损而不连续的边框;

③ 车牌内字符有多个,基本呈水平排列,在牌照的矩形区域内存在丰富的边缘,呈现规则的纹理特征;

④ 车牌内字符之间的间隔较均匀,字符和牌照底色在灰度值上存在较大的跳变,字符本身和牌照底内部都有比较均匀的灰度;

⑤ 不同图像中牌照的具体大小、位置不确定,但其长宽比在一定的变化范围内,存在1个最大值和1个最小值。

以上几项特征都是概念性的,各项特征单独看来都非车牌图像所独有,但将它们结合起来可以唯一地确定车牌。在这些特征中,颜色、形状、位置特征最为直观,易于提取。纹理特征比较抽象,必须经过一定的处理或者转换为其他特征才能得到相应的可供使用的特征指标。通常文字内容特征至少需要经过字符分割或识别后才可能成为可利用的特征,一般只是用来判断车牌识别正确与否。

自然环境下,汽车图像背景复杂、光照不均匀,如何在自然背景中准确地检测并定位牌照区域是整个识别过程的关键。首先对图像进行大范围相关搜索,找到符合汽车牌照特征的若干区域作为候选区,然后根据车牌目标区域的特征对这些候选区域做进一步分析、筛选,最后选定一个最佳的区域作为牌照区域,并将其从图像中分离出来。

车牌检测定位流程如图10-2所示。

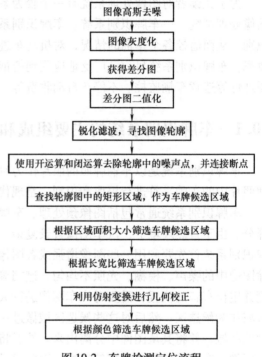

图 10-2　车牌检测定位流程

10.2.1　边缘检测和数学形态学处理

由于在自然环境下,汽车图像背景复杂,因此需要利用一些图像边缘检测和数学形态学处理技术对图像进行预处理,以获得车牌的纹理特征,进而得到车牌区域。具体的步骤包括图像高斯去噪、图像灰度化、获得差分图、差分图二值化、锐化滤波及寻找图像轮廓、使用开运算和闭运算去除轮廓中的噪声点并连接断点。其中差分图(图10-3c)是利用 addWeighted( )函数将灰度图(图10-3a)与开运算灰度图(图10-3b)相减得到的。生成灰度差分图的代码如下:

```
img=cv2.GaussianBlur(img,(blur,blur),0)#高斯平滑
colorImg=img#保存彩色图像
img=cv2.cvtColor(img,cv2.COLOR_BGR2GRAY)
```

```
cv2.imshow("gray_img",img)
cv2.waitKey(0)
#灰度图开运算处理
kernel=np.ones((20,20),np.uint8)
img_opening=cv2.morphologyEx(img,cv2.MORPH_OPEN,kernel)
cv2.imshow("gray_img_open",img_opening)
cv2.waitKey(0)
#生成差分图
img_opening=cv2.addWeighted(img,1,img_opening,-1,0);
cv2.imshow("gray_img_difference",img_opening)
cv2.waitKey(0)
```

运行结果如图10-3所示。

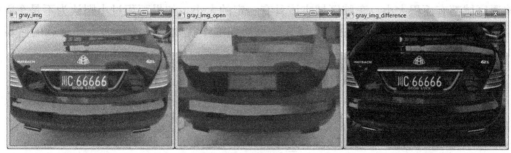

a) 灰度图   b) 开运算灰度图   c) 灰度差分图

图10-3 生成灰度差分图

为了获得车牌区域,需要对灰度差分图二值化,如图10-4a所示;然后通过锐化滤波获得图像轮廓,如图10-4b所示;再应用开运算和闭运算去除轮廓中的噪声点,并且连接断点,获得大概的车牌区域,如图10-4c所示。相关代码如下:

```
#差分图二值化
ret,img_thresh=cv2.threshold(img_opening,0,255,cv2.THRESH_BINARY+\
cv2.THRESH_OTSU)
#锐化滤波,寻找图像轮廓
img_edge=cv2.Canny(img_thresh,100,200)
#使用开运算和闭运算去除图像轮廓中的噪声点,并连接断点
kernel=np.ones((self.cfg["morphologyr"],self.cfg["morphologyc"]),\
np.uint8)
img_edge1=cv2.morphologyEx(img_edge,cv2.MORPH_CLOSE,kernel)
img_edge2=cv2.morphologyEx(img_edge1,cv2.MORPH_OPEN,kernel)
```

运算结果如图10-4所示。

10.2.2 大小形状特征

对二值图像进行形态学处理之后,可以获取大概的物体轮廓。接着可以使用OpenCV的

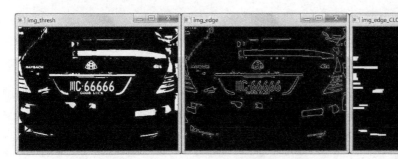

a) 差分图二值化　　　　　　　　b) 二值图像的Canny滤波　　　　　c) 形态学开运算和闭运算

图 10-4　车牌的纹理及轮廓

findContours( )函数在二值图像上提取连通区域,从而获得多个物体的轮廓区域,这些区域可以作为车牌的候选区域。下面的工作就是要从多个候选区域中找到车牌区域,在此需要根据车牌区域的一些特征来对这些区域进行筛选。首先可以利用车牌区域的面积大小特征,每个连通区域都有面积大小,车牌区域应该具有一定的大小,如果面积过小则认为不是车牌区域。利用区域的大小特征可以去除大部分的小面积的干扰物。按面积大小筛选后的区域如图 10-5a 所示。相关代码如下:

```
#查找轮廓图中的连通区域,作为车牌候选区域
contours,hierarchy=cv2.findContours(img_edge2,cv2.RETR_TREE,cv2.\
CHAIN_APPROX_SIMPLE)
#根据区域面积大小筛选区域,Min_Area 是设置的最小区域面积
contours=[cntforcntincontoursifcv2.contourArea(cnt)>Min_Area]
print('len(contours)',len(contours))
#在彩色图像上显示候选区域轮廓
cv2.drawContours(colorImg,contours,-1,(255,0,255),3)
cv2.imshow("candidateregion",colorImg)
cv2.waitKey(0)
```

a) 按面积大小筛选后的区域　　　　　　b) 按长宽比筛选后的区域

图 10-5　根据区域的大小形状特征筛选后的区域

候选区域中有些区域并不是矩形的,而车牌区域是矩形的,因此可以根据区域的矩形度进行车牌区域筛选。矩形度等于区域包围的面积和区域最小外接矩形的面积之比,矩形度的值越接近 1,则是矩形的概率越大。

此外，正常车牌区域的长宽比为 2~5.5，因此若区域的最小外接矩形的长宽比在此范围内，则认为是车牌区域的概率越大。由于 findContours( )函数所得到的区域可能不是矩形的，因此先要通过 OpenCV 的 minAreaRect( )函数获得各区域的最小外接矩形，然后才可以得到区域的长宽比。根据长宽比进行筛选后的区域如图 10-5b 所示。相关代码如下：

```
#根据长宽比排除不是车牌的矩形区域
car_contours=[ ]
for cnt in contours:
rect=cv2.minAreaRect(cnt)      #返回一个最小外接矩形的参数(中心(x,y),
                               (宽度,高度),旋转角度)
area_width,area_height=rect[1]
if area_width < area_height:   #如果区域的宽度小于高度,则交换宽度与高度
   area_width,area_height=area_height,area_width
wh_ratio=area_width/area_height
print(wh_ratio)
#要求矩形区域长宽比在 2~5.5,2~5.5 是车牌的长宽比,其余的矩形排除
if wh_ratio>2 and wh_ratio < 5.5:
    car_contours.append(rect)
    box=cv2.boxPoints(rect)#获得矩形的四个顶点坐标
    box=np.int0(box)
    colorImg1=colorImg.copy()
    colorImg1=cv2.drawContours(colorImg1,[box],-1,(0,0,255),3)
cv2.imshow("candidateregion",colorImg1)
cv2.waitKey(0)
```

10.2.3　仿射校正

通过以上方法获得的矩形区域有可能不是水平的，为此需要利用仿射变换的方法进行几何校正。为了避免车牌边缘被排除，先将矩形区域扩大几个像素，然后获得矩形区域的最左、最右、最上、最下的四个点坐标，如图 10-6a 所示。为了实现仿射校正，首先需要获得仿射变换矩阵 M，仿射变换矩阵 M 可以通过 OpenCV 的 getAffineTransform( )函数获得，然后利用 OpenCV 的 warpAffine( )函数实现校正，最后将校正后的区域从图像中裁切出来，Python 代码如下：

```
......
#获得水平校正后的新坐标点
new_left_point=[left_point[0],height_point[1]]
#三个目标坐标点
pts2=np.float32([new_left_point,height_point,right_point])
#三个初始坐标点
pts1=np.float32([left_point,height_point,right_point])
M=cv2.getAffineTransform(pts1,pts2)
```

```
dst=cv2.warpAffine(colorImg,M,(pic_width,pic_hight))
card_img=dst[int(right_point[1]):int(height_point[1]),int(new_\
left_point[0]):int(right_point[0])]#截取车牌目标区域
card_imgs.append(card_img)          #将车牌候选区域存入card_imgs
......
```

校正前后的三个坐标点示意图如图 10-6 所示，校正后的车牌目标区域如图 10-7 所示。

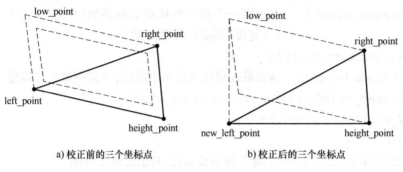

a) 校正前的三个坐标点　　　　　　b) 校正后的三个坐标点

图 10-6　车牌区域的仿射校正示意图

图 10-7　截取的校正
车牌候选区域

10.2.4　颜色特征

我国机动车的车牌主要有：

① 蓝牌白字：普通小型车(其中包括政府机关专用号段、政法部门警车以外的行政用车)的牌照；

② 黄牌黑字：大型车辆、摩托车、驾校教练车牌照；

③ 黑牌白字：涉外车辆牌照，式样和蓝牌基本相同；

④ 白牌：政法部门(公安、法院、检察院、国安、司法)警车、武警部队车辆、解放军军车的牌照；

⑤ 警牌：公安警车的牌照样式为[某·A1234 警]，除"警"为红字外其他的都是黑字，一共4位数字，含义与普通牌照相同。

利用区域背景色进行车牌区域的筛选，分为两个步骤：首先获得区域的背景色，然后判断区域的背景色是否符合车牌要求，进而对候选区域进行筛选。为了准确获得车牌的背景色，并且不受环境光照影响，需要将图像转换为 HSI 彩色模式(其中 H 为色度，S 为饱合度，I 为亮度)，然后通常根据各像素点的 H 值和 S 值来判断颜色，这里需要排除太暗或太亮的情况。例如，若像素点的色度在[11，34]，饱和度大于 34，则认为该像素点是黄色；色度在[35，99]，饱和度大于 34，则认为该像素点是绿色；色度在[99，124]，饱和度大于 34，则认为该像素点是蓝色；色度在[0，180]，饱和度在[0，255]，而亮度在[0，46]，则认为该像素点是黑色；色度在[0，180]，饱和度在[0，43]，而亮度在[221，255]，则认为该像素点是白色。在进行区域背景色分析时，需要统计区域中各颜色的像素点个数，当某颜色的像素点个数达到整个区域像素点总个数的一半以上时，则可以确定该区域的背景为此颜色。确定了区域的背景色后，再分析区域的背景色是否符合车牌要求，将背景色不符合要求的区域筛选掉，由此可以进一步去除其他物体。

如果区域的大小形状特征、颜色特征等筛选条件都符合，则该区域是车牌区域的概率非常大。

10.3　车牌字符分割模块

经过车牌区域定位，并截取了车牌候选区域后，通常需要将定位后的车牌区域分割成单个字符，以方便车牌字符的识别。通常的车牌字符分割方法有基于垂直投影的车牌字符分割方法、基于水平投影的车牌字符分割方法、基于连通域的车牌字符分割方法、基于聚类分析的车牌字符分割方法、基于深度学习的车牌字符分割方法等。目前也有一些车牌识别系统并不进行车牌字符分割，而是把车牌作为一个整体进行识别。基于垂直投影的车牌字符分割流程如图 10-8 所示。

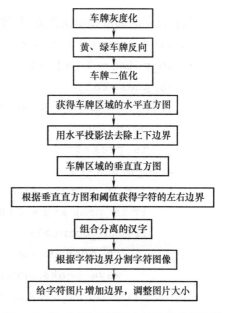

图 10-8　基于垂直投影的车牌字符分割流程

10.3.1　字符分割前的预处理

车牌检测定位阶段，截取了车牌候选区域 card_img，其后将利用图像的纹理来进行字符分割，因此需要将车牌区域进行灰度化、二值化处理。由于黄、绿车牌字符比背景暗，这与蓝车牌刚好相反，所以黄、绿车牌还需要反向，这样才能让所有的车牌区域都变为暗底白字。相关的 Python 代码如下：

```
gray_img=cv2.cvtColor(card_img,cv2.COLOR_BGR2GRAY)
#黄、绿车牌字符比背景暗,与蓝车牌刚好相反,所以黄、绿车牌需要反向,变为暗底白字
If color=="green" or color=="yello":
    gray_img=cv2.bitwise_not(gray_img)
ret,gray_img=cv2.threshold(gray_img,0,255,cv2.THRESH_BINARY+cv2.\
THRESH_OTSU)
```

10.3.2　水平投影去除上下边界

定位出来的车牌图像往往会包含车牌的部分或者全部边框，甚至还包含部分车身，为车牌字符分割带来了不利影响。因此需要先对车牌图像进行去边框处理，可以采用水平投影来去除上下边界。具体的做法是首先获得车牌区域的水平直方图（即车牌区域每一行的灰度和），然后根据波谷（设置的阈值）来分割波峰，最后提取最大的波峰所在区域作为车牌区域，从而删除车牌区域的上下边界。其中根据阈值（阈值通常较小）来分割直方图波峰的方法是首先获得水平直方图，然后以第 0 行作为波峰起始位，从上到下判断之后的每一行的灰度和是否大于一个阈值，若大于，继续判断下一行，直到灰度和低于某一阈值，则该行作为此波峰的结束位，依次循环，从而分割出直方图中的每个波峰。相应的代码如下：

207

```python
#根据设定的阈值和图像直方图,找出波峰,用于分隔字符
def find_waves(threshold,histogram):
    up_point=-1   #上升点
    is_peak=False
    if histogram[0]>threshold:
        up_point=0
        is_peak=True
    wave_peaks=[]
    for i,x in enumerate(histogram):
        if is_peak and x < threshold:
            if i-up_point>2:
                is_peak=False
                wave_peaks.append((up_point,i))
        elif not is_peak and x>=threshold:
            is_peak=True
            up_point=i
    if is_peak and up_point ! =-1 and i-up_point>4:
        wave_peaks.append((up_point,i))
    return wave_peaks
```

图 10-9 是水平投影法去除上下边界的运行效果图。其中, 图 10-9b 是去除上下边界前的车牌区域, 明显在区域下方有小字符噪声; 图 10-9a 是图 10-9b 对应的水平投影直方图, 虚线框着的直方图部分的灰度和小于阈值, 实际上虚线框对应的部分是车牌的下边界, 会被去除; 图 10-9c 是用水平投影法去除上下边界后的车牌区域。

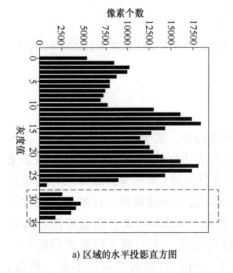

a) 区域的水平投影直方图

b) 去除边界前的区域

c) 去除边界后的区域

图 10-9　水平投影法去除上下边界

10.3.3 垂直投影字符分割法

垂直投影字符分割法大致步骤为：首先遍历每一列的像素并统计其灰度和，即获得车牌区域的垂直直方图，如图 10-10 所示；然后设置一个直方图波谷阈值，对于"U"和"0"这样的字符要求阈值偏小，否则"U"和"0"会被分成两半；接着根据垂直直方图和指定的阈值获得直方图波峰位置，即字符的左右边界，其返回值是一个列表，如[（2，5），（7，10），（12，15），（18，32），（36，39），（42，56），（59，73），（77，91），（94，108），（112，124）]，列表中的每个元素是字符边界的水平坐标。

后面的工作就是对获得的字符边界做一系列分析处理，包括：

① 由于车牌一般由 7 个字符组成，因此需要剔除字符个数小于等于 6 的区域；

② 判断是否是左侧车牌边缘，若是则删除；

③ 组合分离的汉字，如图 10-10 中虚线部分所对应的是汉字"川"，它产生了三个分离的字符，因此需要将这三个分离的部分组合成一个完整的汉字；

④ 去除车牌上的分隔点。

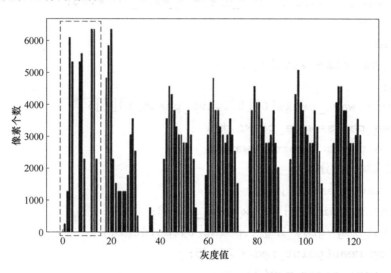

图 10-10 车牌区域的垂直直方图

相关的 Python 代码如下：

```
#根据垂直直方图波峰来分割字符
row_num,col_num=gray_img.shape[:2]
#去掉车牌上下边缘 1 个像素,避免白边影响阈值判断
gray_img=gray_img[1:row_num-1]
y_histogram=np.sum(gray_img,axis=0)   #垂直直方图
y_min=np.min(y_histogram)
y_average=np.sum(y_histogram)/y_histogram.shape[0]
y_threshold=(y_min+y_average)/5 #设置阈值
#根据垂直直方图及阈值获得各字符的左右边界
wave_peaks=find_waves(y_threshold,y_histogram)
```

```
#①字符个数必须是 6 个以上
if len(wave_peaks)<=6:
    print("peakless1:",len(wave_peaks))
    continue
wave=max(wave_peaks,key=lambdax:x[1]-x[0])
max_wave_dis=wave[1]-wave[0]    #获得最宽波峰间距
#②判断是否是左侧车牌边缘
If wave_peaks[0][1]-wave_peaks[0][0]<max_wave_dis/3 and wave_peaks \
[0][0]==0:
    wave_peaks.pop(0)
#③组合分离汉字
cur_dis=0
for i,wave in enumerate(wave_peaks):
    if wave[1]-wave[0]+cur_dis>max_wave_dis*0.6:
        break
    else:
        cur_dis+=wave[1]-wave[0]
if i>0:
    wave=(wave_peaks[0][0],wave_peaks[i][1])
    wave_peaks=wave_peaks[i+1:]
    wave_peaks.insert(0,wave)
#④去除车牌上的分隔点
point=wave_peaks[2]
if point[1]-point[0] < max_wave_dis/3:
    point_img=gray_img[:,point[0]:point[1]]
    if np.mean(point_img)< 255/5:
        wave_peaks.pop(2)
if len(wave_peaks)<=6:
    print("peak less 2:",len(wave_peaks))
    continue
```

经过对字符左右边界的处理，获得了较完整字符边界，接着可以根据字符边界分割字符图像，并且返回多个字符图像，调用的函数代码如下：

```
#根据找出的波峰,分隔图像,从而得到逐个字符图像
def seperate_card(img,waves):
    part_cards=[]
    for wave in waves:
        part_cards.append(img[:,wave[0]:wave[1]])
    return part_cards
```

210

得到分割后的字符图像后，还需要对各字符图像做以下处理：

① 去除固定车牌的铆钉；

② 给字符图像增加边界；

③ 调整各字符图像为指定的大小。

相关的 Python 代码如下：

```
#根据左右边界分割字符图像
#分割车牌字符
part_cards=seperate_card(gray_img,wave_peaks)
#对分割的字符图像进一步筛选处理
for i,part_card in enumerate(part_cards):
    #①排除车牌上固定车牌的铆钉
    if np.mean(part_card)<255/5:
        print("a point")
        continue
    #②图像增加边界
    part_card_old=part_card
    w=abs(part_card.shape[1]-SZ)//2
    part_card=cv2.copyMakeBorder(part_card,0,0,w,w,cv2.BORDER_ \
CONSTANT,value=[0,0,0])
    #③将字符图像变换为统一的大小
    part_card=cv2.resize(part_card,(SZ,SZ),interpolation=cv2.\
INTER_AREA)
```

分割后的字符图像如图 10-11 所示。

图 10-11　分割后的字符图像

10.4　车牌识别模块

在车牌字符分割的基础上，要进一步实现车牌字符识别。对车牌字符进行识别，通常需要先提取字符中具有区分性的特征，然后采用识别算法对车牌字符进行识别。较常用的字符特征有 HOG 特征或者深度网络学习的特征等；较常用的识别方法有：基于模板匹配的字符识别方法、基于字符结构特征的识别方法、基于神经网络的字符识别方法和基于 SVM 的字符识别方法等。HOG+SVM 是较为经典的搭配，因此本节主要介绍 HOG+SVM 的字符识别方法，该方法是一种有监督分类方法，按三个步骤来实现：准备数据样本、训练模型阶段、识别字符阶段。

10.4.1 准备数据样本

1. 读取训练样本集

因为车牌字符的英文字母和数字与汉字是分别识别处理的，所以训练集也分为两个样本集。其中英文字母和数字训练集共有 36 个字符，共有 13000 多个训练图像，部分图像如图 10-12 所示。

0123456789ANKGWXYZ

图 10-12　英文字母和数字训练样本集

汉字训练集共有 31 个汉字字符，分别是各省份的简称，共有 3200 多个训练图像，部分图像如图 10-13 所示。

川 别赣甘渝桂黑沪冀津京吉辽鲁苏青宁

图 10-13　汉字训练样本集

在读取训练图像的同时，会读取图像的标签，用于模型的有监督学习。

2. 图像抗扭斜处理

对于读取的训练样本，需要利用图像的中心矩对图像进行抗扭斜处理，效果如图 10-14 所示。图 10-14a 是抗扭斜处理前的字符，图 10-14b 是抗扭斜处理后的字符，相关的 Python 代码如下：

```python
#根据图像中心矩对图像进行校正
def deskew(img):
    m=cv2.moments(img)    #计算图像中的中心矩(最高到三阶)
    if abs(m['mu02'])< 1e-2:
        return img.copy()
    skew=m['mu11']/m['mu02']
    M=np.float32([[1,skew,-0.5 * SZ * skew],[0,1,0]])
    img = cv2.warpAffine(img,M,(SZ,SZ),flags = cv2.WARP_INVERSE_ \
MAP|cv2.INTER_LINEAR)
    return img
```

3. 特征提取

在图像识别系统中，通常不直接使用像素特征，而是使用更具有区分性的特征来作为识别系统的输入数据。本节将提取车牌字符的 HOG 特征，以提高系统的识别性能。在一幅图像中，梯度或边缘方向密度分布能够很好地描述局部目标区域的特征，HOG 正是利用这种思想，对梯度信息做出统计，并生成最后的特征描述。在本系统中，分割后

a) 抗扭斜处理前　　　b) 抗扭斜处理后

图 10-14　样本抗扭斜处理前后对比

的车牌字符图像被规整为(20，20)的图像，每 10×10 的像素组成一个 cell，每 2×2 个 cell 组

成一个块，也就是只有一个块。每个 cell 中分为 16 个梯度方向，这样每个 cell 有 16 个特征，所以共有 1×4×16＝64 个特征。因此，本系统的字符图像所提取的 HOG 特征是 64×1维的。

10.4.2　训练模型阶段

1. SVM 简介

本节采用 SVM 来对字符图像进行识别。SVM 是一种机器学习的算法，可以用于解决分类和回归问题。SVM 算法的实质是找出不同类样本在样本空间的最优分隔超平面，此超平面离所有训练样本的间隔最大，如图 10-15 所示。图中圆圈和正方形分别代表两类样本，中间的实线代表最优分割超平面，它与所有训练样本的最小距离（即间隔）最大。

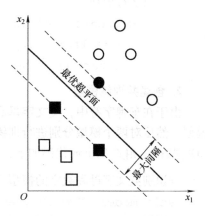

图 10-15　SVM 原理示意图

SVM 算法采用核函数技术将低维空间的线性不可分类问题，转化为高维空间的线性可分的问题，进而可以在高维空间找到分类的最优超平面。SVM 使用铰链损失函数计算经验风险，并在求解系统中加入了正则化项以优化结构风险，是一个具有稀疏性和稳健性的分类器。

本系统中设计了一个 SVM 类，其构造函数中创建了 SVM 模型对象，并对模型进行了初始化。SVM 模型参数通过一些 set 函数进行设置，其中：

1）setType(cv2. ml. SVM_C_SVC)：设置 SVM 类型为 C 类支持向量分类机。它是一个 $n(n≥2)$ 类分类器，允许用异常值惩罚因子 C 进行不完全分类。

2）setKernel(cv2. ml. SVM_RBF)：设置 SVM 的核函数，是高斯径向核函数。它是一种局部性强的核函数，可以将一个样本映射到一个更高维的空间内，相对于多项式核函数其参数更少，因此大多数情况下在不知道用什么核函数的时候，优先使用高斯径向核函数。

3）setGamma(gamma)：设置径向基核函数自带的一个参数，其隐含地决定了数据映射到新的特征空间后的分布。gamma 值越大，支持向量越少；gamma 值越小，支持向量越多。支持向量的个数影响训练与预测的速度。

4）setC(C)：设置 SVM 模型惩罚系数 C，即对误差的宽容度。C 越大，说明越不能容忍出现误差，容易产生过拟合；C 越小，容易欠拟合。C 过大或过小，泛化能力都会变差。

SVM 类设计了两个成员函数：调用 train( ) 函数可以训练 SVM 模型；调用 predict( ) 函数可以对测试样本进行字符识别，其返回值是识别的标签。SVM 类的 Python 代码如下：

```python
#SVM 继承了 StatModel,使得 SVM 类具有加载及保存数据功能
class SVM(StatModel):
    def_init_(self,C=1,gamma=0.5):
        self.model=cv2.ml.SVM_create()
        self.model.setGamma(gamma)
        self.model.setC(C)
        self.model.setKernel(cv2.ml.SVM_RBF)
```

```
        self.model.setType(cv2.ml.SVM_C_SVC)
    #训练 SVM
    def train(self,samples,responses):
        self.model.train(samples,cv2.ml.ROW_SAMPLE,responses)

    #字符识别
    def predict(self,samples):
        r=self.model.predict(samples)
        return r[1].ravel()
```

2. 创建并训练模型

由于在车牌字符中，英文字母和数字与汉字是分别识别的，因此系统创建了两个 SVM 模型，然后对两个模型分别进行训练。所使用的训练样本需要经过抗扭斜处理，然后再提取 HOG 特征，相关 Python 代码如下：

```
#识别英文字母和数字的模型
self.model=SVM(C=1,gamma=0.5)#创建模型
#调用 deskew 函数对所用训练图像进行抗扭斜处理
chars_train=list(map(deskew,chars_train))
chars_train=preprocess_hog(chars_train)   #提取训练图像的 HOG 特征
chars_label=np.array(chars_label)   #获得训练样本的标签
self.model.train(chars_train,chars_label)   #训练模型
……
#识别中文的模型
self.modelchinese=SVM(C=1,gamma=0.5)   #创建模型
#调用 deskew 函数对所用训练图像进行抗扭斜处理
chars_train=list(map(deskew,chars_train))
chars_train1=preprocess_hog(chars_train)   #提取训练图像的 HOG 特征
chars_label=np.array(chars_label)   #获得训练样本的标签
self.modelchinese.train(chars_train,chars_label)   #训练模型
```

需要补充说明的是，英文字母和数字的标签是字符的 ASCII 码；而为了管理各省份的缩写汉字，代码中建立了一个汉字列表，汉字标签是汉字在列表中的索引再加上一个固定的整数常量，用于与 ASCII 码相区别，因此汉字标签是一个远离 ASCII 码的整数。

10.4.3 识别字符阶段

SVM 模型训练好了后，就可以利用训练好的模型来识别车牌字符了。接收到待识别的汽车图像后，需要对图像进行预处理、车牌区域的检测定位、车牌区域的分割、车牌字符的分割等步骤，最后才进入字符图像的识别。

在字符识别阶段，待识别的字符图像要像处理训练样本一样，经过抗扭斜、HOG 特征提取处理后，才可以作为 SVM 模型的输入数据。因为在训练模型阶段分别训练了针对英文字母和数字与汉字的两个 SVM 模型，所以英文字母和数字与汉字是分开识别的。

如果识别的最后一个字符是1，并且字符图像的高宽比达到一定阈值(如7)时，则认为字符图像过细，很可能不是字符1，而是车牌边缘，这时应忽略此字符。相关 Python 代码如下：

```
part_card=deskew(part_card)
part_card=preprocess_hog([part_card])
if i==0:    #汉字字符识别
    resp=self.modelchinese.predict(part_card)
    charactor=provinces[int(resp[0])-PROVINCE_START]
else:          #英文字母和数字字符识别
    resp=self.model.predict(part_card)
    charactor=chr(resp[0])
#判断最后一个字符是否是车牌边缘
    if charactor=="1" and i==len(part_cards)-1:
        if part_card_old.shape[0]/part_card_old.shape[1]>=7:
                                         #1 太细,认为是边缘

        continue
predict_result.append(charactor)
```

车牌识别结果如图 10-16 所示。

图 10-16 车牌识别系统运算结果

练　习

10-1 请简述一般的图像处理系统的各组成部分。

10-2 请简述车牌检测与定位的工作流程。

10-3 请简述垂直投影字符分割法的工作流程。

附录

图像处理实验指导（Python版）

实验一 Python 图像处理编程基础

一、实验目的与要求

（1）安装 Python 环境以及图像处理相关工具包；

（2）熟悉 Python 的交互式运行环境及 Python 的基本语法；

（3）掌握应用 OpenCV 的函数读取、显示及保存图像；

（4）掌握应用 Matplotlib 的函数绘制、显示及保存图像；

（5）掌握绘制简单图像的方法。

二、实验内容

1. 安装 Anaconda。Anaconda 可以便捷地获取包且能够对包进行管理，同时可以统一管理各种发行版本的 Python 环境。Anaconda 包含了 Conda、Python、Jupyter 在内的超过 180 个科学包及其依赖项。

2. 安装 OpenCV 工具包。OpenCV-Python 是 OpenCV 的 Python API，是 Python 的第三方工具包，但不属于 Anaconda 的常用工具包，因此需要另外安装此工具包。可以采用在线或离线的方式安装 OpenCV 工具包，推荐采用离线的方式安装 OpenCV 工具包。

① 下载 OpenCV 离线安装源文件。注意，安装文件需要与操作系统、Python 的版本兼容，例如，如果是 64 位 Windows 操作系统，Python3.7 的话，则 OpenCV 安装源文件可以是 opencv_python-4.1.0.25-cp37-cp37m-win_amd64.whl。

② 以管理员身份进入 Anaconda 终端。

③ pip install 安装源文件名。

3. 修改 Jupyter，保存文件位置，以便查找 Jupyter 文件(扩展名为.ipynb)。

① 打开 Anaconda Prompt 终端，输入命令 jupyter notebook--generate-config，可以生成配置文件 jupy_notebook_config.py，查看配置文件的路径。

② 按照路径寻找配置文件，使用记事本打开配置文件 jupy_notebook_config.py。在配置文件中，找到#c.NotebookApp.notebook_dir=' '，将此行改为 c.NotebookApp.notebook_dir="你想要设置的路径"，注意要去掉#。

③ 在"开始"菜单的 Anaconda 下面找到 Jupyter 的快捷方式，右键单击，在快捷菜单中

选择"属性"命令，在目标框中，将%USERPROFILE%改为"你想要设置的路径"，并且将起始位置框设置为"你想要设置的路径"。

4. 熟悉 Python 的交互式环境。在 Jupyter 的代码单元格内输入以下 Python 语句，查看并分析程序运行结果。

```
① print('hello'*3)
② print("x=% d,y=% f" % (2,3.0))
③ x=3+2j   #Python有复数数据类型
   y=-1j
   print(x*y)
④ strs='abcdefg'        #Python 的切片索引
   print(strs[0:7:1])    #列表的切片格式:[起始:终止:步长],输出不包括终止
                         #下标项
   print(strs[1:3])
   print(strs[1:])
   print(strs[:3])
   print(strs[:-1])
   print(strs[-3:-1])
   print(strs[-3:])
   print(strs[:])
   print(strs[::2])
   print(strs[::-1])
⑤ ###自定义带参函数
   def minimal(x,y):   #注意:Python 通过代码缩进来实现程序结构
       if x>y:
           print('较小值为:',y)
       else:
           print('较小值为:',x)
   a=float(input('输入第一个数据:'))
   b=float(input('输入第二个数据:'))
   minimal(a,b)   #函数调用
```

5. 验证实验，应用 OpenCV 的函数读取、显示并保存图像，代码如下。

```
import cv2
lenna=cv2.imread(r"..\img\Lenna.png")   #试试修改路径
print(type(lenna))              #返回 numpy.ndarray 这个 class
cv2.namedWindow("Lena",cv2.WINDOW_AUTOSIZE)   #试试修改窗口名
cv2.imshow("Lena",lenna)
cv2.waitKey(0)   #显示图像的暂停时间设置(单位为毫秒)
cv2.destroyWindow("Lena")
cv2.imwrite('test_imwrite.png',lenna,(cv2.IMWRITE_PNG_COMPRESSION,5))
```

217

6. 验证实验，应用 Matplotlib 的函数显示及保存图像，代码如下。

```
import cv2
import matplotlib.pyplot as plt
%matplotlib inline
%config InlinBackend.figure_format="retina"
plt.rcParams['font.family']=['SimHei'] #用来正常显示中文
plt.rcParams['axes.unicode_minus']=False #用来正常显示负号
img_BGR=cv2.imread(r'..\img\iris.jpg')  #OpenCV默认为BGR彩色模型
img_RGB=cv2.cvtColor(img_BGR,cv2.COLOR_BGR2RGB)#转换为RGB彩色模型
plt.imshow(img_RGB)  #matplot默认为RGB彩色模型
plt.show()
```

7. 完善以下代码，要求绘制图形，并且统计绘制其直方图，结果如实验图1所示。

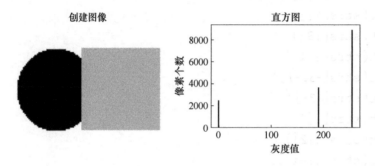

实验图1　绘制的图形及其直方图

```
def createBox():
    pic = np.ones((100,200),np.uint8)*255
    shape = pic.shape
    for i in range(shape[0]): #画圆
        for j in range(shape[1]):
            if De(_____)<50:
                pic[i,j]=_____
    pic[_____]=200 #画矩形,注意numpy的下标是[y,x]
    return pic


#计算欧式距离
def De(x,y,center):
    return math.sqrt((x-center[0])**2+(y-center[1])**2)
#统计各灰度值的像素个数
def histogram(image):
    (row,col) = image.shape
```

```
        #创建长度为256的list
        hist=_____
        for i in range(row):
            for j in range(col):
                hist[_____]+=1
        return _____


  if __name__=="__main__":
        img=createBox()
        h1=histogram(img)
        plt.figure(figsize=(10,5))
        plt.axes([0.1,0.1,0.4,0.9])
        plt.imshow(img,vmin=0,vmax=255,cmap = plt.cm.gray)
        plt.axis("off")
        plt.rcParams.update({"font.size":14})
        plt.title('创建图像')
        plt.axes([0.6,0.4,0.3,0.4])
        plt.title('直方图')
        plt.bar(range(256),h1,width=3)
        plt.xlabel("灰度值")
        plt.ylabel("像素个数")
        plt.show()
```

三、思考题

（1）Python 语言与 C 语言在语法上主要有什么区别？

（2）分析比较 OpenCV 下标与 NumPy 下标的异同。

（3）如果想用 Matplotlib 正常显示彩色图像，则彩色图像需要转换成何种彩色模型？同样，如果想用 OpenCV 正常显示彩色图像，则彩色图像需要转换成何种彩色模型？

四、实验报告要求

实验报告要求包括以下几个部分：

（1）实验名称、实验时间、实验地点；

（2）实验目的；

（3）实验硬件环境，所用的软件及工具包等；

（4）实验题目、实验程序（要求加注释）、运行结果；

（5）对实验中出现的某些现象及遇到的问题进行分析、讨论，并对实验提出自己的建议和改进措施；

（6）每次实验每人独立完成一份报告。

实验二 空域图像增强

一、实验目的与要求

（1）掌握灰度变换的实现方法；

（2）理解并掌握点运算的实现方法；

（3）理解并掌握空域平滑和锐化滤波方法；

（4）理解点运算与邻域运算的差别与联系。

二、实验内容

1. 编程实现图像的灰度变换，包括图像变暗、图像变亮、降低对比度和直方图均衡化处理，效果如实验图2所示。提示：前三张图片可通过全局线性变换实现，直方图均衡化可通过调用OpenCV工具包中的equalizeHist()函数来实现。

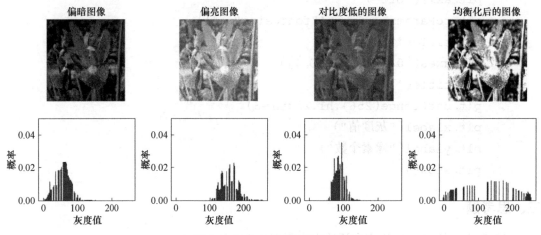

实验图2 各种灰度变换及其直方图

2. 编程实现图像的gamma变换，效果如实验图3所示。

实验图3 图像的gamma变换效果

提示代码：

```
def gamma_trans(img,gamma):
```

```
#具体做法是先归一化到1,然后 gamma 作为指数值求出新的像素值再还原
gamma_table=[np.power(x/255.0,gamma)*255.0 for x in range(256)]
gamma_table=np.round(np.array(gamma_table)).astype(np.uint8)
#实现这个映射用的是 OpenCV 的查表函数
return cv2.LUT(img,gamma_table)
```

3. 阅读以下程序，掌握图像空域滤波方法。修改代码，使用以下滤波算子对图像进行滤波，查看滤波效果，并从平滑/锐化、轮廓模糊/轮廓清晰等方面分析滤波效果。

$$\frac{1}{9}\begin{bmatrix} 1 & 1 & 1 \\ 1 & 1 & 1 \\ 1 & 1 & 1 \end{bmatrix} \quad \frac{1}{10}\begin{bmatrix} 1 & 1 & 1 \\ 1 & 2 & 1 \\ 1 & 1 & 1 \end{bmatrix} \quad \begin{bmatrix} -1 & -1 & -1 \\ -1 & 9 & -1 \\ -1 & -1 & -1 \end{bmatrix}$$

```
import matplotlib.pyplot as plt
import cv2
import numpy as np
img=cv2.imread(r".\img\kennysmall.jpg",0)
cv2.imshow('original image',img)
fil=1/16*np.array([[ 1,2,1],              #设置滤波核
                   [ 2,4,2],
                   [ 1,2,1]])
#使用 OpenCV 的卷积函数
ImgSmoothed=cv2.filter2D(img,-1,fil,borderType=cv2.BORDER_DE-\
FAULT)
cv2.imshow('Smoothed image',ImgSmoothed)      #显示滤波后图像
cv2.waitKey(0)
```

提示：OpenCV 工具包相关函数：

```
dst=cv.filter2D(src,ddepth,kernel[,dst[,anchor[,delta[,border-
Type]]]])
```

函数功能：使用指定的滤波核对图像进行滤波。

参数说明：

① src：输入图像；

② ddepth：输出图像的深度，即输出图像中每个像素的数据类型，表示矩阵中元素的类型以及矩阵的通道个数，它是一系列预定义的常量，例如 CV_8UC1、CV_32FC4 等。该参数通常设置为-1，表示输出图像和输入图像的深度相同。

③ kernel：卷积核；

④ dst：输出图像；

⑤ anchor：锚点，默认为（-1，-1），设置卷积核的中心点；

⑥ delta：输出结果时的附加值，默认为0；

⑦ borderType：边界模式，默认为 BORDER_DEFAULT。

4. 编写程序，首先对图像添加椒盐噪声或高斯噪声，然后对加噪图像进行均值滤波、

中值滤波和高斯滤波，滤波效果如实验图4所示，查看并分析滤波效果。

提示：

（1）给图像添加椒盐噪声的Python代码：

```
def addSaltAndPepper(src,percentage):
    #在此要使用 copy 函数,否则 src 和主程序中的 img 都会跟着改变
    NoiseImg=src.copy()
    NoiseNum=int(percentage * src.shape[0] * src.shape[1])
    for i in range(NoiseNum):
        #注意需要引入 random 包
        randX=random.randint(0,src.shape[0]-1)
        #产生[0,src.shape[0]-1]之间随机整数
        randY=random.randint(0,src.shape[1]-1)
        if random.randint(0,1)==0:
            NoiseImg[randX,randY]=0
        else:
            NoiseImg[randX,randY]=255
    return NoiseImg
```

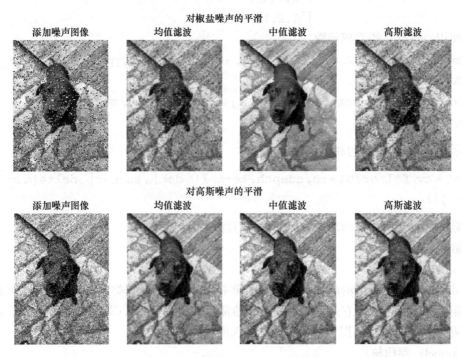

对椒盐噪声的平滑

添加噪声图像　　　均值滤波　　　中值滤波　　　高斯滤波

对高斯噪声的平滑

添加噪声图像　　　均值滤波　　　中值滤波　　　高斯滤波

实验图4　加噪图像的几种平滑滤波

（2）给图像添加高斯噪声的Python代码：

```
def addGaussianNoise(src,means,sigma):
    NoiseImg=src/src.max()
```

```
rows=NoiseImg.shape[0]
cols=NoiseImg.shape[1]
for i in range(rows):
    for j in range(cols):
        #Python 里使用 random.gauss 函数加高斯噪声
        NoiseImg[i,j]=NoiseImg[i,j]+random.gauss(means,sigma)
        if  NoiseImg[i,j]< 0:
            NoiseImg[i,j]=0
        elif  NoiseImg[i,j]>1:
            NoiseImg[i,j]=1
    NoiseImg=np.uint8(NoiseImg * 255)
    return NoiseImg
```

（3）OpenCV 工具包中实现均值滤波、中值滤波和高斯滤波的函数：

① cv2.blur(img,(3,3))

函数功能：对图像进行均值滤波。

参数说明：img 表示输入的图像，(3，3)表示滤波核大小。

② cv2.medianBlur(img,3)

函数功能：对图像进行中值滤波。

参数说明：img 表示输入的图像，3 表示滤波窗口大小。

③ cv2.GaussianBlur(img,(3,3),1)

函数功能：对图像进行高斯滤波。

参数说明：img 表示输入的图像，(3，3)表示滤波核大小，1 表示高斯核标准偏差。

5. 编程实现拉普拉斯锐化和拉普拉斯锐化增强，效果如实验图 5 所示。

原图像　　　　　　　拉普拉斯滤波图像　　　　　拉普拉斯锐化增强图像

实验图 5　拉普拉斯锐化及锐化增强

提示：拉普拉斯锐化和拉普拉斯锐化增强对应的滤波核分别为

$$\begin{bmatrix} 0 & 1 & 0 \\ 1 & -4 & 1 \\ 0 & 1 & 0 \end{bmatrix} \text{和} \begin{bmatrix} 0 & -1 & 0 \\ -1 & 5 & -1 \\ 0 & -1 & 0 \end{bmatrix}$$

三、思考题

（1）分析以上实现 gamma 变换的函数，理解查表函数的作用。模仿以上代码，编写实现对数变换的子函数。

（2）为什么平滑算子的权重和要为1？如果大于1或小于1会产生什么影响？

（3）编程使用以下滤波核对图像进行滤波，分析此滤波核的滤波效果，是平滑还是锐化？

$$1/6\begin{bmatrix} -1 & -1 & -1 \\ 2 & 2 & 2 \\ 1 & 1 & 1 \end{bmatrix}$$

实验三　频域图像增强

一、实验目的与要求

（1）理解傅里叶变换的思想；

（2）掌握傅里叶变换的 Python 实现方法；

（3）理解并掌握频域滤波方法。

二、实验内容

1. 编程分别使用 OpenCV 和 NumPy 工具包中的函数进行傅里叶变换，要求显示图像移中后的幅值谱和相位谱，以及重构后的图像，运行效果如实验图 6 所示。

输入图像　　　　幅值谱　　　　相位谱　　　　重构图像

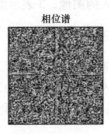

实验图 6　傅里叶变换频谱

提示：

（1）OpenCV 工具包相关函数：

① dst = cv2. dft(src，flags)

函数功能：此函数实现傅里叶变换，注意其输出的结果是双通道的，第一个通道 dst[:,:,0] 为傅里叶变换的实部，第二个通道 dst[:,:,1] 为傅里叶变换的虚部。

参数说明：src 是输入的图像，需要转换成浮点格式；flags 是选择傅里叶变换方法的一个整型参数，例如，cv2. flags = DFT_COMPLEX_OUTPUT。

② dst = cv2. magnitude(x，y)

函数功能：获得傅里叶变换的幅值谱。

参数说明：x 和 y 分别是傅里叶变换的实部和虚部。

例如，若图像的傅里叶变换为 dft，则其幅值谱为 cv2. magnitude(dft[:,:,0]，dft[:,:,1])。

③ dst＝cv2. phase(x， y)

函数功能：获得傅里叶变换的相位谱。

参数说明：x 和 y 分别是傅里叶变换的实部和虚部。

例如，若图像的傅里叶变换为 dft，则其相位谱为 phase0 = cv2. phase(dft[:，:， 0]， dft [:，:， 1])。

④ dst＝cv2. idft(src)

函数功能：进行傅里叶反变换。

参数说明：src 是一个傅里叶变换。

（2）NumPy 工具包相关函数：

① dst＝np. fft. fft2(src)

函数功能：对图像 src 进行傅里叶变换，输出结果是一个复数矩阵(单通道)。

② dst＝np. fft. fftshift(src)

函数功能：实现傅里叶变换 src 的低频移中。

③ dst＝np. fft. ifftshift(src)

函数功能：np. fft. fftshift(src)函数的逆运算。

④ dst＝np. abs(src)

函数功能：获得傅里叶变换 src 的幅值谱。

⑤ dst＝np. angle( )

函数功能：获得傅里叶变换 src 的相位谱。

⑥ dst＝np. fft. ifft2(src)

函数功能：对 src 实现傅里叶反变换。

2. 完善以下程序，要求先给图像添加高斯噪声(0 均值，0.1 方差)，再使用理想低通滤波器对图像进行低通平滑滤波，分析不同截止频率的滤波性能，程序的运行效果如实验图 7 所示。

噪声图像　　　　噪声图像幅值谱　　　ILPF滤波后幅值谱　　　ILPF滤波后重构图像

实验图 7　理想的低通滤波器及低通滤波重构图像

#理想低通滤波 Python 代码

```
import cv2
import numpy as np
from math import *
import random
from matplotlib import pyplot as plt
plt. rcParams[ 'font. sans-serif']=[ 'SimHei'] #用来正常显示中文标签
plt. rcParams[ 'axes. unicode_minus']=False #用来正常显示负号
```

```
def addGaussianNoise(src,means,sigma):
    NoiseImg=src/src.max()
    rows=NoiseImg.shape[0]
    cols=NoiseImg.shape[1]
    for i in range(rows):
        for j in range(cols):
            #Python 里使用 random.gauss 函数加高斯噪声
            NoiseImg[i,j]=NoiseImg[i,j]+random.gauss(means,sigma)
            if  NoiseImg[i,j]< 0:
                NoiseImg[i,j]=0
            elif  NoiseImg[i,j]>1:
                NoiseImg[i,j]=1
    return NoiseImg


img0=cv2.imread(_____)
img=addGaussianNoise(_____)
f=np.fft.fft2(_____)
fshift=np.fft.fftshift(_____)
magnitude_spectrum0=20 * np.log(1+np.abs(_____))
plt.figure(figsize=(10,5))
plt.subplot(141),plt.imshow(_____,cmap='gray')    #显示加噪
                                                           #图像
plt.title('噪声图像'),plt.axis("off")
#显示加噪图像幅值谱
plt.subplot(142),plt.imshow(_____,cmap='gray')
plt.title('噪声图像幅值谱')
plt.axis("off")
#进行理想低通滤波
r=_____         #截止频率的设置
[m,n]=fshift.shape
H=np.zeros((m,n))
for i in range(m):
    for j in range(n):
        d=sqrt((i-m/2) * (i-m/2)+(j-n/2) * (j-n/2))
        if d<r:
            H[i,j]=_____
G=_____                        #理想低通滤波
magnitude_spectrum1=20 * np.log(1+np.abs(G))  #理想低通滤波后的幅值谱
f1=np.fft.ifftshift(G)
img1=_____         #重构图像
```

```
plt.subplot(143),plt.imshow(magnitude_spectrum1,cmap='gray')
                                                    #显示滤波后幅值谱
plt.title('ILPF 滤波后幅值谱'),plt.axis("off")
plt.subplot(144),plt.imshow(img1,cmap='gray')    #显示重构图像
plt.title('ILPF 滤波后重构图像'),plt.axis("off")
plt.show()
```

3. 编写程序实现巴特沃斯低通滤波，$H(u,v)=\dfrac{1}{1+\left[D(u,v)/D_0\right]^{2n}}$，实验图 8 是阶数 $n=4$ 时的滤波效果图，改变 n 值，查看并分析阶数 n 对滤波器的影响。

原图像　　　　　原幅值谱　　　巴特沃斯传递函数　巴特沃斯滤波后的幅值谱　　重构图像

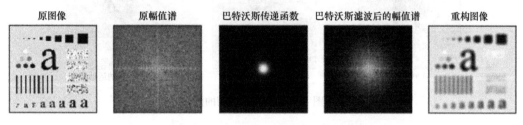

实验图 8　巴特沃斯低通滤波器及重构图像

4. 编程实现在频域给图像添加周期噪声，产生实验图 9 所示的效果，注意周期噪声的方向及频率和条纹的方向与宽度之间的关系。

三、思考题

在实验图 10 上标出实验图 9 的周期噪声的噪声点在频谱上的可能位置？在频谱上调整噪声点的位置，查看干扰图像中条纹的宽度与方向。

实验图 9　添加了周期噪声的图像

实验图 10　傅里叶频谱

实验四　图像复原

一、实验目的与要求

（1）理解图像退化及图像复原原理；
（2）掌握图像复原的几种经典算法；

(3) 掌握图像复原性能评价的基本方法。

二、实验内容

1. 完善以下程序，实现在空域给图像添加指定方向、大小的运动模糊，效果如实验图 11 所示。其中，实验图 11b 添加了方向为 0°、强度为 10 的运动模糊；实验图 11c 添加了方向为 45°、强度为 20 的运动模糊。

  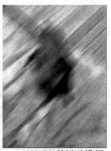

a) 原图像   b) (0°, 10) 的运动模糊   c) (45°, 20) 的运动模糊

实验图 11   添加运动模糊的图像

思路提示：

(1) 生成运动模糊核的思路

运动模糊核可以通过旋转指定大小的单位矩阵得到。例如，要产生 (0°, 10) 的运动模糊核（即方向为 0°，核大小为 10×10），需要先生成一个 10×10 的单位矩阵，由于单位矩阵中非 0 元素是在 -45°方向，因此将此矩阵逆时针旋转 45°，即可产生 (0°, 10) 的运动模糊核。

```python
#可将此文件保存为 make_motionBlur.py,以方便调用
import numpy as np
import cv2
#生成运动模糊核
def make_PSF(kernel_size=15,angle=60):
    PSF=np.diag(np.ones(kernel_size))    #初始模糊核的方向是-45°
    angle=angle+45   #抵消-45°的影响
    M = cv2.getRotationMatrix2D((kernel_size/2,kernel_size/2),\
    angle,1)    #生成旋转算子
    PSF=cv2.warpAffine(_____)    #实现旋转变换
    PSF=PSF/PSF.sum()                          #使模糊核的权重和为1
    return PSF
#在空域对图像进行运动模糊
def motion_blur(image,PSF):
    blurred=_____                   #通过二维卷积运算给图像添加模糊
    #convert to uint8
    cv2.normalize(blurred,blurred,0,255,cv2.NORM_MINMAX)
                                      #数据归一化为[0,255]
```

```
        blurred=np.array(blurred,dtype=np.uint8)
                                                        #变为8位无符号整型数
    return blurred
    if_name_=="_main_":
        img=cv2.imread(_____)
        PSF=_____          #生成运动模糊核
        img_=_____         #对图像进行运动模糊
        cv2.imshow('Source image',img)
        cv2.imshow('blur image',img_)
        cv2.waitKey()
```

（2）相关的函数

1）A=np.diag(np.ones(size))#生成大小为 size×size 的单位矩阵

2）M=rot_mat=cv2.getRotationMatrix2D(center,angle,scale)

函数功能：此函数可生成旋转变换矩阵。

参数说明：

① center：旋转中心的点坐标；

② angle：逆时针旋转角度；

③ scale：缩放因子。

3）dst=cv2.warpAffine(src,M,dsize[,dst[,flags[,borderMode[,borderValue]]]])

函数功能：此函数可对图像进行仿射变换，包括图像平移、图像旋转等。

参数说明：

① src：输入图像；

② M：变换矩阵；

③ dsize：输出图像的大小；

④ flags：插值方法的组合（int 类型），本实验中设置 flags=cv2.INTER_NEAREST；

⑤ borderMode：边界像素模式（int 类型）；

⑥ borderValue：边界填充值，默认情况下为 0。

4）dst=cv.filter2D(src,ddepth,kernel[,dst[,anchor[,delta[,borderType]]]])

函数功能：此函数对图像进行二维卷积运算。

参数说明：

① src：输入图像；

② ddepth：目标图像的所需深度；

③ kernel：卷积核（或相当于相关核），单通道浮点矩阵；

④ anchor：内核的锚点，指示内核中过滤点的相对位置，锚应位于内核中，默认值 (-1，-1)表示锚位于内核中心。

⑤ delta：在将它们存储在输出图像 dst 中之前，将可选值添加到已过滤的像素中，类似于偏置。

⑥ borderType：图像扩边方法。

2. 阅读并完善以下程序，要求先给图像添加强度为 15，方向为 60°的运动模糊，然后使用逆滤波进行图像复原，效果如实验图 12 所示。

Original Image(原图) Motion blurred(运动模糊) inverse deblurred(逆滤波图像复原)

实验图 12　运动模糊与逆滤波

思路提示：逆滤波图像复原方法可表示为 $\widehat{F}(u,v)=\dfrac{G(u,v)}{H(u,v)}$。逆滤波图像复原是非盲去卷积方法，需要先知道退化函数的傅里叶响应 $H(u,v)$，并且 $H(u,v)$ 与 $G(u,v)$ 应具有相同的维度，因此需要将生成的运动模糊核扩展为与图像相同的大小。此外，为了防止出现除以 0 的现象，程序中将分母加了一个很小的数 eps＝1e-3。

```python
#逆滤波的 Python 代码(inverseFilter.py)
import matplotlib.pyplot as plt
import numpy as np
from numpy import fft
from _____ import make_PSF    #在此需要调用第 1 题的 make_PSF 函数
import math
import cv2


#此函数扩展运动模糊核 PSF0,使之与原图像 image0 具有同样的维度大小
def extension_PSF(image0,PSF0):
    [img_h,img_w]=image0.shape
    [h,w]=PSF0.shape
    PSF=np.zeros((img_h,img_w))
    PSF[0:h,0:w]=_____
    return PSF
#在频域对图像进行运动模糊
def make_blurred(input,PSF,eps):
    input_fft=_____ #对输入图像进行傅里叶变换
    #对运动模糊核进行傅里叶变换,并加上一个很小的数
    PSF_fft=fft.fft2(PSF)+eps
    blurred=fft.ifft2(_____)    #在频域进行运动模糊
    blurred=np.abs(blurred)
    return blurred
```

```python
def inverse(input,PSF,eps):    #逆滤波
    input_fft=_____    #对退化图像进行傅里叶变换
    #对运动模糊核进行傅里叶变换,并加上一个很小的数
    PSF_fft=_____
    Output_fft=_____    #在频域进行逆滤波
    result=fft.ifft2(Output_fft)    #进行傅里叶反变换
    result=np.abs(result)
    return result


if_name_=="_main_":    #主程序判断语句
    image=cv2.imread(_____)
    plt.figure(figsize=(8,6))
    plt.subplot(131)
    plt.axis("off")
    plt.title("Original Image")
    plt.gray()
    plt.imshow(image)    #显示原图像

    #生成运动模糊核
    PSF=_____
    #扩展 PSF,使其与图像一样大小
    PSF=_____
    blurred=_____    #在频域对图像进行运动模糊
    plt.subplot(132)
    plt.axis("off")
    plt.title("Motion blurred")
    plt.imshow(blurred)
    result=_____    #逆滤波
    plt.subplot(133)
    plt.axis("off")
    plt.title("inverse deblurred")
    plt.imshow(result)
    plt.show()
```

3. 阅读并完善以下程序，首先给运动模糊图像添加噪声，然后分别用逆滤波和维纳滤波进行图像复原，效果如实验图 13 所示，最后分析 $K=\gamma\mathrm{SNR}^{-1}(u,v)$ 值对维纳滤波器的影响。维纳滤波器的传递函数为 $H_w(u,v)=\dfrac{H^*(u,v)}{\mid H(u,v)\mid^2+\gamma\mathrm{SNR}^{-1}(u,v)}$

思路提示：维纳滤波器的参数 $K=\gamma\mathrm{SNR}^{-1}(u,v)$ 是根据信噪比得到的一个经验值，调整 K 值，查看一下滤波效果有什么变化？

实验图 13　逆滤波与维纳滤波的比较

```
#维纳滤波图像复原(winearNoise.py)
from InverseFilter import *      #调用了逆滤波器
import cv2
#此函数扩展运动模糊核 PSF0,使之与原图像 image0 一样大小
def extension_PSF(image0,PSF0):
    [img_h,img_w]=image0.shape
    [h,w]=PSF0.shape
    PSF=np.zeros((img_h,img_w))
    PSF[0:h,0:w]=_____
    return PSF
def wiener(input,PSF,eps,K=0.01):    #维纳滤波
    input_fft=np.fft.fft2(input)
    PSF_fft=np.fft.fft2(PSF)
    PSF_fft_1=np.conj(PSF_fft)/_____
    result=np.fft.ifft2(_____)
    result=np.abs(result)
    return result
if __name__=="__main__":
    image=cv2.imread('./img/kennysmall.jpg')
    image=cv2.cvtColor(image,cv2.COLOR_BGR2GRAY)
    plt.figure(1)
    #进行运动模糊处理
    PSF=make_PSF()
    #扩展 PSF,使其与图像一样大小
    PSF=_____
    blurred=_____        #在频域对图像进行运动模糊
    #添加噪声,standard_normal()函数产生高斯随机噪声
```

```
blurred_noisy=blurred+0.1 * blurred.std() * \
                    np.random.standard_normal(blurred.shape)
#numpy.random.normal(loc=0.0,scale=1.0,size=None)
plt.figure(figsize=(8,6))
plt.subplot(131)
plt.axis("off")
plt.gray()
plt.title("motion & noisy blurred")
plt.imshow(blurred_noisy)   #显示添加噪声且运动模糊的图像
result=_____   #对添加噪声的运动模糊图像进行逆滤波
plt.subplot(132)
plt.axis("off")
plt.title("inverse deblurred")
plt.imshow(result)
result=_____   #对添加噪声的运动模糊图像进行维纳滤波
plt.subplot(133)
plt.axis("off")
plt.title("wiener deblurred(K=0.01)")
plt.imshow(result)
plt.show()
```

4. 程序填空，使用均方误差来评价维纳滤波的图像复原效果，分析维纳滤波器的 $K=\gamma SNR^{-1}(u,v)$ 值对图像复原的影响。

```
#计算两图像的均方误差
def meanSquare(image0,image1):
    [m,n]=image0.shape
    MSE=0
    for i in range(m):
        for j in range(n):
            MSE=MSE+_____        #按公式计算误差累加和
    MSE=MSE/(m * n)
    return MSE
if __name__=="__main__":
    image=cv2.imread('./img/kennysmall.jpg')
    image=cv2.cvtColor(image,cv2.COLOR_BGR2GRAY)
    PSF=make_PSF()
    PSF=extension_PSF(image,PSF)
    blurred=make_blurred(image,PSF)
    #添加噪声,standard_normal产生随机的函数
    blurred_noisy=blurred+0.5 * blurred.std() * \
```

```
                          np. random. standard_normal(blurred. shape)
K=0.005
MSE_min=np. inf
while K<0.5:
    restruct=wiener(blurred_noisy,PSF,1e-3,K)    #对添加噪声的图像
                                                 #进行维纳滤波
    MSE=_____        #计算重构图像与原始图像之间的均方误差
    if MSE<MSE_min:
        K_best=K
        MSE_min=MSE
    K=_____          #更新K值
print('The best K is',K_best)
```

三、思考题

未知退化函数的图像复原称为盲去卷积图像复原。在网络上查阅相关资料，了解盲去卷积的原理及经典方法。

实验五　图像分割

一、实验目的与要求

（1）理解图像分割的目的与思想；
（2）理解并掌握灰度图像分割的几种经典方法；
（3）理解影响灰度图像分割的因素及相关解决方法。

二、实验内容

1. 阅读并完善程序，要求采用迭代算法获得阈值，并进行图像阈值分割，效果如实验图 14 所示。

原灰度图像　　　　　　　　　　迭代全阈值分割二值图像

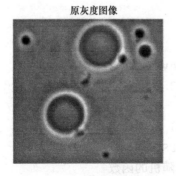

实验图 14　迭代法全阈值分割

```
#迭代法求阈值
img=cv2.imread(r'..\img\paopao.jpg',0)
G1=np.zeros(img.shape,np.uint8)   #定义矩阵分别用来装被阈值 T1 分开的
                                         两部分
G2=np.zeros(img.shape,np.uint8)
T1=np.mean(img)       #用图像均值做初始阈值
diff=255
T0=0.01          #设置的最大阈值差
while(diff>T0):
    #THRESH_TOZERO:超过 T1 的像素值不变,其他设为 0
    #THRESH_TOZERO_INV:与 THRESH_TOZERO 相反
    _,G1=cv2.threshold(img,T1,255,cv2.THRESH_TOZERO_INV)
    _,G2=cv2.threshold(img,T1,255,cv2.THRESH_TOZERO)
    loc1=np.where(G1>0.001)   #获得 G1 部分非 0 像素的坐标
    loc2=_____
    ave1=np.mean(G1[loc1])   #求 G1 部分非 0 像素的均值
    ave2=_____
    T2=_____        #更新阈值
    diff=_____      #计算前后两次迭代产生的阈值之间的差
    T1=T2
_,img_result=cv2.threshold(_____)   #利用计算出的阈值进行图像
                                              #分割,产生二值图像
```

提示：OpenCV 工具包相关函数：

```
retval,dst=cv2.threshold(src,thresh,maxval,type[,dst])
```

函数功能：对灰度图像进行阈值分割，产生二值图像。

返回值：

1）retval：优化后的阈值。

2）dst：分割后的图像。

参数说明：

1）src：输入的灰度图像。

2）thresh：初始阈值。

3）maxval：高于（低于）阈值时赋予的新值。

4）type：分割图像所使用的算法类型，常用的有：

① cv2.THRESH_BINARY（黑白二值）；

② cv2.THRESH_BINARY_INV（黑白二值反转）；

③ cv2.THRESH_TRUNC（得到的图像为多像素值）；

④ cv2.THRESH_TOZERO（超过 thresh 的像素值不变，其他设为 0）；

⑤ cv2.THRESH_TOZERO_INV（超过 thresh 的像素值设为 0，其他像素值不变）；

⑥ cv2.THRESH_OTSU（大津阈值法）；

⑦ cv2. TTHRESH_TRIANGLE(Triangle 算法);

⑧ cv2. TTHRESH_MASK(二值遮罩)。

注意：THRESH_OTSU 和 THRESH_TRIANGLE 可作为优化算法配合其他参数使用。例如，常用方法有 cv2. THRESH_BINARY+cv2. THRESH_OTSU。

2. 噪声会影响图像分割的效果，一个简单的处理方法是对含噪图像先进行平滑滤波，再进行分割。编程先给输入图像添加高斯噪声，然后对图像进行平滑后，再用 OTSU 算法对图像进行阈值分割，比较图像平滑和没有平滑的图像分割效果，程序运行效果如实验图 15 所示。

提示：

(1) 添加噪声的代码：

```
img_noisy=np.uint8(img+0.8 * img.std() * np.random.standard_normal(img.shape))
```

(2) 计算直方图子函数：

```
def histogram(image):
    (row,col)= image.shape
    #创建长度为 256 的 list
    hist =[0] * 256
    for i in range(row):
        for j in range(col):
            hist[image[i,j]]+=1
    return hist
```

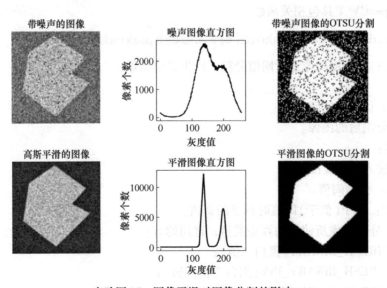

实验图 15　图像平滑对图像分割的影响

3. 使用 OpenCV 工具包中的 adaptiveThreshold() 函数对实验图 16a 进行自适应阈值分割，调整参数，实现较好的分割效果。

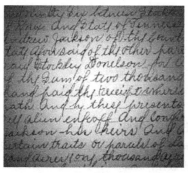

| a）待处理灰度图像 | b）自适应阈值分割结果 |

实验图 16　自适应阈值分割效果

三、思考题

　　分析影响图像阈值分割的因素，掌握应对噪声和光照不均等影响因素的解决方法，进一步考虑不同类型噪声的处理方法，以及不同光照方向的处理方法等。

四、实验中可能会使用到的图像（见实验图 17）

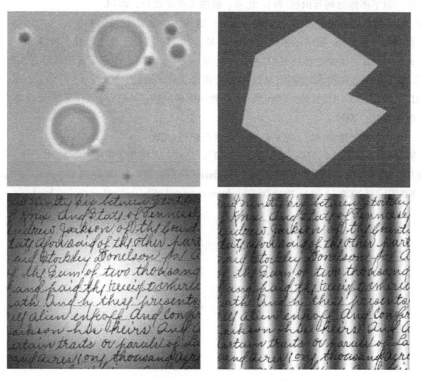

实验图 17　实验中可能会用到的图像

参 考 文 献

[1] 明日科技. Python OpenCV 从入门到精通[M]. 北京：清华大学出版社，2021.

[2] GONZALEZ R C，WOODS R E. 数字图像处理[M]. 4 版. 阮秋奇，等译. 北京：电子工业出版社，2020.

[3] 胡学龙. 数字图像处理[M]. 4 版. 北京：电子工业出版社，2020.

[4] 罗伯特·约翰逊，黄强. Python 科学计算和数据科学应用[M]. 北京：清华大学出版社，2020.

[5] 张威. 机器学习从入门到入职[M]. 北京：电子工业出版社，2020.

[6] 岳亚伟，薛晓琴，胡欣宇. 数字图像处理与 Python 实现[M]. 北京：人民邮电出版社，2020.

[7] 高敬鹏，赵娜，江志烨. 机器学习：基于 OpenCV 和 Python 的智能图像处理[M]. 北京：机械工业出版社，2020.

[8] 阿迪蒂亚·夏尔马，维什韦什·拉维. 机器学习：使用 OpenCV Python 和 scikit-learn 进行智能图像处理[M]. 2 版. 北京：机械工业出版社，2020.

[9] GONZALEZ R C，WOODS R E，EDDINS S L. 数字图像处理[M]. 3 版. 北京：电子工业出版社，2017.

[10] 周飞燕，金林鹏，董军. 卷积神经网络研究综述[J]. 计算机学报，2017，40(6)：1229-1251.

[11] 陈健美，宋余庆，朱峰. 数字图像处理与分析[M]. 镇江：江苏大学出版社，2015.

[12] 王科平. 数字图像处理：MATLAB 版[M]. 北京：机械工业出版社，2015.

[13] 孙正，等，数字图像处理与识别[M]. 北京：机械工业出版社，2014.

[14] 龚声蓉. 数字图像处理与分析[M]. 2 版. 北京：清华大学出版社，2014.

[15] 张弘，曹晓光，谢凤英. 数字图像处理与分析[M]. 北京：机械工业出版社，2013.

[16] 杨杰，黄朝兵. 数字图像处理及 MATLAB 实现[M]. 2 版. 北京：电子工业出版社，2013.

[17] 韩晓军. 数字图像处理技术与应用[M]. 北京：电子工业出版社，2009.

[18] GONZALEZ R C，WOODS R E，EDDINS S L. 数字图像处理：MATLAB 版[M]. 阮秋奇，等译. 北京：电子工业出版社，2009.

[19] 阮秋琦. 数字图像处理学[M]. 北京：电子工业出版社，2007.

[20] 冯振，陈亚萌. OpenCV 4 详解：基于 Python[M]. 北京：人民邮电出版社，2021.

[21] HUNTER J，DALE D，FIRING E. Michael Droettboom and the Matplotlib development team. Tutorials of Matplotlib[EB/OL]. (2020-11-12)[2020-06-01]. https://matplotlib.org/gallery/index.html.